工信精品**网站开发**系列教材

U0734308

JavaScript+Vue.js
前端开发
任务驱动式教程

仇善梁 陈承欢◎主编

韩慧◎副主编

人民邮电出版社

北 京

图书在版编目（CIP）数据

JavaScript+Vue.js前端开发任务驱动式教程 / 仇善梁，陈承欢主编. -- 北京：人民邮电出版社，2025.
（工信精品网站开发系列教材）. -- ISBN 978-7-115-66452-5

Ⅰ. TP312.8；TP393.092

中国国家版本馆 CIP 数据核字第 20259TJ329 号

内 容 提 要

本书在教材模块化、一体化、层次化、活页式等方面做了大量的探索与实践，合理选取并有序组织了教材内容，兼顾了知识讲解的灵活性与教材的实用性。本书分为上、下两篇，将 JavaScript+Vue.js 前端开发的理论知识讲解与编程技能训练按由易到难、由浅入深的规律划分为了 15 个模块，分别是 JavaScript 知识入门及应用、JavaScript 编程基础及应用、JavaScript 流程控制及应用、JavaScript 函数编程及应用、JavaScript 对象编程及应用、JavaScript 对象模型及应用、JavaScript 事件处理及应用、Vue.js 基础知识及应用、Vue.js 网页模板制作、Vue.js 数据绑定与样式绑定、Vue.js 项目创建与运行、Vue.js 组件构建与应用、Vue.js 过渡与动画实现、Vue.js 路由配置与应用，以及 Vuex 状态管理。

本书可以作为普通高等院校、高职高专或中等职业院校各专业相关课程的教材，也可以作为前端开发爱好者的自学参考书。

◆ 主　编　仇善梁　陈承欢

副主编　韩　慧

责任编辑　顾梦宇

责任印制　王　郁　焦志炜

◆ 人民邮电出版社出版发行　　　北京市丰台区成寿寺路 11 号

邮编　100164　　电子邮件　315@ptpress.com.cn

网址　https://www.ptpress.com.cn

北京市艺辉印刷有限公司印刷

◆ 开本：787×1092　1/16

印张：17.5　　　　　　　　　　2025 年 1 月第 1 版

字数：526 千字　　　　　　　　2025 年 1 月北京第 1 次印刷

定价：69.80 元

读者服务热线：(010)81055256　印装质量热线：(010)81055316
反盗版热线：(010)81055315

前　言

随着前端开发技术的发展，JavaScript 越来越受欢迎，互联网中基于 JavaScript 的应用也越来越多。如今，数以百万计的网页利用 JavaScript 来改进设计、验证表单、检测浏览器、创建 cookie 等。

Vue.js（Vue 读音为/vju:/，类似于 view）是一套用于构建用户界面的渐进式框架，其核心库只关注视图层，不仅易于上手，还便于与第三方库或既有项目进行整合。Vue.js 的目标是通过尽可能简单的应用程序接口（Application Program Interface，API）实现响应的数据绑定和组合的视图组件构建。Vue.js 在与相关工具和支持库一起使用时，能完美地驱动复杂的单页应用。

本书对 JavaScript 和 Vue.js 相关理论知识与实践进行了全面细致地讲解，在教材模块化、一体化、层次化、活页式等方面做了大量的探索与实践，主要特色和创新点如下。

1. 构建了独特的模块化结构，合理选取并有序组织了教材内容，兼顾了知识讲解的灵活性与教材内容的实用性

本书将内容按由易到难、由浅入深的规律划分为 15 个模块，对各个模块的知识点、技能点根据其使用频率、掌握的必要性等要素进行了合理取舍，并对所选取的使用频率高、必须掌握的知识点与技能点进行了条理化处理，形成了层次分明、结构清晰、方便学习的模块化结构。

2. 构建了 JavaScript+Vue.js 前端开发教学实施的一体化结构

本书在各模块均巧妙地设置了 3 条主线，即学习领会主线、示例编程主线和应用实践主线，形成了独具特色的一体化结构，充分满足了教学实施的需求。每个模块的理论知识相对独立，以节的方式组织，形成了系统性强、条理性强、循序渐进的理论知识体系。本书还根据读者学习领会的需要，在各模块合理设置了在线测试环节。

3. 构建了 JavaScript+Vue.js 前端开发训练的层次化结构

本书在各模块设计了程序设计训练的层次化结构，分为 3 个层次，即程序认知、编程训练、应用实践。程序认知以单条或多条语句方式对知识进行验证性训练，加深读者对知识点的理解；编程训练包括 200 余个示例程序，以程序方式对知识进行验证性训练，要求编写的程序有一定的综合性，需要读者运用一个或多个知识点实现一些简单的功能；应用实践包括 30 余项训练任务，要求读者根据待解决的实际问题或待实现的功能需求，应用相关知识编写程序、实现所需功能，运行程序并查看结果，主要训练读者的知识应用能力和问题分析能力。

4. 构建了模块化的活页式结构

本书将纸质固定方式与电子活页方式完美结合，形成了电子活页式教材的典型模式。各个模块的拓展知识、篇幅较长的程序代码均以电子活页方式呈现，并提供可扫描浏览的二维码，使读者能以更灵活的方式阅读。

本书由仇善梁和陈承欢任主编，韩慧任副主编。由于编者水平有限，书中难免存在不妥之处，敬请各位读者批评指正，编者的 QQ 号码为 1574819688。感谢您使用本书，期待本书能对您有所帮助。

编　者

2025 年 2 月

目 录

下篇 Vue.js 应用程序设计

模块 8

Vue.js 基础知识及应用··· 125

模块 9

Vue.js 网页模板制作······ 148

上篇

JavaScript 应用程序设计

模块 1
JavaScript
知识入门及应用

JavaScript 可以与 HTML（Hypertext Markup Language，超文本标记语言）一起实现网页中的动态交互功能，它与 HTML 标签结合在一起，可以弥补 HTML 的不足，使网页变得更加生动。

学习领会

1.1 JavaScript 简介

JavaScript 由布兰登·艾奇（Brendan Eich）首创，于 1995 年出现在 Netscape（该浏览器已停止更新）中，并于 1997 年被 ECMA（European Computer Manufacturers Association，欧洲计算机制造商协会）采纳，形成了 JavaScript 标准，称为 ECMAScript，ECMA-262 是 JavaScript 标准的官方名称。

因为 JavaScript 具有复杂的 DOM（Document Object Model，文档对象模型），不同浏览器实现 JavaScript 的方式不一样，以及缺乏便捷的开发、调试工具，所以 JavaScript 的应用并未真正推广。正当 JavaScript 从开发人员的视线中渐渐隐去时，一种新型的基于 JavaScript 的 Web 技术——AJAX（Asynchronous JavaScript And XML，异步 JavaScript 和 XML）诞生了，使互联网中基于 JavaScript 的应用越来越多，从而使 JavaScript 不再是一种仅仅用于制作 Web 页面的脚本语言，JavaScript 越来越受到重视，互联网领域正在掀起一场"JavaScript 风暴"。

JavaScript 语言具有如下特点。

（1）JavaScript 是解释型语言，而非编译型语言

JavaScript 的基本语法与 C 语言的类似，JavaScript 代码在运行过程中不需要单独编译，而是逐行解释执行，运行速度快。

（2）JavaScript 具有跨平台性

JavaScript 程序的运行与操作环境无关，只依赖于浏览器本身。只要浏览器支持 JavaScript，JavaScript 程序就能正确执行。

（3）JavaScript 是一种动态类型、弱类型、轻量级、基于原型的编程语言

JavaScript 是一种广泛用于客户端的脚本语言，用来给 HTML 网页增加动态功能，它的解释器被称为 JavaScript 引擎，是浏览器的一部分。

（4）JavaScript 是一种基于对象和事件驱动的脚本语言

JavaScript 代码插入 HTML 页面后，所有的现代浏览器都可以执行。网页通过在标准的 HTML 代码中嵌入或调用 JavaScript 代码实现其功能。

1.2 初识 ECMAScript 6.0

ECMAScript 6.0（以下简称 ES6）是 JavaScript 语言的下一代标准，发布于 2015 年 6 月，其目标是使得 JavaScript 语言可以用来编写复杂的大型应用程序，成为企业级开发语言。ECMAScript 是由 ECMA 参与进行标准化的语法规范。

ES6 标准增加了 JavaScript 语言层面的模块体系定义，ES6 中所引入的语言新特性，更具规范性、易读性，可方便用户操作、降低大型项目开发的复杂程度、降低出错概率，从而提升开发效率。ES6 模块的设计理念是尽量静态化，使得编译时就能确定模块的依赖关系，以及输入和输出的变量。而 CommonJS 和 AMD 模块都只能在运行时确定这些。

（1）ES6 和 JavaScript 的关系

1996 年 11 月，Netscape 公司决定将 JavaScript 提交给 ECMA，希望这种语言能够成为国际标准语言。

1997 年，ECMA 发布 262 号标准文件（ECMA-262）的第一版，规定了浏览器脚本语言的标准，并将这门语言称为 ECMAScript，这个版本就是 1.0 版。

该标准从一开始就是针对 JavaScript 语言制定的，其名称不为 JavaScript 的原因有两个：一是商标，Java 是 Sun 公司的商标，根据授权协议，只有 Netscape 公司可以合法地使用 JavaScript 这个名称，且 JavaScript 本身已经被 Netscape 公司注册为商标；二是想体现这门语言的制定者是 ECMA，而不是 Netscape，这样有利于保证这门语言的开放性和中立性。

因此，ECMAScript 和 JavaScript 的关系如下：前者是后者的规范，后者是前者的一种实现。

（2）ES6 与 ECMAScript 2015 的关系

2011 年，ECMAScript 5.1 发布后，ECMA 就开始制定其 6.0 版了。因此，ES6 这个词的原意就是指 JavaScript 语言的下一个版本。因为 ES6 的第一个版本是在 2015 年发布的，所以又称为 ECMAScript 2015，简称 ES2015。

ES6 既是一个历史名词，又是一个泛指，含义是 5.1 版以后的 JavaScript 标准，涵盖 ES2015、ES2016、ES2017 等版本。

1.3 JavaScript 常用的开发工具

编写与调试 JavaScript 程序的工具有多种，目前常用的工具有 Dreamweaver、WebStorm 等。

1. Dreamweaver

Dreamweaver 是一款集网页制作和网站管理于一身的所见即所得的网页编辑器，用于帮助网页设计师提高网页制作效率，降低网页开发的难度和学习 HTML、CSS（Cascading Style Sheets，串联样式表）、JavaScript 的门槛。它支持以代码、拆分、设计、实时视图等多种方式来创作、编写和修改网页。

2. WebStorm

WebStorm 是 JetBrains 公司推出的一款 Web 前端开发工具，JavaScript、HTML 程序开发是其强项，其支持许多流行的前端技术，如 jQuery、Prototype、Less、Sass、AngularJS、ESLint、webpack 等。

3. Visual Studio Code

Visual Studio Code（简称 VS Code）是一款功能十分强大的轻量级编辑器，曾被评为 JavaScript 开发的最佳工具或 IDE（Integrated Development Environment，集成开发环境）。该编辑器提供了丰富的快捷键，集成了语法高亮、可定制热键绑定、括号匹配及代码片段收集等特性，并且支持多种语法和文件格式。Visual Studio Code 与 Windows、Linux 和 macOS 兼容，可以添加数百个插件，内置调试器，可以使用 IntelliSense 进行代码重构和代码完成，并集成 CLI（Command Line Interface，命令行界面）。

4. Sublime Text

Sublime Text 是一款轻量级的 JavaScript 代码编辑器，具有友好的用户界面，支持拼写检查、书签、自定义按键绑定等功能，还可以通过灵活的插件机制扩展编辑器的功能，其插件可以利用 Python 语言开发。Sublime Text 也是一款跨平台的编辑器，支持 Windows、Linux、macOS 等操作系统，支持多种语言。

5. Vue.js

Vue.js 是 JavaScript 的一个开源前端 UI 框架，也适用于跨平台开发。Vue.js 支持所有浏览器，兼容 Windows、Linux 和 macOS。Vue.js 有一个 Web 页面来可视化应用程序的不同部分，并且支持片段和门户，提供了创建高端单页应用程序的双重集成模式。使用 Vue.js 处理任何规模的应用程序都非常容易，它涵盖大型和小型应用程序。其插件系统具有允许用户添加网络、提供后端支持和状态管理等功能。

6. Express

Express 是 Node.js 的开源后端框架。它为构建单页、多页和混合 Web 应用程序提供了服务器端逻辑，它运行快速、稳定，并且可以非常轻松地构建 API。使用 Express 可以轻松配置和自定义应用程序。

1.4 ECMAScript 的基本语法规则

ECMAScript 的基本语法规则如下。

1. ECMAScript 标识符的命名

标识符就是所说的变量名、函数名、属性名等，ECMAScript 有着一套标识符的规范。编写 JavaScript 程序时，应始终对所有的代码使用一致的命名规则。

JavaScript 程序标识符的常见命名规则如下。

（1）第一个字符必须是一个字母或下画线（_），不要以美元符号（$）开头，以$开头可能会引起 JavaScript 库名称冲突。

（2）其他字符可以是字母、下画线、美元符号（$）或数字。

（3）其他字符还可以是一些特殊的字符，但是不推荐使用。

（4）数值不可以作为标识符的首字符。这样，JavaScript 就能轻松区分标识符和数值。

（5）JavaScript 的标识符中不能使用连字符，它是为减法预留的。

（6）一般 ECMAScript 标识符采用驼峰格式编写，标识符的驼峰格式是没有强制要求的，只是这样写显得更加规范。

标识符的常见格式有如下两种。

① 小驼峰格式：第一个单词的首写字母小写，后续单词首写字母都大写，如 idCard。

② 大驼峰格式：第一个单词的首写字母大写，后续单词首写字母也都大写，如 IdCard。

由于程序中的类名称、全局变量名称、常量名称一般以大写字母开头，通常程序员更倾向于使用以小写字母开头的小驼峰格式，如变量名、函数名一般以小写字母开头。

2. 不能把关键字作为变量名、函数名等标识符

在 ECMAScript 中，不能把关键字作为变量名、函数名、属性名等标识符。

例如，var 是关键字，是不可以作为变量名的，但是把 var 变为 Var 就可以使用了，因为 Var 不是关键字。

例如：

```
// var 是一个关键字
let var = 2;
console.log(var);    // Unexpected token 'var'
```

```
let Var = 3;
console.log(Var);
```

3. 区分字母大小写

ECMAScript 的标识符都是区分字母大小写的，包括变量名、函数名和属性名等，即 JavaScript 语言对大小写是敏感的。例如，变量 test 与变量 TEST 是不同的变量，函数 getElementById()与 getElementbyID()也是不同的。JavaScript 也不会把 VAR 或 Var 当作关键字 var。

4. 变量是弱类型的

ECMAScript 中的变量无特定的类型，定义变量时可用 var 关键字将它初始化为任意值。因此，可以随时改变变量所存数据的类型，但应尽量避免这样做。

例如：

```
var color = "red";
var num = 25;
var visible = true;
```

5. JavaScript 会忽略多余的空格

编写 JavaScript 程序时，可以在语句中添加多个空格，例如，在运算符（=、+、-、*、/）前后位置以及逗号之后添加空格，代码块使用 4 个空格（注意不是制表符）进行缩进，以增强可读性，但 JavaScript 会忽略多余的空格。

例如，以下两条语句是等价的。

```
var num = 25 ;
var num=25;
```

建议在=、+、-、*、/等运算符两侧添加空格，以增强可读性，例如：

```
var x = 2 + 3 ;
```

6. 正确使用分号

分号用于分隔 JavaScript 语句，通常在每条可执行的语句结尾添加分号。

在 JavaScript 中，每条语句结尾的分号是可选的，因为 ECMAScript 允许开发人员自行决定是否以分号结束一行代码。如果没有分号，ECMAScript 就把折行代码的结尾看作该语句的结尾（与 Visual Basic 和 VBScript 相似），但其前提是没有破坏代码的语义。

根据 ECMAScript 标准，下面两行代码都是正确的。

```
var test1 = "red"
var test2 = "blue" ;
```

好的代码编写习惯是在单条语句结尾处统一加上分号，因为没有分号，有些浏览器就不能正确运行代码。加上分号可以避免许多错误，也可以更好地将代码压缩。在某些情况下添加分号，可以让代码运行得更快，因为解释器不需要判断哪里需要或者不需要分号。

另外，使用分号还可以实现在一行中编写多条语句。

7. JavaScript 语句

计算机程序是由计算机"执行"的一系列"指令"，在编程语言中，这些编程指令被称为语句。JavaScript 程序就是一系列的编程语句，在 HTML 中，JavaScript 程序由 Web 浏览器执行。JavaScript 程序以及 JavaScript 语句常被称为 JavaScript 代码。大多数 JavaScript 程序包含多条 JavaScript 语句，这些语句会按照它们被编写的顺序逐一执行。

JavaScript 语句向浏览器发出命令，告诉浏览器该做什么。

JavaScript 程序的语句以半角分号";"结尾。

例如：

```
let x = 2;
let y = 3;
```

换行符也相当于语句结尾。

例如：

```
let a = 1
let b = 2
```

在语句结尾处加半角分号与不加半角分号的代码都可以执行。

8. JavaScript 代码块

多条语句必须写在一对花括号之中，这样的多条语句称为代码块。代码块表示一系列应该按顺序执行的语句，代码块由左花括号"{"开始，由右花括号"}"结束，代码块的多条语句被封装在左花括号"{"和右花括号"}"之间。

【编程训练】

【示例 1-1】demo0101.html

代码如下。

```
let color1 = "red" ;
if (color1 == "red") {
    color1 = "blue";
    alert(color1);
}
```

代码块的作用是使语句按其被编写的顺序执行，JavaScript 函数是将语句组合在块中的典型示例。

JavaScript 代码块通常有以下编写规则。

① 在第一行的结尾处写左花括号"{"。

② 在左花括号"{"前面添加一个空格。

③ 在代码块结束位置的新行上写右花括号"}"，并且不加前导空格。

④ 代码块不要以分号来结束，即右花括号"}"后面不加分号。

例如：

```
for (i = 0; i < 5; i++) {
    x += i;
}
let time = 12 ;
let greeting=" " ;
if (time < 20) {
    greeting = "Good day";
} else {
    greeting = "Good evening";
}
```

9. 对代码行进行折行

为了获得最佳的可读性，建议把代码行控制在 80 个字符以内，如果 JavaScript 语句太长，则应对其进行折行，折行的最佳位置是某个运算符或者逗号之后。例如：

```
document.getElementById("demo").innerHTML =
    'Hello JavaScript';
```

也可以在文本字符串中使用反斜杠"\"对代码行进行折行。以下代码能够正确运行。

```
document.getElementById("demo").innerHTML =   'Hello \
JavaScript';
```

使用"\"折行的方法并不符合 ECMAScript 标准，某些浏览器不允许"\"字符之后出现空格。对长字符串折行的最安全做法是使用字符串连接运算符"+"，例如：

```
document.getElementById("demo").innerHTML =   'Hello +
JavaScript';
```

对于非文本字符串，一般不能通过反斜杠"\"对代码行进行折行，以下的折行是不允许的。

```
document.write \
("Hello JavaScript!") ;
```

1.5 JavaScript 的注释

并非所有 JavaScript 语句都会被"执行",双斜杠"//"后或"/*"与"*/"之间的代码被视为注释,注释会被忽略,不会被执行。JavaScript 的注释用于对 JavaScript 代码进行解释,以提高程序的可读性。调试 JavaScript 程序时,还可以使用注释阻止代码块的执行。

JavaScript 有两种类型的注释。

(1)单行注释以双斜杠(//)开头。

任何位于"//"与行末之间的文本都会被 JavaScript 忽略(不会被执行)。

单行注释可以用于每个代码行之前,例如:

```
// 声明 x,为其赋值 5
var x = 5 ;
```

也可以在每行代码的结尾处使用单行注释来解释代码,例如:

```
var y = 6 ;  // 声明 y,为其赋值 6
```

在代码行之前添加"//"会把可执行的代码行更改为注释,例如:

```
// x=x+1 ;
```

(2)多行注释以单斜杠和星号(/*)开头,以星号和单斜杠(*/)结尾。

任何位于"/*"和"*/"之间的文本都会被 JavaScript 忽略,例如:

```
/*这是一条
多行注释*/
```

多行注释也称块级注释。

为多行代码添加多行注释符,可把可执行的代码行更改为注释,例如:

```
/*
x = x + 1 ;
y = x ;
*/
```

1.6 在 HTML 文档中嵌入 JavaScript 代码的方法

HTML 页面中的 JavaScript 代码必须位于<script>与</script>标签之间,可被放置在 HTML 页面的<body>或<head>部分中,或者同时存在于这两部分中。通常的做法是把函数放入<head>部分中,或者放在页面底部,这样不会打乱页面的内容。

将 JavaScript 代码嵌入 HTML 文档的形式有以下几种。

1. 在 HTML 文档中直接嵌入 JavaScript 代码

在页面中使用代码"<script>JavaScript 代码</script>"直接嵌入 JavaScript 代码,JavaScript 代码主要有以下两种嵌入位置。

(1)在<head>部分添加 JavaScript 代码。

将 JavaScript 代码置于<head>部分,使之在其余代码之前装载,快速实现其功能,并且容易维护。有时在<head>部分定义 JavaScript 代码,在<body>部分调用 JavaScript 代码。

【编程训练】

【示例 1-2】demo0102.html

代码如下。

```
<!doctype html>
<html>
```

```
<head>
<meta charset="utf-8">
<title>在 HTML 文档中嵌入 JavaScript 代码</title>
<script>
    function myFunction() {
        document.getElementById("demo").innerHTML = "段落已被更改。";
        }
</script>
</head>
<body>
    <p id="demo">一个段落。</p>
    <input type="button"  onclick="myFunction()" value="试一试">
</body>
</html>
```

（2）直接在\<body\>部分添加 JavaScript 代码。

由于某些脚本程序在网页中的特定部分显示其效果，此时代码会位于\<body\>中的特定位置。把脚本程序置于\<body\>标签中内容的底部，可加快显示速度，因为脚本程序编译会拖慢显示速度。也可以直接在 HTML 表单的\<input\>标签内添加 JavaScript 代码，以响应输入元素的事件。

【编程训练】

【示例 1-3】demo0103.html

代码如下。

```
<!doctype html>
<html>
<head>
<meta charset="utf-8">
<title>在 HTML 文档中嵌入 JavaScript 代码</title>
</head>
<body>
    <p id="demo">一个段落。</p>
    <input type="button"  onclick="myFunction()" value="试一试">
    <script>
        function myFunction() {
            document.getElementById("demo").innerHTML = "段落已被更改。";
            }
    </script>
</body>
</html>
```

在 HTML 中，插入脚本程序的方式是使用\<script\>标签，即令 JavaScript 代码必须位于\<script\>与\</script\>标签之间，把脚本标签\<script\>\</script\>置于网页的\<head\>部分或\<body\>部分，并在其中加入脚本程序。其一般语法格式如下。

```
<script>
 <!--
     在此编写 JavaScript 代码
 //-->
</script>
```

通过标签\<script\>\</script\>指明其间是 JavaScript 源代码。

虽然\<script\>标签有多个属性，但是这些属性都不常用，或者都有着默认值，而这些默认值通常都无须更改。

使用\<script\>标签时，一般使用 language 属性说明使用何种语言，使用 type 属性标识脚本程序的类型，也可以只使用其中一种，以适应不同的浏览器。如果需要，则可以在 language 属性中标明 JavaScript 的版本号，那么，所使用的 JavaScript 代码就可以应用该版本的功能和特性，如"language=JavaScript1.2"。

老式的浏览器可能会在<script>标签中使用 type="text/javascript"，现在已经不必这样做了，JavaScript 是所有现代浏览器及 HTML5 中的默认脚本语言。

并非所有的浏览器都支持 JavaScript，且浏览器版本和 JavaScript 程序之间存在兼容性问题，这可能会导致某些 JavaScript 程序在某些版本的浏览器中无法正确执行。如果浏览器不能识别<script>标签，则会将<script>与</script>标签之间的 JavaScript 程序当作普通的 HTML 字符显示在浏览器中。针对此类问题，可以将 JavaScript 程序置于 HTML 注释符之间，这样不支持 JavaScript 的浏览器就不会把代码内容当作文本显示在页面上，而是把它们当作注释，不会做任何操作。

"<!--"是 HTML 注释符的起始标记，"//-->"是 HTML 注释符的结束标记。对于不支持 JavaScript 的浏览器，标记"<!--"和"//-->"之间的内容被当作注释内容，对于支持 JavaScript 的浏览器，这对标记将不起任何作用。另外，需要注意的是，HTML 注释符的结束标记之前有两个斜杠"//"，这两个斜杠是 JavaScript 中的注释符号，如果没有这两个斜杠，则 JavaScript 解释器试图将 HTML 注释的结束标记作为 JavaScript 代码来解释，从而有可能导致出错。

2. 链接 JavaScript 外部脚本文件

先将 JavaScript 代码写入外部的 js 文件中，再通过引用外部脚本文件来加载外部脚本，即使用<script>标签的 src 属性来指定外部脚本文件的 URL（Uniform Resource Locator，统一资源定位符）。这里也可以使用 type 属性，但不是必需的。

代码如下。

```
<script src="外部 JavaScript 文件的路径与名称"></script>
```

外部 JavaScript 文件可以通过完整的 URL 或相对于当前网页的路径来引用，外部 JavaScript 文件的路径有以下多种情形。

（1）链接的脚本文件的存放位置与存放当前页面的文件夹相同

代码如下。

```
<script src="jsDemo.js"></script>
```

（2）链接的脚本文件位于当前网站所在位置的指定文件夹 js 中

代码如下。

```
<script src="/js/jsDemo.js "></script>
```

（3）使用完整的 URL 来链接至外部脚本文件，代码如下。

```
<script src="https://www.myDemo.com.cn/js/jsDemo.js"></script>
```

【编程训练】

【示例 1-4】demo0104.html

代码如下。

```
<!doctype html>
<html>
<head>
<meta charset="utf-8">
<title>在 HTML 文档中嵌入 JavaScript 代码</title>
<script src="demo0104.js"></script>
</head>
<body>
    <p id="demo">一个段落。</p>
    <input type="button"  onclick="myFunction()" value="试一试">
</body>
</html>
```

外部文件 myScript.js 中 myFunction()函数的代码如下。

```
function myFunction() {
    document.getElementById("demo").innerHTML = "段落已被更改。";
}
```

9

注意，外部脚本不能包含<script>标签。

JavaScript 外部文件的扩展名是.js，可以在网页的<head>或<body>中放置外部脚本引用，该脚本的作用与它被置于<script>标签中的作用是一样的。这种方式可以使脚本得到重复利用，即相同的脚本可被用于多个不同的网页，从而降低维护的工作量。

如果一个页面需要添加多个脚本文件，则可以使用多个<script>标签，代码如下。

```
<script src="js01.js"></script>
<script src="js02.js"></script>
```

外部 JavaScript 文件是最常见的包含 JavaScript 代码的方式，其优势有以下几种。

① HTML 页面中代码越少，搜索引擎能够以越快的速度来抓取网站内容并建立索引。

② 保持 JavaScript 代码和 HTML 代码的分离，这样代码显得更清晰，且更易于管理。

③ 因为可以在 HTML 代码中引用多个 JavaScript 文件，所以可以把 JavaScript 文件分开放在 Web 服务器上不同的文件目录中，这是一种更容易管理代码的做法。

④ 使 HTML 代码和 JavaScript 代码更易于阅读及维护。

⑤ 已缓存的 JavaScript 文件可加速进行页面加载。

1.7 JavaScript 的功能展示

1. JavaScript 使用 innerHTML 属性改变 HTML 内容

JavaScript 如需访问 HTML 元素，可以使用 document.getElementById(id)方法，以下代码使用该方法来"查找"id="demo"的 HTML 元素，并把元素内容（innerHTML）更改为"Hello JavaScript"。

document.getElementById("demo").innerHTML = "Hello JavaScript";

上述代码中的 id 属性用于指定 HTML 元素，innerHTML 属性用于设置 HTML 内容。

【编程训练】

【示例 1-5】demo0105.html

代码如下。

```
<!doctype html>
<html>
<head>
<meta charset="utf-8">
<title>JavaScript 的功能展示</title>
</head>
<body>
<p id="demo">JavaScript 改变 HTML 内容。</p>
    <input type="button" onclick="document.getElementById('demo')
            .innerHTML = 'Hello JavaScript!'" value="请单击">
</body>
</html>
```

JavaScript 可同时接受双引号和单引号，示例代码如下。

document.getElementById("demo").innerHTML = 'Hello JavaScript';

2. JavaScript 改变 HTML 属性

【编程训练】

【示例 1-6】demo0106.html

以下代码通过改变<img>标签的 src（source）属性来更换 HTML 页面中的图片。

```
<!doctype html>
<html>
```

```
<head>
<meta charset="utf-8">
<title>JavaScript 的功能展示</title>
</head>
<body>
    <p id="demo">JavaScript 改变图片的 src 属性值。</p>
    <input type="button" onclick="document.getElementById('myImage')
                      .src='image/eg_bulbon.gif'" value="开灯">
    <img id="myImage" border="0" src="image/eg_bulboff.gif"
                              style="text-align:center;" alt="">
    <input type="button" onclick="document.getElementById('myImage')
                      .src='image/eg_bulboff.gif'    value="关灯">
</body>
</html>
```

3. JavaScript 改变 HTML 元素的样式（CSS）

JavaScript 改变 HTML 元素的样式是 JavaScript 改变 HTML 属性的一种变种，例如：

```
document.getElementById("demo").style.fontSize = "25px";
```

4. JavaScript 隐藏 HTML 元素

JavaScript 可以通过改变 display 样式来隐藏 HTML 元素，例如：

```
document.getElementById("demo").style.display="none";
```

5. JavaScript 显示 HTML 元素

JavaScript 可以通过改变 display 样式来显示隐藏的 HTML 元素，例如：

```
document.getElementById("demo").style.display="block";
```

1.8　JavaScript 的输出

JavaScript 有以下多种方式来"显示"数据。

1. 写入 HTML 元素

使用 innerHTML 属性写入 HTML 元素。更改 HTML 元素的 innerHTML 属性是在 HTML 页面中显示数据的常用方法。

例如：

```
document.getElementById("demo").innerHTML =23;
```

【编程训练】

【示例 1-7】demo0107.html

代码如下。

```
<!doctype html>
<html>
<head>
<meta charset="utf-8">
<title>JavaScript 的输出</title>
</head>
<body>
    <p id="demo"></p>
    <script>
        document.getElementById("demo").innerHTML = 9 + 14 ;
    </script>
</body>
</html>
```

11

2. 写入 HTML 输出

使用 document.write()方法写入 HTML 输出，例如：

```
document.write(9 + 14);
```

> **注意**　在 HTML 文档完全加载后，使用 document.write()方法将删除所有已有的 HTML 内容。

3. 写入窗口警告框

使用 window.alert()方法写入窗口警告框，例如：

```
window.alert(9 + 14);
```

4. 写入浏览器控制台

在浏览器中，可以使用 console.log()方法来显示数据，也可以使用 console.log()方法将数据写入浏览器控制台。

【编程训练】

【示例 1-8】demo0108.html

代码如下。

```
<!doctype html>
<html>
<head>
<meta charset="utf-8">
<title>JavaScript 将数据写入浏览器控制台</title>
</head>
<body>
    <script>
        console.log(9 + 14);
    </script>
</body>
</html>
```

在浏览器中浏览网页 demo0108.html，按快捷键【F12】激活浏览器的控制台，并在菜单栏中选择"控制台"选项，浏览器控制台中的输出结果如图 1-1 所示。

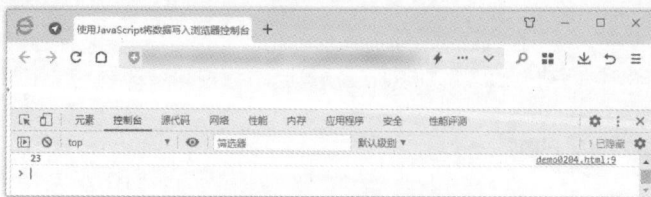

图 1-1　浏览器控制台中的输出结果

1.9　JavaScript 的消息框

JavaScript 有 3 种类型的消息框：警告框、确认框和提示框。

1. 警告框

警告框是一个带有提示信息和"确定"按钮的对话框，经常用于输出提示信息。当警告框出现后，用户需要单击"确定"按钮才能继续进行操作。

语法格式如下。

```
window.alert("文本内容")
```

window.alert()方法可以不带 window 前缀来调用。

例如：

```
alert("感谢你光临本网站")；
```

如果警告框中输出的提示信息要分为多行，则使用 "\n" 分行。

2. 确认框

确认框是一个带有提示信息以及 "确定" 和 "取消" 按钮的对话框，用于使用户验证或者接收某些信息。当确认框出现后，用户只有单击 "确定" 或者 "取消" 按钮才能继续进行操作。

语法格式如下。

```
window.confirm("文本内容")
```

window.confirm() 方法可以不带 window 前缀来调用。

例如：

```
var r = confirm("请单击按钮");
if (r == true) {
    x = "单击了'确定'按钮！";
} else {
    x = "单击了'取消'按钮！";
}
```

当弹出确认框后，如果用户单击 "确定" 按钮，那么其返回值为 true，即 r 的值为 true；如果用户单击 "取消" 按钮，那么其返回值为 false，即 r 的值为 false。

3. 提示框

提示框是一个提示用户输入的对话框，经常用于提示用户在进入 HTML 页面前输入某个值。当提示框出现后，用户需要输入某个值，然后单击 "确定" 按钮或 "取消" 按钮才能继续操作。

语法格式如下。

```
window.prompt("文本内容","默认值")
```

window.prompt() 方法可以不带 window 前缀来调用。

例如：

```
var strName = prompt("请输入您的姓名", "李义");
if (strName != null) {
    document.getElementById("demo").innerHTML = "你好 " + strName;
}
```

以上代码运行时，如果用户单击 "确定" 按钮，那么返回值为输入的值；如果用户单击 "取消" 按钮，那么返回值为 null。

如果需要在提示框中显示折行，则使用 "\n" 即可。

例如：

```
alert("Hello\nHow are you?");
```

1.10 JavaScript 库

JavaScript 高级程序设计（特别是对不同浏览器差异的复杂处理）通常很困难也很耗时，为了简化 JavaScript 程序的开发，许多 JavaScript 库应运而生。这些 JavaScript 库常被称为 JavaScript 框架。这些库封装了很多预定义的对象和实用函数，能帮助使用者轻松建立有高难度交互功能的富客户端页面，并且兼容各大浏览器。

广受欢迎的 JavaScript 框架有 jQuery、Prototype、MooTools，这些框架都可提供针对常见 JavaScript 任务的函数，涉及动画、DOM 操作以及 AJAX 处理。

1. jQuery

jQuery 是一种优秀的 JavaScript 库，是一个由约翰·雷西格（John Resig）创建于 2006 年 1

月的开源项目。jQuery 是目前最受欢迎的 JavaScript 库之一，它使用 CSS 选择器来访问和操作网页上的 HTML 元素（DOM 对象），jQuery 同时可提供 companion UI（User Interface，用户界面）和插件。目前谷歌、微软、IBM、奈飞等大公司在其网站上都使用了 jQuery。

2. Prototype

Prototype 是一种 JavaScript 库，可提供用于执行常见 Web 任务的简单 API。API 包含属性和方法，用于操作 HTML DOM。Prototype 通过提供类和继承，实现对 JavaScript 功能的增强。

3. MooTools

MooTools 也是一个 JavaScript 库，提供了可使常见的 JavaScript 编程更为简单的 API，也包含一些轻量级的效果和动画函数。

应用实践

【任务 1】 使用 JavaScript 实现具有手风琴效果的横向焦点图片轮换

【任务描述】

创建网页 task0101.html，在该网页中实现具有手风琴效果的横向焦点图片轮换，其外观效果如图 1-2 所示。

【任务实施】

创建并打开网页 task0101.html，在该网页中实现具有手风琴效果的横向焦点图片轮换的 HTML 代码如表 1-1 所示。

图 1-2 具有手风琴效果的横向焦点图片轮换的外观效果

表 1-1 实现具有手风琴效果的横向焦点图片轮换的 HTML 代码

序号	程序代码
01	<div id="demo">
02	<ul class="indemo">
03	<li class="active">
04	<span class="bg0">第一幅图片展示</span><img src="images/img01.jpg" />
05	</li>
06	<li><span class="bg1">第二幅图片展示</span><img src="images/img02.jpg" /></li>
07	<li><span class="bg2">第三幅图片展示</span><img src="images/img03.jpg" /></li>
08	<li><span class="bg3">第四幅图片展示</span><img src="images/img04.jpg" /></li>
09	</ul>
10	</div>

网页 task0101.html 中主要的 CSS 代码如表 1-2 所示。

表 1-2 网页 task0101.html 中主要的 CSS 代码

序号	程序代码	序号	程序代码
01	* {	09	height: 254px;
02	padding: 0;	10	border: 1px solid #ccc;
03	margin: 0;	11	margin: 5px auto 0;
04	}	12	overflow: hidden;
05	li {ist-style: none; }	13	}
06	body {background: #f6f9fc; }	14	.indemo {
07	#demo {	15	width: 3300px;
08	width: 615px;	16	height: 254px;

（续）

序号	程序代码	序号	程序代码
17	}	33	position: absolute;
18	.indemo li{	34	top: 0;
19	width: 22px;	35	right: 0;
20	height: 254px;	36	color: #FFF;
21	float: left;	37	text-align: center;
22	position: relative;	38	cursor: pointer;
23	overflow: hidden;	39	font: 12px "宋体";
24	}	40	}
25	.indemo li.active {	41	.indemo img {
26	width: 550px;	42	width: 550px;
27	}	43	height: 254px;
28	.indemo span {	44	}
29	width: 21px;	45	.bg0 { background: #D0C200; }
30	height: 244px;	46	.bg1 { background: #7c0070; }
31	padding-top: 10px;	47	.bg2 { background: #3d7fbb; }
32	border-right: 1px solid #fff;	48	.bg3 { background: #5ca716; }

在该网页中实现具有手风琴效果的横向焦点图片轮换的 JavaScript 代码如表 1-3 所示。

表 1-3　实现具有手风琴效果的横向焦点图片轮换的 JavaScript 代码

序号	程序代码
01	`<script type="text/javascript">`
02	`window.onload=function ()`
03	`{`
04	`    createAccordion('demo');`
05	`};`
06	
07	`function createAccordion(id)`
08	`{`
09	`    var oDiv=document.getElementById(id);`
10	`    var iMinWidth=999;`
11	`    var aLi=oDiv.getElementsByTagName('li');`
12	`    var aSpan=oDiv.getElementsByTagName('span');`
13	`    var i=0;`
14	`    oDiv.timer=null;`
15	`    for(i=0;i<aSpan.length;i++)`
16	`    {`
17	`        aSpan[i].index=i;`
18	`        iMinWidth=Math.min(iMinWidth, aLi[i].offsetWidth);`
19	`        aSpan[i].onclick=function()`
20	`        {`
21	`            gotoImg(oDiv, this.index, iMinWidth);`
22	`        };`
23	`    }`
24	`};`
25	
26	`function gotoImg(oDiv, iIndex, iMinWidth)`
27	`{`
28	`    if(oDiv.timer)`
29	`    {`
30	`        clearInterval(oDiv.timer);`
31	`    }`
32	`    oDiv.timer=setInterval(function (){`
33	`        changeWidthInner(oDiv, iIndex, iMinWidth);`
34	`    }, 30 );`
35	`}`
36	

（续）

序号	程序代码
37	function changeWidthInner(oDiv, iIndex, iMinWidth)
38	{
39	var aLi=oDiv.getElementsByTagName('li');
40	var aSpan=oDiv.getElementsByTagName('span');
41	var iWidth=oDiv.offsetWidth;
42	var w=0;
43	var bEnd=true;
44	var i=0;
45	for(i=0;i<aLi.length;i++)
46	{
47	if(i==iIndex)
48	{
49	continue;
50	}
51	if(iMinWidth==aLi[i].offsetWidth)
52	{
53	iWidth-=iMinWidth;
54	continue;
55	}
56	bEnd=false;
57	speed=Math.ceil((aLi[i].offsetWidth-iMinWidth)/10);
58	w=aLi[i].offsetWidth-speed;
59	if(w<=iMinWidth)
60	{
61	w=iMinWidth;
62	}
63	aLi[i].style.width=w+'px';
64	iWidth-=w;
65	}
66	aLi[iIndex].style.width=iWidth+'px';
67	if(bEnd)
68	{
69	clearInterval(oDiv.timer);
70	oDiv.timer=null;
71	}
72	}
73	</script>

表 1-3 所示的 JavaScript 代码应用了 JavaScript 的许多语法知识，例如，变量定义与使用、JavaScript 内置函数、自定义函数的定义与使用、for 循环结构、if 语句、事件、DOM 等。

单击用于图片切换的长条按钮时，调用函数 gotoImg()，该函数用于每隔一定的时间段调用函数 changeWidthInner()，changeWidthInner()函数用于改变各图片的宽度，这样便实现了焦点图片轮换效果。

在线测试

扫描二维码，完成本模块的在线测试。

模块 1

在线测试

模块 2
JavaScript
编程基础及应用

02

　　JavaScript 同其他程序设计语言一样，有其自身的关键字、保留字、基本数据类型、运算符和表达式，也有常量、变量的定义与使用方法，本模块主要介绍 JavaScript 的基础知识。

学习领会

2.1 ECMAScript 的关键字与保留字

1. ECMAScript 的关键字

　　JavaScript 语句通常通过某个关键字来标识需要执行的 JavaScript 操作，例如，关键字 var 表示声明变量，function 表示声明函数。

　　ECMA-262 定义了 ECMAScript 支持的一套关键字（keyword），根据规定，关键字不能用作变量名或函数名等标识符。表 2-1 所示为 ECMAScript 的关键字。

表 2-1　ECMAScript 的关键字

break	case	catch	continue	debugger*	default
delete	do	else	finally	for	function
if	in	instanceof	new	return	switch
this	throw	try	typeof	var	void
while	with				

　　debugger 是 ECMA-262 第五版新增的。

> **注意**　　如果把关键字用作变量名或函数名，则可能得到诸如"Identifier Expected"（应为标识符）这样的错误提示消息。

2. ECMAScript 的保留字

　　ECMA-262 定义了 ECMAScript 支持的一套保留字（Reserved Word）。保留字在某种意义上是为将来的关键字而保留的单词，因此保留字也不能被用作变量名或函数名等标识符。

　　ECMA-262 第三版中的保留字如表 2-2 所示。

表 2-2 ECMA-262 第三版中的保留字

abstract	boolean	byte	char	class	const
debugger	double	enum	export	extends	final
float	goto	implements	import	int	interface
long	native	package	private	protected	public
short	static	super	synchronized	throws	transient
volatile					

ECMA-262 第五版在非严格模式下减少了一些保留字，非严格模式下的保留字有 class、const、enum、extends、export、import、super。严格模式下有些变化，保留字有 implements、interface、package、public、private、protected、static、yield、let，其中 yield 和 let 是 ECMA-262 第五版新增的。对于 ECMA-262 第三版，如果使用关键字和保留字作为标识符，则会抛出错误。

在 ECMA-262 第五版中，对关键字和保留字的使用规则进行了一点儿修改。虽然同样不可以使用关键字和保留字作为变量名、函数名，但是对于第五版，它们可以作为函数的属性名使用。最好不要用关键字和保留字作为属性名、变量名、函数名，避免以后版本升级时产生冲突现象。除此之外，ECMA-262 第五版对 eval 和 arguments 还施加了限制，在严格模式下，这两个单词也不能作为变量名、函数名或属性名，否则将会抛出错误。

2.2 JavaScript 的常量及常量声明

1. JavaScript 的常量

JavaScript 语句包括两种类型的值，即字面值和变量值，字面值也称为常量。JavaScript 中的常量主要包括字符串型常量、数字型常量、布尔常量、全局常量和 Infinity 等。

（1）字符串型常量

字符串型常量是使用单引号（''）或双引号（""）括起来的一个或几个字符。

空字符串不是 undefined，它既有合法值又有类型。例如：

```
let txt = "";      // 值是 ""，类型是字符串型
```

（2）数字型常量

JavaScript 只有一种数值类型，即数字型。数字型常量（值不能改变的数据）在赋值时可以带小数点，也可以不带。数字型常量不带小数点时为整型常量，可以使用十进制、十六进制、八进制表示；带小数点时为实型常量，由整数部分加小数部分表示。

例如：

```
var x = 3.14;    // 带小数点的数值
var y = 3;       // 不带小数点的数值
```

数字型常量也可以使用科学记数法表示。例如：

```
var x = 123e4;   // 1230000
var y = 123e-4;  // 0.0123
```

与许多其他编程语言不同，JavaScript 不会定义不同类型（如整型、短整型、长整型、浮点型等）的数。JavaScript 始终以双精度浮点型（64 位）存储数值，其中第 1～52 位用于存储数字（片段），第 53～63 位用于存储指数，第 64 位用于存储符号。

（3）布尔常量

布尔常量只有两种值，即 true 或 false，主要用来说明或代表一种状态或标志。

JavaScript 提供了一种布尔型，它只接收值 true 或 false。JavaScript 表达式的布尔值是比较运算

和条件判断的基础。

① 布尔值 true。

JavaScript 中所有"真实"值的布尔值均为 true，如 100、3.14、–15、"Hello" "false"、7 + 1 + 3.14、5 < 6。

② 布尔值 false。

JavaScript 中所有"不真实"值的布尔值均为 false。

a. 0（零）的布尔值为 false。

例如：

```
var x = 0;
Boolean(x);          // 返回 false
```

b. –0（负零）的布尔值为 false。

例如：

```
var x = –0;
Boolean(x);          // 返回 false
```

c. ""（空字符串）的布尔值为 false。

例如：

```
var x = "";
Boolean(x);          // 返回 false
```

d. undefined 的布尔值是 false。

例如：

```
var x;
Boolean(x);          // 返回 false
```

e. null 的布尔值是 false。

例如：

```
var x = null;
Boolean(x);          // 返回 false
```

f. NaN 的布尔值是 false。

例如：

```
var x = 10 / "H";
Boolean(x);          // 返回 false
```

g. false 的布尔值是 false。

```
var x = false;
Boolean(x);          // 返回 false
```

h. 布尔值也可以通过关键字 new 作为对象来定义。

例如：

```
var x = false;                      // typeof x 返回 boolean
var y = new Boolean(false);         // typeof y 返回 object
```

建议不要创建布尔对象（Boolean 对象），因为它会拖慢代码的执行速度。需要注意的是，new 关键字会使代码复杂化，还会产生某些意想不到的结果。

（4）全局常量

NaN 是 JavaScript 的全局常量，表示非数字值（Not-a-Number），其表示某个值不是合法数值，但其本身的数据类型却是数字型，typeof NaN 返回 number。例如：

```
alert(typeof NaN);  // 显示为 number
```

NaN 不等于其自身，例如：

```
alert(NaN == NaN); // 显示为 false
```

实际上 NaN 不等于任何东西，要确认是不是 NaN 只能使用 isNaN()，例如：

```
alert(isNaN(NaN)) ; // 显示为 true
```

若尝试用一个非数字字符串进行除法运算，则会得到 NaN，例如：

```
var x = 100 / "len";    // x 将是 NaN
isNaN(x);               // 返回 true，因为 x 不是数值
```

若字符串包含数值，则除法运算的结果将是数值，例如：

```
var x = 100 / "10";     // x 将是 10
```

假如在数学表达式中使用了 NaN，则运算结果也将是 NaN，例如：

```
var x = NaN;
var y = 5;
var s = x + y;          // s 将是 NaN
```

（5）Infinity

Infinity（或-Infinity）是 JavaScript 在计算数值且结果超出最大可能数值范围时返回的值。Infinity 的数据类型是数字型，typeof Infinity 返回 number。

除以 0（零）也会生成 Infinity，例如：

```
var x =  2 / 0;         // x 将是 Infinity
var y = -2 / 0;         // y 将是-Infinity
```

2. ES6 的常量声明

ES6 引入了新的 JavaScript 关键字——const，它可以用来在块作用域（Block Scope）中声明常量，声明过后值不能再改变，即不能再做声明。该常量只在其所在的块作用域内有效。例如：

```
const PI = 3.1415926;
PI = 3.14 ;             // 会出错
PI = PI + 10 ;          // 也会出错
```

（1）块作用域

在块作用域内使用 const 声明的常量只在局部（即块作用域内）起作用。例如，以下代码在块中声明的 num 不同于在块之外声明的 num。

```
var num = 2 ;
// 此处，num 为 2
{
   const num = 3 ;
   // 此处，num 为 3
}
// 此处，num 为 2
```

（2）在声明时赋值

使用 JavaScript 的 const 声明的常量必须在声明时赋值，例如：

```
const PI = 3.141592 ;
```

以下声明是错误的：

```
const PI;
PI = 3.1415926;
```

关键字 const 有一定的误导性，它并没有声明常量值，只是声明了对值的常量引用，并且常量一经声明后，不可再进行修改。

因此，用户不能更改常量原始值，也无法重新为常量对象赋值，但可以更改常量对象的属性。例如：

```
// 可以创建 const 对象
const person = { name:"张山", sex:"男", age:"19" } ;
// 可以更改属性
person.age = "20";
// 可以添加新属性
person.nativePlace = "上海";
```

在程序开发中，希望有些常量声明后在业务层中不再发生变化，此时也可以用 const 来声明。例如：

```
const name = 'admin';   // 声明常量
```

2.3 JavaScript 的变量

1. 变量的概念与命名

变量是内存中存取数据值的容器。例如：

```
var name="李明";    // 创建了名为 name 的变量，并为其赋值"李明"
var x=2;
var y=3;
var z=x+y;
```

在 JavaScript 中，可以用字母或单词表示变量名称。

JavaScript 变量可用于存放常量数值（如 x=2）和表达式的值（如 z=x+y）。

变量可以使用短名称（如 x 和 y），也可以使用描述性更好的名称（如 name、age、sum、total、volume）。

变量的命名规则如下。

① 变量名必须以字母开头，后面的字符可以为字母、数字、下画线（_）和美元符号（$），变量名不能有空格、+、-等字符，JavaScript 变量的名称也允许以美元符号和下画线符号开头，但不推荐这么做。

② 变量名对大小写敏感（如 num 和 Num 是不同的变量名），JavaScript 语句和 JavaScript 变量都对大小写敏感。

③ JavaScript 的关键字、保留字都不能用作变量名。

2. JavaScript 变量的声明与赋值

（1）单个变量的声明与赋值

在 JavaScript 中创建变量通常称为"声明"变量。

可以使用 var 关键字来声明变量。例如：

```
var name;
```

变量被声明之后，变量是空的，此时它没有值。

使用赋值运算符（=）为变量赋值。例如：

```
name="李明";
```

也可以在声明变量时为其赋值。例如：

```
var name="李明";
```

该语句表示创建了名为 name 的变量，并为其赋值"李明"。

> **提示** 一个好的编程习惯是，在代码开始处，统一对需要的变量进行声明。

（2）多个变量的声明与赋值

可以在一条语句中声明多个变量。该语句以 var 开头，并使用逗号分隔变量。

例如：

```
var name="李明" , age=26 , job="程序员";
```

多个变量的声明也可横跨多行。例如：

```
var name="李明",
    age=26,
    job="程序员" ;
```

（3）声明无值的变量

声明变量时可以只用 var 关键字声明无值的变量。对于无值的变量，其值实际上是 undefined。

在执行以下语句后，变量 name 的值将是 undefined。

```
var name ;
```

（4）重复声明 JavaScript 变量

如果重复声明 JavaScript 变量，则该变量的值不会丢失。

在以下两条语句执行后，变量 name 的值依然是"李明"。

```
var name="李明";
var name;
```

由于 JavaScript 的变量是弱类型的，可以将变量初始化为任意值，因此，可以随时改变变量所存数据的类型，但尽量避免这样做。

3. JavaScript 变量类型的声明

声明新变量时，可以使用关键字 new 来声明其类型。例如：

```
var name=new String;
var x= new Number;
var y= new Boolean;
var color= new Array;
var book= new Object;
```

JavaScript 变量均为对象，当声明一个变量时，就创建了一个新的对象。

4. ES6 的变量声明

ES6 还引入了另一个 JavaScript 新关键字——let，用于在 JavaScript 中声明块作用域变量。

（1）let 的主要作用

let 的主要作用如下。

① 禁止重复声明。

② 支持块作用域。

③ 控制随意修改。

（2）let 和 var 声明变量的主要区别

let 和 var 声明变量的主要区别如下。

① let 声明的变量只在 let 命令所在的代码块内有效，而 var 声明的变量全局范围有效。

② let 不能重复声明变量，但是可以修改，而 var 可以重复声明变量，但是会覆盖之前已经声明的。

③ var 声明变量时存在变量提升，也就是在声明变量之前就可以使用该变量。而对于 let，变量必须先声明再使用。

④ 使用 var 声明的变量可以重复声明，没有块作用域，不能限制。

（3）使用 var 声明全局变量

var 是 variable 的缩写，用于声明全局变量。

通过 var 关键字声明的变量没有块作用域，在代码块内声明的变量可以在代码块之外进行访问。先分析以下代码。

```
{
  var num = 2;
}
console.log(num);    // 这里的 num 指的是代码块中的 num
```

上述代码的输出结果为 2。因为 var 是全局变量，所以即使是在块内声明的，仍然在全局起作用。在 ES6 之前，JavaScript 是没有块作用域的。

再来分析以下代码。

```
var x = 2;
// 此处 x 的值为 2
    {
        var x = 3;
        // 此处 x 的值为 3
    }
```

```
console.log(x);    // 这里的 x 指的是代码块中的 x
// 此处 x 的值为 3
```

上述代码的输出结果为 3，因为 var 是全局声明的，在块内重新声明的变量将覆盖块外声明的变量。因此，使用 var 定义的变量，有时候会"污染"JavaScript 代码的整个作用域，造成变量值不确定。

（4）使用 let 声明局部变量

可以使用 let 关键字声明拥有块作用域的变量。在块内声明的变量无法从块外访问。例如：

```
{
  let x = 3;
}
// 此处不可以使用 x
```

使用 let 关键字重新声明的变量不会覆盖块外声明的变量。

分析以下代码。

```
var x = 2;
    {
        let x = 3;
    }
console.log(x);
```

上述代码的输出结果为 2，因为使用 let 声明的变量只在局部（块作用域内）起作用。

let 还具有防止数据污染的功能。

下面来分析以下 for 循环的经典示例。

① 使用 var 声明变量。

例如：

```
for (var i=0; i<10; i++) {
    // 每循环一次，就会在 for 语句所在的块作用域中重新声明一个新的 i
    console.log('循环体中:' + i);
}
console.log('循环体外:' + i);
```

上述代码可以正常输出结果，且最后一行的输出结果是 10，说明循环体中声明的变量 i 是在全局起作用的。

② 使用 let 声明变量。

例如：

```
for (let i=0; i<10; i++) {
    console.log('循环体中:' + i);
}
console.log('循环体外:' + i);
```

上述代码的最后一行无法输出结果，也就是说输出会报错。因为使用 let 声明的变量 i 只在{}中的块作用域内生效。

总之，要习惯使用 let 声明变量，减少 var 声明带来的全局空间命名污染。

需要说明的是，当定义了 let x=2 时，如果在同一个作用域内继续定义 let x=3，则 JavaScript 会报错。

2.4 JavaScript 的数据类型

JavaScript 的基本数据类型主要有字符串型（string）、数字型（number）、布尔型（boolean）、undefined、null 等。本节主要介绍 JavaScript 的基本数据类型。

JavaScript 具有动态类型的特点，这意味着相同的变量名可采用不同的类型。例如：

```
var x ;           // x 为 undefined
x = 26 ;          // x 为数字型
x = "Good" ;      // x 为字符串型
```

1. 字符串型

JavaScript 的字符串是指一串字符，即带引号（单引号或双引号）的任意文本。例如：

```
var name="Good";
var name='Good';
```

可以在字符串内使用引号，但字符串内使用的引号必须不同于包围字符串的引号。

2. 数字型

JavaScript 只有一种数字型，数字可以带小数点，也可以不带小数点。例如：

```
var x1=34.00 ;    // 使用小数点
var x2=34 ;       // 不使用小数点
```

较大或较小的数字可以使用科学记数法（指数形式）来书写。例如：

```
var y=123e5;      // 12300000
var z=123e-5;     // 0.00123
```

与其他编程语言不同，JavaScript 没有定义多种类型（如整型、短整型、长整型、浮点型等）的数字。JavaScript 中的所有数字均为 64 位。

JavaScript 会把前缀为 0x 的数字型常量解释为十六进制数，把前缀为 0 的数字型常量解释为八进制数。例如：

```
var y=0377;       // y 将是 255
var z=0xFF;       // x 也将是 255
```

> **说明**　　绝对不要在数字前面写 0，如 "07"，除非需要进行八进制转换。

默认情况下，JavaScript 会将数值显示为十进制小数。也能够使用 toString() 方法把数值输出为十六进制数、八进制数或二进制数。例如：

```
var myNumber = 128 ;
myNumber.toString(16) ;     // 返回 80
myNumber.toString(8) ;      // 返回 200
myNumber.toString(2) ;      // 返回 10000000
```

3. 布尔型

JavaScript 的布尔（逻辑）型数据只能有两个值：true 或 false。布尔值常用于条件判断。例如：

```
var t=true ;
var f=false ;
```

Boolean 对象用于将非布尔值转换为布尔值（true 或 false），使用关键字 new 来定义 Boolean 对象。

下面的代码定义了一个名为 myBoolean 的 Boolean 对象。

```
var myBoolean=new Boolean() ;
```

> **注意**　　如果 Boolean 对象无初始值或者其值为 0、−0、null、""、false、undefined 或者 NaN，那么对象的值为 false；否则，其值为 true，即使变量的值为字符串"false"，其值也为 true。

4. undefined

在 JavaScript 中，undefined 表示变量没有值。typeof 也会返回 undefined。例如：

```
var num ;                    // 值是 undefined
typeof   num ;               // 类型是 undefined
```

任何变量均可通过设置值为 undefined 进行清空，其类型也将是 undefined。

例如：

```
var price=3.6 ;
price = undefined;           // 值是 undefined，类型也是 undefined
```

undefined 与 null 的值相等，但类型不同。例如：

```
typeof undefined             // undefined
typeof null                  // object
null === undefined           // false
null == undefined            // true
```

5. null

在 JavaScript 中，null 可以理解为 "nothing"，它被看作不存在的东西，可以理解为对象占位符。如果试图引用没有定义的变量，则返回一个 null 值。

在 JavaScript 中，null 的数据类型是对象。例如：

```
var num=null;                // 值是 null
typeof   num ;               // 类型是 object
alert(typeof null);          // 显示为 object
```

尽管表达式 "typeof null" 的值为 object，但 null 并不是一个对象实例。要知道，JavaScript 中的值都是对象实例，每个数值都是 number 对象。因为 null 表示没有值，所以 null 不是实例。

例如：

```
alert(null instanceof Object); // 显示为 false
```

可以通过将变量的值设置为 null 来清空变量。例如：

```
var num=2 ;
num=null ;
```

2.5 typeof 运算符与数据类型的检测

JavaScript 中有 5 种可以包含值的数据类型，即 string、number、boolean、object、function；有 6 种类型的对象，即 Object、Date、Array、String、Number、Boolean，还有 2 种不能包含值的数据类型，即 null、undefined。

JavaScript 可以使用 typeof 运算符来检测 JavaScript 变量的数据类型，typeof 运算符会返回变量或表达式的数据类型。

1. 检测基本数据类型

typeof 运算符可以返回以下基本数据类型之一。

① string。

② number。

③ boolean。

④ undefined。

【编程训练】

【示例 2-1】demo0201.html

代码如下。

```
typeof ""                    // 返回 string
typeof "Good"                // 返回 string
typeof 0                     // 返回 number
typeof 314                   // 返回 number
typeof 3.14                  // 返回 number
```

```
typeof (7)              // 返回 number
typeof (7 + 8)          // 返回 number
typeof NaN              // 返回 number，NaN 的数据类型是数字型
typeof true             // 返回 boolean
typeof false            // 返回 boolean
typeof num              // 返回 undefined（假如 num 没有被赋值）
```

2. 检测引用类型

typeof 运算符针对对象、数组或 null 返回 object。typeof 运算符不会针对函数返回 object。

【编程训练】

【示例 2-2】demo0202.html

代码如下。

```
typeof {name:'安静', age:20}   // 返回 object
typeof [1,2,3,4]               // 返回 object（并非 array），数组的数据类型是对象
typeof new Date()             // 返回 object，日期的数据类型是对象
typeof null                   // 返回 object，null 的数据类型是对象
typeof function myFunc(){}    // 返回 function
```

> **注意**　typeof 运算符针对数组返回 object，因为 JavaScript 中的数组属于对象。

未定义变量的数据类型为 undefined，未赋值变量的数据类型也是 undefined。

使用 typeof 关键字无法确定 JavaScript 对象是否为数组或日期。

typeof 运算符并不是变量，它只是一个运算符，不采用任何数据类型，但是 typeof 运算符总是返回字符串（包含操作数的类型）。

2.6　JavaScript 数据类型的转换

JavaScript 变量能够被转换为另一种数据类型的新变量，转换方式主要有两种：一种是通过使用 JavaScript 函数进行转换，另一种是通过 JavaScript 本身自动转换。

1. 把数字转换为字符串

全局方法 String()可用于将数字、文本、变量或表达式转换为字符串。

例如：

```
String(x)            // 根据数值变量 x 返回字符串
String(123)          // 根据数值文本 123 返回字符串
String(100 + 23)     // 根据表达式返回字符串
```

数字方法 toString()可以把数字转换为字符串。

例如：

```
x.toString()
(123).toString()
(100 + 23).toString()
```

除了 toString()，以下几种方法也可以将数字转换为字符串。

① toExponential()方法：返回字符串，对数字进行舍入，并使用科学记数法表示。

② toFixed()方法：返回字符串，对数字进行舍入，并使用指定位数的小数表示。

③ toPrecision()方法：返回字符串，把数字表示为指定长度的数据。

2. 把布尔值转换为字符串

全局方法 String()能够将布尔值转换为字符串。

例如：

```
String(false)          // 返回 "false"
String(true)           // 返回 "true"
```

布尔方法 toString() 也能够将布尔值转换为字符串。

例如：

```
false.toString()       // 返回 "false"
true.toString()        // 返回 "true"
```

3. 把日期数据转换为字符串

全局方法 String() 可以将日期数据转换为字符串。

例如：

```
String(Date())
```

日期方法 toString() 也可以将日期数据转换为字符串。

例如：

```
Date().toString()
```

4. 把字符串转换为数字

全局方法 Number() 可以把字符串转换为数字，包含以下多种情况。

① 将数字字符串转换为数字型数据，如将 "3.14" 转换为 3.14。

② 将空字符串转换为 0。

③ 将其他字符串转换为 NaN。

【编程训练】

【示例 2-3】demo0203.html

代码如下。

```
Number("3.14")      // 返回 3.14
Number(" ")         // 返回 0
Number("")          // 返回 0
Number("99 88")     // 返回 NaN
```

以下方法也可以将字符串转换为数字。

① parseFloat() 方法：用于解析字符串并返回浮点数。

② parseInt() 方法：用于解析字符串并返回整数。

5. 一元 "+" 运算符

一元 "+" 运算符可用于把变量转换为数字。

例如：

```
var x = "5";        // x 是字符串
var y = + x;        // y 是数字
typeof y            // 变量 y 的类型为数字型
```

如果无法转换变量，则变量仍为数字型，但是其值为 NaN。

例如：

```
var x = "|";        // x 是字符串
var y = + x;        // y 是数字，其值为 NaN
typeof y            // 变量 y 的类型为数字型
```

6. 把布尔值转换为数字

全局方法 Number() 也可以把布尔值转换为数字。

例如：

```
Number(false)   // 返回 0
Number(true)    // 返回 1
```

7. 把日期数据转换为数字

全局方法 Number() 可以用于把日期数据转换为数字。

例如：

```
d = new Date();
Number(d)
```

日期方法 getTime() 也可以用于把日期数据转换为数字。

例如：

```
d = new Date();
d.getTime()
```

8. 自动类型转换

当 JavaScript 尝试操作一种"错误"类型的数据时，它会试图将该数据转换为"正确"类型的数据，但是结果并不总是所期望的那样。

例如：

```
5 + null      // 返回 5（因为 null 被转换为 0）
"5" + null    // 返回 "5null"（因为 null 被转换为 "null"）
"5" + 2       // 返回 "52"（因为 2 被转换为 "2"）
"5" – 2       // 返回 3（因为 "5" 被转换为 5）
"5" * "2"     // 返回 10（因为 "5" 和 "2" 被分别转换为 5 和 2）
```

2.7 字符串的基本操作

本节将介绍常用的字符串的基本操作。

1. 字符串拼接与模板字符串

字符串拼接的传统写法示例如下。

```
let data = {
  title: '标题',
  content: '内容文字'
};
let divHtml = '<div>'
    +'<span class="title">' + data.title + '</span>'
    +'<span class="content">' + data.content + '</span>'
    +'</div>';
```

这种写法比较烦琐，并且容易出错。

ES6 中新增了模板字符串（Template String），使用反引号(``)标识，并且支持换行、${ 变量 }。模板字符串是增强版的字符串，它可以当作普通字符串使用，也可以用来定义多行字符串，或者在字符串中嵌入变量。

在模板字符串中嵌入变量的字符串拼接示例如下。

```
let data = {
  title: '标题',
  content: '内容文字'
};
let divHtml = `<div>
      <span class="title">${ data.title }</span>
      <span class="content">${ data.content }</span>
    </div>`;
```

> **注意** 这里多行字符串使用了反引号（【 ` 】键在【Tab】键的上方）标识，花括号前还有$。

2. 字符串的典型方法

在 ES6 之前，JavaScript 中只有 indexOf 方法可用来确定一个字符串是否包含在另一个字符串中，现在 includes()、startsWith()、endsWith()这 3 种方法也能够实现类似功能。

（1）includes(str)：判断是否包含指定的字符串。

（2）startsWith(str)：判断是否以指定字符串开头。

（3）endsWith(str)：判断是否以指定字符串结尾。

例如：

```
var str = "Hello JavaScript!";
str.includes("o")          // true
str.startsWith("Hello")    // true
str.endsWith("!")          // true
```

这 3 个方法都支持第二个参数，表示开始匹配的位置。

2.8 JavaScript 的运算符与表达式

运算符也称为操作符，JavaScript 常用的运算符有：算术运算符、赋值运算符、连接运算符、比较运算符、逻辑运算符、条件运算符，以及其他类型运算符。

表达式是运算符和操作数的组合，通过求值运算来确定其值，这个值是对操作数实施运算所确定的结果。因为表达式是以运算符为基础的，所以表达式可以分为算术表达式、字符串表达式、赋值表达式、逻辑表达式等。

JavaScrip 的表达式可以包含常量与运算符。例如，6 * 25。

表达式也可包含变量、常量与运算符。例如，x * 25。

表达式的计算结果为表达式的值，值可以是多种类型的，如数字型和字符串型。

1. JavaScript 的算术运算符与表达式

算术运算符用于执行变量或数值之间的算术运算，JavaScript 使用算术运算符来计算值。算术表达式由算术运算符与操作数组成，例如：

```
(7 + 8) * 10；
```

给定 x=5，表 2-3 解释了算术运算符。

表 2-3　JavaScript 的算术运算符及示例

运算符	功能描述	示例	运算结果
+	加	y=x+2	7
−	减	y=x-2	3
*	乘	x=x*2	10
/	除	y=x/2	2.5
%	求余（保留整数）	y=x%2	1
++	自增	y=++x	6
		y=x++	5
−−	自减	y=−−x	4
		y=x−−	5
**	求幂（ES7 新增的运算符）	y=x ** 2	25

对于算术表达式 200+50*2，是先计算加法（+），还是先计算乘法（*）呢？这涉及算术运算符的优先级问题，由于乘法比加法有更高的优先级，因此先计算乘法，后计算加法，该算术表达式的计算结果为 300。

算术运算符的优先级描述了在算术表达式中所执行操作的顺序，JavaScript算术运算符的优先级如表2-4所示（数字越小优先级越高）。

表2-4 JavaScript算术运算符的优先级

优先级顺序	运算符	说明	实例
1	( )	圆括号	(3 + 4)
2	++	后置自增	i++
	--	后置自减	i--
3	++	前置自增	++i
	--	前置自减	--i
4	**	求幂	10 ** 2
5	*	乘	10 * 5
	/	除	10 / 5
	%	求余	10 % 5
6	+	加	10 + 5
	–	减	10 - 5

从表2-4中可以看出：乘法（*）和除法（/）比加法（+）和减法（-）拥有更高的优先级，当多个运算（如加法和减法）拥有相同的优先级时，计算顺序是从左向右。当使用圆括号"()"时，圆括号中的运算会先被计算，也就是说，圆括号具有最高的优先级。

2. JavaScript的赋值运算符与表达式

赋值运算符用于给JavaScript变量赋值，赋值表达式由赋值运算符与操作数组成。
例如：

```
var x = 7;
var y = 8;
```

在JavaScript中，等号"="是赋值运算符，而不是"等于"运算符，JavaScript中的"等于"运算符是"=="。这一点与代数不同。

下面的代码在代数中是不合理的：

```
x = x + 5
```

然而，它在JavaScript中是合理的，即把x + 5的值赋给x，表示计算x+5的值并把结果放入x中，即x的值递增5。

给定x=5和y=10，表2-5解释了赋值运算符。

表2-5 JavaScript的赋值运算符及示例

运算符	功能描述	示例	等价于	结果
=	为变量赋值	y=x	–	5
+=	用变量值加上一个值	y+=x	y=y+x	15
-=	用变量值减去一个值	y-=x	y=y-x	5
*=	与变量值相乘	y *=x	y=y*x	50
/=	与变量值相除	y/=x	y=y/x	2
%=	把余数赋值给变量	y %=x	y=y%x	0

3. JavaScript的连接运算符与表达式

"+"运算符也可用于把文本值或字符串变量连接起来。如果需要把两个或多个字符串变量连接起来，则使用"+"运算符即可。连接表达式由连接运算符与操作数组成。

（1）连接两个字符串变量

例如：

```
var txt1="What a very";
var txt2="nice day";
txt3=txt1+txt2;
```

在以上语句执行后，变量 txt3 的值是"What a verynice day"。

（2）在字符串中添加空格

要想在两个字符串之间增加空格，则需要把空格插入一个字符串之中。

例如：

```
txt1="What a very ";
```

或者把空格插入表达式中。

例如：

```
txt3=txt1+" "+txt2；
```

在以上语句执行后，变量 txt3 的值均为"What a very nice day"。

（3）连接字符串与字符串变量

使用"+"运算符也可以对字符串与字符串变量进行连接运算。

【编程训练】

【示例 2-4】demo0204.html

代码如下。

```
var name="云朵"；
var info="欢迎" + name + "登录"；
document.write(info)；        // 输出结果为"欢迎云朵登录"
```

（4）连接字符串和数字

对字符串和数字进行连接运算的规则如下：把数字与字符串相连，结果仍为字符串。

例如：

```
x=5+"6"；
document.write(x)；          // 运算结果为 56
document.write(typeof x)；    // 变量 x 的数据类型为字符串型
x="5"+6；
document.write(x)；          // 运算结果为 56
document.write(typeof x)；    // 变量 x 的数据类型为字符串型
```

4. JavaScript 的比较运算符与表达式

比较运算符用于确定变量或它们的值之间的关系。比较表达式由比较运算符与操作数组成。在比较表达式中使用比较运算符时，通过比较变量或它们的值来计算表达式的值为 true 还是为 false。

给定 x=5，表 2-6 解释了比较运算符。

表 2-6　JavaScript 的比较运算符及示例

运算符	功能描述	示例	运算结果
==	等于（弱等于）	x==8	false
		x==5	true
!=	不等于	x!=8	true
===	全等（值相等且类型相同）	x===5	true
		x==="5"	false
!==	不等于或不同类型	x!==5	false
		x!=="5"	true
		x!==8	true

（续）

运算符	功能描述	示例	运算结果
>	大于	x>8	false
<	小于	x<8	true
>=	大于或等于	x>=8	false
<=	小于或等于	x<=8	true

可以在条件语句中使用比较运算符来对值进行比较，并根据结果执行不同的语句。

例如：

```
if (hour < 12) document.write("上午好!") ;
```

> **注意** 在 JavaScript 程序中对两个不同类型的值进行比较时，首先要将其弱化成相同的类型，如将 false、undefined、null、0、""、NaN 都弱化成 false。这种强制转换并不是一直存在的，只有出现在表达式中时才存在。

例如：

```
var someVar =0 ;
alert(someVar == false) ;    // 显示为 true
```

5. JavaScript 的逻辑运算符与表达式

逻辑运算符用于测定变量或值之间的逻辑关系，结果为 true 或 false。逻辑表达式由逻辑运算符与操作数组成。

给定 x=6 及 y=3，表 2-7 解释了逻辑运算符。

表 2-7　JavaScript 的逻辑运算符及示例

运算符	功能描述	示例	运算结果
&&	与（and）	(x < 10 && y > 1)	true
||	或（or）	(x==5 || y==5)	false
!	非（not）	!(x==y)	true

6. JavaScript 的条件运算符与表达式

JavaScript 包含基于某些条件对变量进行赋值的条件运算符，条件表达式由条件运算符与操作数组成。

语法格式如下。

```
variablename=(condition) ? value1 : value2
```

例如：

```
tax=( salary>1500 ) ? 1 : 0 ;
```

如果变量 salary 的值大于 1500，则为变量 tax 赋值 1，否则赋值 0。

条件运算符（ ?：）是一个三元运算符，条件表达式由 2 个符号和 3 个操作数组成，两个符号分别位于 3 个操作数之间。其中，第 1 个操作数是布尔值，通常由一个表达式计算而来，第 2 个操作数和第 3 个操作数可以是任意类型的数据，或者是任何形式的表达式。条件表达式的运算规则如下：如果第 1 个操作数为 true，那么条件表达式的值就是第 2 个操作数的值；如果第 1 个操作数是 false，那么条件表达式的值就是第 3 个操作数的值。

对于条件表达式"typeof(x)=='string' ? eval(x) : x"，如果 typeof(x)的返回值是 string，则条件表达式的值是 eval(x)。当 x 是字符串时，条件表达式的值为表达式的计算结果；否则直接将变量 x 的值作为条件表达式的值。

7. JavaScript 其他类型运算符

（1）typeof

typeof 用于返回变量的类型，例如：

```
typeof 3.14   // 返回 number
```

（2）instanceof

instanceof 用于检查某个实例是否为由某个类或其子类实例化出来的，这里所说的类是 ES6 的说法，而 ES5 中并没有类（class）这个语法。实际上，ES5 的做法是使用某些方法作为构造器来扮演类的角色。语法格式如下。

```
object instanceof constructor
```

其中，object 表示实例，也就是要检查的对象，constructor 表示构造器。其返回值为 true 或 false，如果 object 是对象类型的实例，则返回 true。

以下代码为使用 ES5 语法实现的示例。

```
var funcA = function() {};
var insA = new funcA();
document.write(insA instanceof funcA);   // 输出结果为 true
```

2.9 JSON 及其使用

1. 什么是 JSON

JSON（JavaScript Object Notation，JavaScript 对象表示法）是用于存储和传输文本信息的数据格式，类似于 XML。与 XML 相比，JSON 的语法更简单，解析速度更快。道格拉斯·克罗克福德（Douglas Crockford）发明了 JSON 数据格式来存储数据，用户可以使用原生的 JavaScript 方法来存储复杂的数据而不需要进行任何额外的转换。

JSON 是轻量级的数据交换格式，独立于语言，其数据是"自描述的"，且易于理解。通过使用 JSON，可以减少中间变量，使代码的结构更加清晰，也更加直观。

JSON 数据是纯文本，可以使用任何编程语言来编写读取和生成 JSON 数据。从本质上讲，JSON 是用于描述复杂数据的最轻量级的方式，且它直接运行在浏览器中，通常用于服务器向网页传递数据。

2. JSON 语法规则

JSON 在语法上与创建 JavaScript 对象的代码相似。由于这种相似性，JavaScript 程序可以很容易地将 JSON 数据转换为本地的 JavaScript 对象。

以下是 JSON 的常见语法规则。

（1）使用"{"和"}"表示对象。

（2）使用键值对的格式来表示数据。

（3）使用方括号"[ ]"表示数组。

（4）多个属性用半角逗号","分隔，最后一个属性之后不加逗号。

3. JSON 数据

JSON 数据的格式为键值对，类似于 JavaScript 对象属性，一个名称对应一个值。

键值对的表示方式如下。

```
"键名称":"值
```

"键名称"和"值"之间使用半角冒号":"分隔。

"键名称"必须是字符串，并且由双引号包围，而"值"可以是以下数据之一。

① 字符串：在 JSON 中，字符串必须由双引号包围，如{ "siteName":"京东商城" }。

② 数字：JSON 中的数字必须是整数或浮点数，如{ "price": 58.8 }。

③ JSON 对象：JSON 中的值可以是对象，JSON 中作为值的对象必须遵守与 JSON 对象相同

的规则。例如：

```
{ "site": {"siteName":"京东商城", "url":"https://www.jd.com/"}
 }
```

④ 数组：JSON 中的值可以是数组。例如：

```
{ "sites": ["京东商城", "苏宁易购", "国美电器"]
 }
```

⑤ 布尔值：JSON 中的值可以是 true 或 false，如{ "sale": true }。

⑥ null：JSON 中的值可以是 null。

JSON 的"值"不可以是以下数据之一。

① 函数。

② 日期。

③ undefined。

4. JSON 数组

JSON 数组保存在方括号"[ ]"内，数组可以包含对象，最后一个对象之后不需要加逗号。

以下 JSON 数组的定义代码中，对象 sites 是一个数组，包含 3 个对象，每个对象都为网站的信息，由网站名称和网站地址两部分组成。

```
{ "sites":[
    {"siteName":"京东商城", "url":"https://www.jd.com/"},
    {"siteName":"苏宁易购", "url":"http://www.suning.cn/"},
    {"siteName":"国美电器", "url":"https://www.gome.com.cn/"}
] }
```

5. 字符串和 JavaScript 对象相互转换

字符串和 JavaScript 对象相互转换的函数如下。

（1）JSON.parse()

JSON.parse()用于将一个 JSON 字符串转换为 JavaScript 对象，它需要一个 JSON 字符串作为参数，并将该字符串转换为 JavaScript 对象及返回。

【编程训练】

【示例 2-5】demo0205.html

以下示例代码用于从服务器中读取 JSON 数据，并在网页中显示第 2 条数据，也就是 sites[1]的数据。

```
<p id="demo"></p>
<script>
/**创建 JavaScript 字符串，字符串内容为 JSON 格式的数据**/
var siteInfo ='{ "sites":['+
    '{"siteName":"京东商城","url":"https://www.jd.com/"}, '+
    '{"siteName":"苏宁易购","url":"http://www.suning.cn/"},'+
    '{"siteName":"国美电器","url":"https://www.gome.com.cn/"}] }';
 /**使用 JavaScript 内置函数 JSON.parse()将字符串转换为 JavaScript 对象**/
obj = JSON.parse(siteInfo);
/**在网页中使用 JavaScript 对象从服务器中读取 JSON 数据，并显示数据**/
document.getElementById("demo").innerHTML = obj.sites[1].siteName + " " +
                                    obj.sites[1].url;

</script>
```

浏览网页的结果如下。

```
苏宁易购 http://www.suning.cn/
```

（2）JSON.stringify()

JSON.stringify()用于将 JavaScript 对象转换为 JSON 字符串，它需要一个 JavaScript 对象作为

参数，会返回一个 JSON 字符串。

例如：

```
var obj ={siteName:"京东商城", url:"https://www.jd.com/" } ;
var strJson=JSON.stringify(obj) ;
console.log(strJson) ;
```

以上代码运行时，控制台中的输出结果如下。

```
{"siteName":"京东商城","url":"https://www.jd.com/"}
```

6. JSON 与 JavaScript 对象的关系

可以这样理解：JSON 是 JavaScript 对象的字符串表示法，它使用文本表示一个 JavaScript 对象的信息，JSON 数据本质上是一个字符串。

```
// 这是一个 JavaScript 对象，注意 JavaScript 对象的键名的引号可加可不加，最好加上
var obj = {'a': 'Hello', 'b': 'World'};
// 这是一个 JSON 格式的数据，本质上是一个字符串
var json = '{"a": "Hello", "b": "World"}';
```

JSON.parse() 的作用就是将字符串转换为 JavaScript 对象，JSON.stringify() 的作用就是将 JavaScript 对象转换为字符串，前提是 JavaScript 对象符合 JSON 格式。

例如：

```
var obj = JSON.parse('{"a": "Hello", "b": "World"}');
// 结果是 {a: 'Hello', b: 'World'} （一个对象）
var json = JSON.stringify({a: 'Hello', b: 'World'});
// 结果是 '{"a": "Hello", "b": "World"}' （一个 JSON 格式的字符串）
```

应用实践

【任务 2】 实现动态加载网页内容

【任务描述】

创建网页 task0201.html，编写 JavaScript 程序，实现网页中常见的底部导航栏与版权信息，其外观效果如图 2-1 所示。

联系我们 | 网站地图 | 旅游调查 | 用户留言 | 设为首页 | 收藏本站
××游天下网 版权所有 Copyright 2023-2035 © ××工作室

图 2-1 网页的底部导航栏与版权信息的外观效果

【任务实施】

创建并打开网页 task0201.html，编写 JavaScript 程序，实现网页中常见的底部导航栏与版权信息。图 2-1 所示的网页底部导航栏与版权信息外观效果可以采用 HTML 代码实现，代码如表 2-8 所示；也可以采用 JavaScript 代码实现，对应的 JavaScript 代码如表 2-9 所示。

表 2-8 实现网页底部导航栏与版权信息的 HTML 代码

序号	程序代码
01	`<div id="innerWrapper">`
02	`  <div id="ly-footer">`
03	` 联系我们	网站地图	旅游调查	`
04	` 用户留言	设为首页	收藏本站 `
05	`    ××游天下网 版权所有 Copyright 2023-2035 © ××工作室`
06	`  </div>`
07	`</div>`

表 2-9　实现网页底部导航栏与版权信息的 JavaScript 代码

序号	程序代码
01	`<div id="innerWrapper">`
02	`  <div id="ly-footer">`
03	`    <script  language="JavaScript"  type="text/javascript">`
04	`      <!--`
05	`        var footerContent ;`
06	`        footerContent = "联系我们  |  网站地图  |  旅游调查  |  ";`
07	`        footerContent += "用户留言  |  设为首页  |  收藏本站 ";`
08	`        footerContent += " ××游天下网 版权所有 Copyright 2023-2035 ©  ××工作室";`
09	`        document.write( footerContent ) ;`
10	`      // -->`
11	`    </script>`
12	`  </div>`
13	`</div>`

表 2-9 中的代码解释如下。

（1）JavaScript 程序必须置于`<script>`与`</script>`标签中。

（2）04 行的符号"`<!--`"和 10 行的符号"`//-->`"针对不支持脚本程序的浏览器，用于忽略其间的脚本程序。

（3）05～09 行共有 5 条语句，每一条语句都以";"结束。这些语句都按其出现的先后顺序执行，即程序结构为顺序结构。

（4）05 行为声明变量语句：声明 1 个变量，变量名为 footerContent。

（5）06 行为变量赋值语句：将一个字符串型常量赋值给变量 footerContent，赋值运算符为"="。

（6）07、08 行都是赋值语句，使用的是复合赋值运算符"+="，即将两个字符串连接后重新赋值给变量 footerContent。

（7）09 行使用文档对象 document 的 write()方法向网页中输出变量 footerContent 的值，即输出一个字符串，该 JavaScript 语句会在页面加载时执行。

> **提示**　使用 document.write()可以将字符串直接写入 HTML 输出流中，但只能在文档加载时使用 document.write()。如果在文档加载后使用该方法，则新传入的字符串会覆盖整个文档。

（8）JavaScript 区分字母的大小写。

在同一个程序中使用大写字母和小写字母有不同的意义，不能随意将大写字母写成小写字母，也不能随意将小写字母写成大写字母。例如，05 行中声明的变量 footerContent，其名称的第 7 个字母为大写"C"，在程序中使用该变量时该字母必须统一写成大写"C"，而不能写成小写"c"。如果声明变量时，变量名称为 footercontent，全为小写字母，则在程序中使用该变量时，也不能写成大写字母。也就是说，使用变量时的名称应与声明变量时的名称要完全一致。

✎ 在线测试

扫描二维码，完成本模块的在线测试。

模块 2

在线测试

模块 3

JavaScript
流程控制及应用

03

　　JavaScript 的基本流程控制语句包括条件语句和循环语句两种类型，本模块将详细介绍与应用这些基本流程控制语句。

学习领会

3.1　JavaScript 的条件语句

　　JavaScript 的条件语句用于基于不同的条件执行不同的语句。编写程序代码时，经常需要为不同的决定执行不同的动作，可以在代码中使用条件语句来完成该任务。

　　在 JavaScript 中，可以使用以下条件语句。

　　（1）if 语句：只有当指定条件为 true 时，才执行指定的代码。

　　（2）if…else…语句：当条件为 true 时执行指定的代码，当条件为 false 时执行其他代码。

　　（3）if…else if…else…语句：使用该语句选择多个代码块中的一个来执行。

　　（4）switch 语句：使用该语句选择多个代码块中的一个来执行。

1. if 语句

只有当指定条件为 true 时，该语句才会执行指定的代码。

语法格式如下。

```
if (条件)
{
  // 当条件为 true 时执行的代码
}
```

> **注意**　这里的关键字为小写的 **if**，如果使用大写字母（**IF**），则会产生 **JavaScript** 错误。

【编程训练】

【示例 3-1】demo0301.html

以下代码实现的功能如下：当时间早于 20:00 时，问候语显示为 Good day。

```
let time=12 ;
if (time<20)
{
  x="Good day";
}
document.write( x );  // 输出结果为 Good day
```

该语句不包含 else，只有在指定条件为 true 时才会执行指定的代码。

2. if…else…语句

使用 if…else…语句在条件为 true 时执行指定的代码，在条件为 false 时执行其他代码。

语法格式如下。

```
if (条件)
  {
    // 当条件为 true 时执行的代码
  }
else
  {
    // 当条件为 false 时执行的代码
  }
```

【编程训练】

【示例 3-2】demo0302.html

以下代码实现的功能如下：当时间早于 20:00 时，显示问候语 Good day，否则显示问候语 Good evening。

```
let time=21 ;
if (time<20)
  {
    x="Good day";
  }
else
  {
    x="Good evening";
  }
document.write( x );    // 输出结果为 Good evening
```

3. if…else if…else…语句

使用 if…else if…else…语句选择多个代码块中的一个来执行。

语法格式如下。

```
if (条件 1)
  {
    // 当条件 1 为 true 时执行的代码
  }
else if (条件 2)
  {
    // 当条件 2 为 true 时执行的代码
  }
else
  {
    // 当条件 1 和条件 2 都不为 true 时执行的代码
  }
```

【编程训练】

【示例 3-3】demo0303.html

以下代码实现的功能如下：当时间早于 10:00 时，显示问候语 Good morning；当时间在 10:00 至 20:00 内时，显示问候语 Good day；否则，显示问候语 Good evening。

```
let time=8 ;
if (time<10)
  {
    x="Good morning";
  }
```

```
else if (time<20)
  {
    x="Good day";
  }
else
  {
    x="Good evening";
  }
document.write( x );    //输出结果为 Good morning
```

4. switch 语句

switch 语句用于基于不同条件执行不同动作。使用 switch 语句可选择要执行的多个代码块中的一个来执行。

语法格式如下。

```
switch(表达式)
{
  case m:
      // 执行代码块 1
      break;
  case n:
      // 执行代码块 2
      break;
  default:
      // 表达式的值与 m、n 不同时执行的代码
}
```

首先计算一次 switch 对应表达式（通常为一个变量）的值，随后表达式的值会与结构中每个 case 后面的值进行比较。如果存在匹配项，则与该 case 关联的代码块会被执行。使用 break 来阻止代码自动向下一个 case 运行，跳出 switch 语句。

switch 语句中的表达式不一定是条件表达式，可以是普通的表达式，其值可以是数值、字符串或布尔值。执行 switch 语句时，首先将表达式的值与一个数据进行比较，当表达式的值与所列数据相等时，执行相应的语句；如果表达式的值与所有列出的数据都不相等，则执行 default 后的语句；如果没有 default 关键字，则跳出 switch 语句并执行 switch 语句后面的语句。

【编程训练】

【示例 3-4】demo0304.html

以下代码实现的功能如下：显示今日为星期几。

```
var day=new Date().getDay();
switch(day)
{
case 0:
    x="星期日";
    break;
case 1:
    x="星期一";
    break;
case 2:
    x="星期二";
    break;
case 3:
    x="星期三";
    break;
case 4:
    x="星期四";
```

```
        break;
    case 5:
        x="星期五";
        break;
    case 6:
        x="星期六";
        break;
}
document.write("今天是: "+x);
```
有时需要通过不同的 case 语句来使用相同的代码。

【编程训练】

【示例 3-5】demo0305.html

代码如下。

```
switch (new Date().getDay()) {
    case 4:
    case 5:
        info = "周末快到了。";
        break;
    case 0:
    case 6:
        info = "今天是周末。";
        break;
    default:
        info = "期待周末! ";
}
document.write(info);
```
在本例中，case 4 和 case 5 分享相同的代码块，而 case 0 和 case 6 分享另一个代码块。

switch 语句使用全等（ === ），即对于已匹配的表达式的值和 case 后面的值，它们的值和类型都必须相同，全等的结果才能为 true。

【编程训练】

【示例 3-6】demo0306.html

代码如下。

```
var x = "0";
switch (x) {
    case 0:
        text = "Off";
        break;
    case 1:
        text = "On";
        break;
    default:
        text = "No value found";
}
document.write(text);     // 输出的值为 No value found
```
以上代码中，x 与每个 case 后面的值都不匹配。

5. break 关键字

在 switch 语句中，如果 JavaScript 遇到 break 关键字，则会跳出 switch 代码块，此举将中断代码块中更多代码的执行及 case 匹配。break 能够节省大量代码执行时间，因为它会"忽略"switch 代码块中其他代码的执行。

switch 语句中的最后一个 case 语句不必中断，该语句执行完毕后，switch 语句会自然结束。

6. default 关键字

使用 default 关键字指定 switch 语句中不存在 case 匹配项时所执行的代码。default 在 switch 语句中是可选的，并非必不可少，但通常会把它放在 switch 语句的最后来执行兜底操作。

【编程训练】

【示例 3-7】demo0307.html

以下代码实现的功能如下：如果今天不是周六或周日，则会输出默认的消息。

```
var day=new Date().getDay();
switch (day)
{
    case 6:
        x="今天是星期六";
        break;
    case 0:
        x="今天是星期日";
        break;
    default:
        x="期待周末！";
}
document.write(x);
```

3.2 JavaScript 的循环语句

如果需要多次运行相同的代码，并且每次需要的参数值都不同，那么使用循环是很方便的，循环可以将代码块反复执行指定的次数。

数组 num 的定义如下。

```
var num=[0,1,2,3,4,5];
```

以下代码可以输出数组中元素的值。

```
document.write(num[0] + "<br>");
document.write(num[1] + "<br>");
document.write(num[2] + "<br>");
document.write(num[3] + "<br>");
document.write(num[4] + "<br>");
document.write(num[5] + "<br>");
```

但以上代码通常写为如下形式。

```
for ( var i=0 ; i<num.length ; i++ )
{
    document.write(num[i] + "<br>");
}
```

JavaScript 支持不同类型的循环。

（1）while 循环：当指定的条件为 true 时执行指定的代码块。

（2）do…while 循环：当指定的条件为 true 时执行指定的代码块。

（3）for 循环：多次遍历代码块，并且循环的次数固定。

（4）for…in 循环：循环遍历对象的属性。

（5）for…of 循环：循环遍历可迭代对象的值。

1. while 循环

While 循环会在指定条件为 true 时循环执行代码块，只要指定条件为 true，while 循环就可以一直执行代码块。

语法格式如下。

```
while (条件)
  {
    // 要执行的代码
  }
```

【编程训练】

【示例 3-8】demo0308.html

只要变量 i 小于 5，本例中的循环就继续运行。

代码如下。

```
var x="" ;
var i=0;
while (i<5)
  {
    x=x + "The number is " + i + "<br>";
    i++;
  }
```

> **提示** 如果忘记增加条件中所用变量的值，即没有 i++ 语句，则该循环永远不会结束（即死循环）。这可能会导致浏览器崩溃。

2. do…while 循环

do…while 循环是 while 循环的变体，该循环在检查条件是否为 true 之前会执行一次代码块，此后如果条件为 true，则重复这个循环。

语法格式如下。

```
do
  {
    // 要执行的代码
  }
while (条件) ;
```

【编程训练】

【示例 3-9】demo0309.html

代码如下。

```
var x="" ;
var i=0 ;
do
  {
    x=x + "The number is " + i + "<br>";
    i++;
  }
while (i<5);
```

以上示例代码使用 do…while 循环，即使条件为 false，该循环也至少会执行一次。

> **注意** 别忘记增加条件中所用变量的值，否则循环永远不会结束！

3. for 循环

语法格式如下。

```
for(表达式 1；表达式 2；表达式 3)
  {
```

```
      // 要执行的代码块
   }
```

表达式 1：在循环（代码块）开始前执行。

表达式 2：执行循环（代码块）的条件。

表达式 3：在循环（代码块）被执行之后执行。

先执行表达式 1，完成初始化；再判断表达式 2 的值是否为 true，如果为 true，则执行循环代码块，否则退出循环；执行循环代码块之后，执行表达式 3；接着重新判断表达式 2 的值，若其值为 true，则再次重复执行循环代码块，如此循环执行。

【编程训练】

【示例 3-10】demo0310.html

代码如下。

```
var x="";
for (var i=0 ; i<5 ; i++)
   {
      x=x + "The number is " + i + "<br>";
   }
```

从上述代码可以看出以下信息。

表达式 1 在循环开始之前定义变量：var i=0。

表达式 2 定义了循环运行的条件：i 必须小于 5。

表达式 3 在代码块已被执行一次后使 i 增加 1：i++。

（1）表达式 1

通常使用表达式 1 来初始化 for 循环中所用的变量（var i=0），也可以在表达式 1 中初始化由逗号分隔的多个值。

例如：

```
var num=[ 0 , 1 , 2 , 3 , 4 , 5 ];
for (var i=0 , len=num.length , info="" ; i<len ; i++)
{
   info +=num[i] + "<br>";
}
document.write(info);
```

表达式 1 是可选的，也就是说，可以省略表达式 1，而在循环开始前设置变量的值。

例如：

```
var i=2 ;
var len=num.length ;
for ( ; i<len ; i++)
{
   document.write(num[i] + "<br>");
}
```

（2）表达式 2

通常表达式 2 用于判断条件是否成立，表达式 2 同样是可选的。如果表达式 2 返回 true，则循环再次开始；如果返回 false，则循环将结束。

> **提示** 如果省略了表达式 2，那么必须在循环内提供 break，否则循环会无法停止，这有可能令浏览器崩溃。

（3）表达式 3

表达式 3 通常用于增加初始变量的值，表达式 3 有多种用法，增量可以是负数（i−−），或者更大的数（i= i +15）。

表达式 3 也是可选的，当循环体内部有相应的代码时，表达式 3 可以省略。

例如：

```
var i=0 ;
var len=num.length ;
for ( ; i<len ; )
{
   document.write(num[i] + "<br>");
   i++;
}
```

4. for…in 循环

JavaScript 的 for…in 循环用于循环遍历对象的属性，for…in 循环中的代码块将针对每个属性执行一次。语法格式如下。

```
for(key in object)
   {
      // 要执行的代码
   }
```

（1）使用 for…in 循环遍历对象的属性

【编程训练】

【示例 3-11】demo0311.html

代码如下。

```
let txt="";
const book={ name: "网页应用实践", price:38.8, edition:2};
for (let x in book)
{
   txt=txt + book[x]+"   " + "<br>" ;
}
document.write( txt );
```

以上代码中的 for…in 循环会遍历 book 对象，每次迭代返回一个键（x），键用于访问键的值，键的值为 book[x]。

（2）使用 for…in 循环输出数组中的元素

语法格式如下。

```
for (variable in array) {
    // 要执行的代码
}
```

【编程训练】

【示例 3-12】demo0312.html

代码如下。

```
let txt="" ;
const nums = [1 , 2 , 3 , 4 , 5];
for (let x in nums)
{
    txt += nums[x] + "<br>" ;
}
document.write(txt) ;
```

5. for…of 循环

for…of 循环于 2015 年被添加到 ES6 中，JavaScript 的 for…of 循环用于循环遍历可迭代对象的值。它允许循环遍历可迭代的数据结构，如数组、字符串、映射、节点列表等。

语法格式如下。

```
for (variable of iterable) {
    // 要执行的代码
}
```

其中，对于每次迭代，下一个属性的值都会分配给 variable，它可以用 const、let 或 var 声明；iterable 表示可迭代的对象。

（1）遍历数组

【编程训练】

【示例 3-13】demo0313.html

代码如下。

```
const color=["red" , "yellow" , "blue"] ;
let text = "";
for (let x of color) {
    text += x+" ";
}
document.write(text) ;   // 输出结果为 red yellow blue
```

（2）遍历字符串

【编程训练】

【示例 3-14】demo0314.html

代码如下。

```
let color="blue" ;
let text = "";
for (let x of color) {
    text += x+" ";
}
document.write(text) ;    // 输出结果为 b l u e
```

6. break 语句

在前面学习 switch 语句时已经见到过 break 语句，它用于跳出 switch 语句。

break 语句也可以用于跳出循环，使用 break 语句跳出循环后，会继续执行该循环之后的代码（如果此后还有代码）。

例如：

```
var text ="" ;
for (i=0 ; i<10 ; i++)
    {
        if (i==3)
        {
            break;
        }
        text += "数字是 " + i + "<br>";
    }
```

因为这个 if 语句只有一行代码，所以可以省略花括号。

例如：

```
for (i=0 ; i<10 ; i++)
    {
        if (i==3) break ;
    }
```

7. continue 语句

continue 语句用于跳过循环中的一次迭代。如果符合指定的条件，则继续执行循环中的下一次迭代。

例如：

```
var text ="" ;
for ( i=0 ; i<=10 ; i++ )
  {
    if (i==3) continue;
    text += "数字是 " + i + "<br>";
  }
```

以上示例代码跳过了值3。

应用实践

【任务 3-1】 在不同的节日显示对应的问候语

【任务描述】

创建网页 task0301.html，编写 JavaScript 程序，实现在网页中根据不同的节日显示对应的问候语。例如，在五一国际劳动节显示的问候语为"劳动节快乐！"，在国庆节显示的问候语为"国庆节快乐！"。

【任务实施】

创建网页 task0301.html，编写 JavaScript 程序，实现在不同的节日显示对应问候语的 JavaScript 代码如表 3-1 所示。

表 3-1　实现在不同的节日显示对应问候语的 JavaScript 代码

序号	程序代码
01	\<script type="text/javascript">
02	var msg="快乐每一天" ;
03	var now=new Date() ;
04	var month=now.getMonth()+1 ;
05	var date=now.getDate() ;
06	if (month==5 && date==1) {msg="劳动节快乐！" ; }
07	if (month==10 && date==1) { msg="国庆节快乐！" ; }
08	document.write(msg) ;
09	\</script>

表 3-1 所示的代码解释如下。

（1）使用逻辑运算符构成逻辑表达式，如 month==5 && date==1。

（2）使用 if 语句判断条件是否成立，如果逻辑表达式的值为 true，即条件成立，则显示对应的问候语。

【任务 3-2】 在不同时间段显示不同的问候语

【任务描述】

创建网页 task0302.html，编写 JavaScript 程序，实现在网页中根据不同时间段（采用 24 小时制）显示相应的问候语，具体要求如下。

（1）在每天的 8 点之前（不包含 8 点）显示"早上好！"。

（2）在每天的 8 点至 12 点（包含 8 点但不包含 12 点）显示"上午好！"。

（3）在每天的 12 点至 14 点（包含 12 点但不包含 14 点）显示"中午好!"。

（4）在每天的 14 点至 17 点（包含 14 点但不包含 17 点）显示"下午好!"。

（5）在每天的 17 点之后（包含 17 点）显示"晚上好!"。

【任务实施】

创建网页 task0302.html，编写 JavaScript 程序，实现在不同时间段显示不同问候语的 JavaScript 代码如表 3-2 所示。

表 3-2 实现在不同时间段显示不同问候语的 JavaScript 代码

序号	程序代码
01	`<script language="javascript" type="text/javascript">`
02	`<!--`
03	`var today , hour ;`
04	`today = new Date() ;`
05	`hour = today.getHours() ;`
06	`if(hour < 8){document.write(" 早上好!") ;}`
07	` else   if(hour < 12){document.write(" 上午好!") ;}`
08	`  else   if(hour < 14){document.write(" 中午好!") ;}`
09	`    else   if(hour < 17){ document.write(" 下午好!") ; }`
10	`      else        { document.write(" 晚上好!") ; }`
11	`// -->`
12	`</script>`

表 3-2 中的代码解释如下。

（1）03 行声明了两个变量，变量名分别为 today、hour。

（2）04 行是一条赋值语句，用于创建一个日期对象，且将其赋给变量 today。

（3）05 行是一条赋值语句，用于调用日期对象的方法 getHours()获取当前日期对象的小时数，且将其赋给变量 hour。

（4）06~10 行是一个较为复杂的 if…else if…else…语句，该语句的执行规则如下。

首先判断条件表达式 hour < 8 是否成立，如果该条件表达式的值为 true（如在 7 点），则程序将执行对应语句"document.write(" 早上好!") ;"，即在网页中显示"早上好!"的问候语。

如果条件表达式 hour < 8 的值为 false（如在 9 点），那么判断第 1 个 else if 后面的条件表达式 hour < 12 是否成立，如果该条件表达式的值为 true（如在 9 点），则程序将执行对应语句"document.write(" 上午好!") ;"，即在网页中显示"上午好!"的问候语。

以此类推，直到完成最后一个 else if 后面的条件表达式 hour <17 的判断，如果所有的 if 和 else if 的条件表达式都不成立（如在 20 点），则执行 else 后面的语句"document.write(" 晚上好!") ;"，即在网页中显示"晚上好!"的问候语。

【任务 3-3】 一周内每天显示不同的图片

【任务描述】

创建网页 task0303.html，编写 JavaScript 程序，在网页中实现一周内每天显示不同的图片，星期一网页显示的图片如图 3-1 所示。

【任务实施】

创建一个 JavaScript 文件 today_sell.js，该 JavaScript 文件中的代码如表 3-3 所示。

图 3-1 星期一网页显示的图片

表 3-3　JavaScript 文件 today_sell.js 中的代码

序号	程序代码
01	var mydate = new Date();
02	today =mydate.getDay();
03	switch(today)
04	{
05	case 1:
06	document.writeln("<img src=\"images/t1.jpg\" border=\"0\" />");
07	break
08	case 2:
09	document.writeln("<img src=\"images/t2.jpg\" border=\"0\" />");
10	break
11	case 3:
12	document.writeln("<img src=\"images/t3.jpg\" border=\"0\" />");
13	break
14	case 4:
15	document.writeln("<img src=\"images/t4.jpg\" border=\"0\" />");
16	break
17	case 5:
18	document.writeln("<img src=\"images/t5.jpg\" border=\"0\" />");
19	break
20	case 6:
21	document.writeln("<img src=\"images/t6.jpg\" border=\"0\" />");
22	break
23	default:
24	document.writeln("<img src=\"images/t7.jpg\" border=\"0\" />");
25	}

创建网页 task0303.html，编写 JavaScript 程序，在网页中使用以下代码引入外部 JavaScript 文件。
<script src="js/today_sell.js" type="text/javascript" ></script>

【任务 3-4】 实现鼠标指针滑过时动态改变显示内容及其外观效果

【任务描述】

创建网页 task0304.html，编写 JavaScript 程序，实现当鼠标指针滑过网页中的公告信息时，动态改变显示内容及其外观效果，如图 3-2 所示。

【任务实施】

创建网页 task0304.html，编写 JavaScript 程序，实现鼠标指针滑过时动态改变显示内容及其外观效果的 HTML 代码如表 3-4 所示。

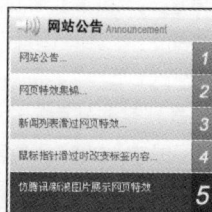

图 3-2　鼠标指针滑过时动态改变显示内容及其外观效果

表 3-4　实现鼠标指针滑过时动态改变显示内容及其外观效果的 HTML 代码

序号	程序代码
01	<div style="background:#FFF; padding:10px;">
02	<div class="changeList">
03	<div class="changeList-top"></div>
04	<dl>
05	<dt id="b1" style="display:none" onmouseover="changebox(1);">

（续）

序号	程序代码
06	`<p>网站公告...</p>`
07	`<em><img src="images/shu1.gif"  width="29" height="37"/></em></dt>`
08	`<dd id="a1">`
09	`<h1><img src="images/shu1_1.gif" width="29" height="49" /></h1>`
10	`<div class="changeListText"><a href="" target="_blank">...</a></div>`
11	`</dd>`
12	`</dl>`
13	`<dl>`
14	`<dt id="b2" onmouseover="changebox(2);">`
15	`<p>网页特效集锦...</p>`
16	`<em><img src="images/shu2.gif" width="29" height="37"/></em></dt>`
17	`<dd id="a2" style="display:none;">`
18	`<h1><img src="images/shu1_2.gif" width="29" height="49" /></h1>`
19	`<div class="changeListText"><a href="" target="_blank">...</a></div>`
20	`</dd>`
21	`</dl>`
22	`<dl>`
23	`<dt id="b3" onmouseover="changebox(3);">`
24	`<p>新闻列表滑过网页特效...</p>`
25	`<em><img src="images/shu3.gif"  width="29" height="37"/></em></dt>`
26	`<dd id="a3" style="display:none;">`
27	`<h1><img src="images/shu1_3.gif" width="29" height="49" /></h1>`
28	`<div class="changeListText"><a href="" target="_blank">...</a></div>`
29	`</dd>`
30	`</dl>`
31	`<dl>`
32	`<dt id="b4" onmouseover="changebox(4);">`
33	`<p>鼠标指针滑过时改变标签内容...</p>`
34	`<em><img src="images/shu4.gif"  width="29" height="37"/></em></dt>`
35	`<dd id="a4" style="display:none;">`
36	`<h1><img src="images/shu1_4.gif" width="29" height="49" /></h1>`
37	`<div class="changeListText"><a href="" target="_blank">...</a></div>`
38	`</dd>`
39	`</dl>`
40	`<dl>`
41	`<dt id="b5" onmouseover="changebox(5);">`
42	`<p>仿腾讯/新浪图片展示网页特效</p>`
43	`<em><img src="images/shu5.gif"  width="29" height="37"/></em></dt>`
44	`<dd id="a5" style="display:none;">`
45	`<h1><img src="images/shu1_5.gif" width="29" height="49" /></h1>`
46	`<div class="changeListText"><a href="" target="_blank">...</a></div>`
47	`</dd>`
48	`</dl>`
49	`</div>`
50	`</div>`

实现鼠标指针滑过时动态改变显示内容及其外观效果的 JavaScript 代码如表 3-5 所示。

表 3-5 实现鼠标指针滑过时动态改变显示内容及其外观效果的 JavaScript 代码

序号	程序代码
01	`<script type="text/javascript">`
02	`function changebox(n) {`
03	`    var i = 1;`
04	`    while(true){`
05	`        try{`
06	`            document.getElementById("a"+i).style.display = 'none';`
07	`            document.getElementById("b"+i).style.display = 'block';`
08	`        }`
09	`        catch(e){`
10	`            break;`
11	`        }`
12	`        i++;`
13	`    }`
14	`    document.getElementById("a"+n).style.display = 'block';`
15	`    document.getElementById("b"+n).style.display = 'none';`
16	`}`
17	`</script>`

表 3-5 所示的代码通过设置页面元素的 style.display 值为 block 或者 none，控制其显示或隐藏，从而实现动态改变显示内容及其外观效果。

表 3-5 中的 04～13 行巧妙地使用永真循环和异常处理实现页面元素的隐藏及显示交替效果，当 document.getElementById("a"+i)对应的网页元素不存在时，会出现错误，此时执行 10 行代码，成功结束循环。这样做的好处是事先无须知道网页中元素的数量。

在线测试

扫描二维码，完成本模块的在线测试。

模块 3

在线测试

模块 4
JavaScript
函数编程及应用

04

进行复杂的程序设计时，通常可根据所要实现的功能将程序划分为一些相对独立的功能部分，这些独立功能部分可以被编写成函数，从而使程序结构更加清晰、易于阅读和便于维护。JavaScript 中的函数能够传递参数并返回执行结果，在程序中可以使用函数名来调用函数。

📝 学习领会

4.1 JavaScript 的函数

函数是相对独立的具有特定功能的代码块，该代码块中的语句被视作一个整体执行。函数会在某代码调用它时被执行，函数可以被重复调用并执行。

JavaScript 函数是那些只能由事件或函数调用来执行的脚本容器，因此，在浏览器最初加载和执行包含在网页中的脚本时，函数并没有被执行。函数的目的是包含那些要完成某个任务的脚本，这样就能够随时执行该脚本和运行该任务。

【编程训练】

【示例 4-1】demo0401.html

代码如下。

```
<script>
    function openWin()
    {
        alert("感谢你光临本网站");
    }
</script>
<input type="button" value="单击这里" onclick="openWin()">
```

1. JavaScript 函数定义的语法格式

JavaScript 函数定义的语法格式如下。

```
function functionName(参数 1，参数 2，…)
    {
        // 这里是要执行的代码
    }
```

函数定义的说明如下。

① JavaScript 函数通过 function 关键字进行定义，其后是函数名和半角括号"()"，关键字 function 必须是小写的。

② 函数名可包含字母、数字和下画线（规则与变量名的相同）。

③ 圆括号可包括由逗号分隔的参数，函数参数是在函数定义中所列的名称，形式为(参数 1，参数 2,…)。

④ 定义函数的参数是局部变量，称为"形参"；调用函数时，由函数接收的真实的值为"实参"。

⑤ 由函数执行的语句被放置在花括号中，各条语句以分号结束。

⑥ 由于函数定义不是可执行的语句，因此通常不以分号结尾，即函数定义时的右花括号"}"后面没有分号。

【编程训练】

【示例 4-2】demo0402.html

代码如下。

```
function getAmount (price, num) {
    return price* num ;    // 该函数返回表达式 price* num 的值
}
document.write(getAmount(45,2)) ;    // 输出结果为 90
```

2. 函数调用

函数能够对代码进行复用，即只要定义一次代码，就可以多次使用它。当调用函数时，会执行函数内的代码。

JavaScript 对字母大小写敏感，只能使用与函数名称相同的名称来调用函数。

被定义的函数不会直接执行，它们"被保存供稍后使用"，函数中的代码将在其他代码调用该函数时执行，常见的调用函数的情况如下。

① 当事件发生时调用函数。可以在某事件发生时（如用户单击按钮时）直接调用函数，并且可由 JavaScript 在任何位置进行调用。

② 当 JavaScript 代码被调用时。

③ 自调用。

函数能够通过参数来接收数据，函数可以有一个或多个形式参数（parameter，简称为形参），函数调用时可以有一个或多个实际参数（argument，简称为实参）。形参和实参常被弄混；形参是函数定义的组成部分，而实参是在调用函数时用到的表达式。

在调用带参数的函数时，可以向其传递值，这些参数值可以在函数内使用，并且一次可以传送多个参数，参数之间由半角逗号","分隔，其形式如下。

```
functionName(argument1, argument2)
```

定义函数时，将参数作为变量来声明。

例如：

```
function functionName( var1 , var2 )
{
    // 这里是要执行的代码
}
```

变量和参数必须对应，第一个变量就是第一个被传递参数的给定数据，以此类推。

【编程训练】

【示例 4-3】demo0403.html

包含 1 个参数的函数示例如下。

```
<script>
  function openWin(msg)
  {
     alert(msg) ;
  }
</script>
<input type="button" onclick="openWin('感谢你光临本网站')" value="单击这里">
```

【编程训练】

【示例 4-4】demo0404.html

包含 2 个参数的函数示例如下。

```
<script>
function displayInfo(name , job)
    {
        alert("欢迎" + name + job);
    }
</script>
<input type="button" onclick="displayInfo('张珊','老师')" value="单击这里">
```

上述代码中定义的函数会在按钮被单击时调用，并且输出提示信息：“欢迎张珊老师”。

还可以使用不同的参数来调用该函数，此时会出现不同的提示信息。

例如：

```
<input type="button" onclick="displayInfo('李斯','老师')" value="单击这里">
<input type="button" onclick="displayInfo('王武','老师')" value="单击这里">
```

单击不同的按钮，会出现不同的提示信息：“欢迎李斯老师”或“欢迎王武老师”。

3. 函数的返回值

有时，用户希望函数将值返回给调用者，return 语句就可以实现以上功能。当 JavaScript 函数的代码执行到达 return 语句时，函数将停止执行，并返回指定的值。

如果函数被某条语句调用，则函数通常会计算出返回值，这个返回值会被返回给调用者。能够多次向同一函数传递不同的参数，以返回不同的结果。

例如，调用前面定义的函数 getAmount()，代码如下。

```
var amount=getAmount(20, 3.5) ; // 调用函数 getAmount()，返回值被赋给 amount
```

变量 amount 被赋值为

```
70
```

对于以下函数：

```
function myFunction()
    {
        var   x=5;
        return x;
    }
```

调用该函数后，返回值为 5。

> **提示**　　JavaScript 程序并不会停止执行，只是函数执行结束。JavaScript 将继续执行并调用语句后面的代码。

函数调用将被返回值取代，例如：

```
var myVar=myFunction() ;
```

此时，myVar 变量的值是 5，也就是函数 myFunction() 所返回的值。

即使不把返回值保存到变量中，也可以直接使用它。

例如：

```
document.getElementById("demo").innerHTML=myFunction();
```

网页中 demo 元素的内容将是 5，也就是函数 myFunction() 所返回的值。

还可以基于传递到函数中的参数来得出返回值。

例如，计算两个数字的乘积，并返回结果。

```
function myFunction(x1 , x2)
    {
        return x1*x2 ;
```

```
    }
    document.getElementById("demo").innerHTML=myFunction(4,3);
```
网页中 demo 元素的内容将是 12。

如果只是希望退出函数，则可以单独使用 return 语句。

4. JavaScript 函数的使用

【编程训练】

【示例 4-5】demo0405.html

用于把华氏温度转换为摄氏温度的函数定义如下。

```
function toCelsius(fahrenheit) {
    return (5/9) * (fahrenheit-32);
}
```

调用函数 toCelsius() 的代码如下。

```
document.write(toCelsius(77));    // 输出结果为 25
```

访问没有圆括号的函数名称将返回函数定义，例如：

```
document.write(toCelsius);
```

注意，toCelsius 引用的是函数对象，而 toCelsius() 引用的是函数结果。

函数的使用方法与变量的一致，对所有类型的表达式进行赋值和计算时都可以直接使用。

（1）使用变量来存储函数的值

例如：

```
var x = toCelsius(77);
var text = "The temperature is " + x + " Celsius";
```

（2）把函数当作变量值在表达式中直接使用

例如：

```
var text = "The temperature is " + toCelsius(77) + " Celsius";
```

5. JavaScript 函数内部定义的局部变量

在 JavaScript 函数内部定义的变量是局部变量，局部变量只能在函数内部访问。

例如：

```
// 此处的代码不能使用 stuName
function getInfo() {
    var stuName = "阳光";
    // 此处的代码可以使用 stuName
}
// 此处的代码不能使用 stuName
```

由于局部变量只能被其函数识别，因此可以在不同函数中使用名称相同的变量。

局部变量在函数调用开始时被定义，在函数调用完成时被删除。

6. 函数表达式

JavaScript 函数也可以使用表达式来定义，函数表达式可以存储在变量中。

例如：

```
var x = function(a, b) { return a * b };
```

在变量中保存函数表达式之后，此变量可用作函数。

【编程训练】

【示例 4-6】demo0406.html

代码如下。

```
var x = function (a, b) { return a * b };
var z = x(4, 3);
document.write( z );    // 输出结果为 12
```

上述代码所定义的函数实际上是一个匿名函数，即没有名称的函数。

存放在变量中的函数不需要函数名，它们可以使用变量名调用。

上面的函数使用分号结尾，因为它是可执行语句的一部分。

使用 const 定义函数表达式要比使用 var 更安全，因为函数表达式始终是常量值。

例如：

```
const x = function(a, b) { return a * b };
```

7. 函数是对象

JavaScript 中的 typeof 运算符会针对函数返回 function，但是最好把 JavaScript 函数描述为对象，JavaScript 函数都有属性和方法。

以下代码中的 arguments.length 属性会返回函数被调用时收到的参数数目。

```
function myFunction(a, b) {
    return arguments.length;
}
```

【编程训练】

【示例 4-7】demo0407.html

以下代码中的 toString() 方法以字符串形式返回函数定义代码。

```
function myFunction(a, b) {
    return a * b;
}
var txt = myFunction.toString();
document.write( txt );
```

8. JavaScript 的全局函数

JavaScript 有 7 个全局函数，即 eval()、parseInt()、parseFloat()、isNaN()、isFinite()、escape()、unescape()，用于实现一些常用的功能。

（1）eval()

该函数用于计算某个字符串（表达式），并执行其中的 JavaScript 代码。

其语法格式为 eval(str)。该函数会对表达式 str 进行运算，返回表达式 str 的运算结果，其中参数 str 可以是任何有效的表达式。例如，eval(document.body.clientWidth-90)。

（2）parseInt()

该函数用于将字符串的首位字符转换为整数，如果字符串不是以数字开头的，那么将返回 NaN。例如，表达式 parseInt("2abc")返回数字 2，表达式 parseInt("abc")返回 NaN。

其语法格式为 parseInt（string，radix）。参数 radix 可以是 2～36 的任意整数。当 radix 为 0 或 10 时，提取的整数以 10 为基数表示，即返回 10、20、30…100、110、120…。该函数也可以用于将字符串转换为整数。

（3）parseFloat()

该函数用于将字符串开头的字符转换为浮点数，如果字符串不是以数字开头的，那么将返回 NaN。例如，表达式 parseFloat("2.6abc")返回数字开头的表达式 parseFloat("abc")返回 NaN。

（4）isNaN()

该函数主要用于检验某个值是否为 NaN。例如，表达式 isNaN("NaN")的值为 true，表达式 isNaN(123)的值为 false。

（5）isFinite()

该函数用于检查其参数是否为无穷大，如果参数为非无穷大，则返回 true。

其语法格式为 isFinite(number)。如果 number 是有限数字（或者可以转换为有限数字），那么返回 true。如果 number 是 NaN（非数字），或者是正、负无穷大的数，则返回 false。例如，表达式 isFinite(123)的值为 true，表达式 isFinite("NaN")的值为 false。

（6）escape()

该函数用于对字符串进行编码，这样就可以在所有的计算机上读取该字符串。

其语法格式为 escape(str)。其返回值为已编码的字符串的副本。其中某些字符被替换成了十六进制的转义序列。例如，表达式 escape("a(b)|d")的值为 a%28b%29%7Cd。

（7）unescape()

该函数可用于对通过 escape()函数编码的字符串进行解码。

其语法格式为 unescape(str)。其返回值为字符串被解码后的一个副本。该函数的工作原理如下：通过找到形式为%xx 或%uxxxx 的字符序列（x 表示十六进制的数字），用 Unicode 字符\u00xx 和\uxxxx 替换这样的字符序列进行解码。例如，表达式 unescape(escape("a(b)|d"))的值为 a(b)|d。

> **注意**　ECMA-262 第三版已删除了 **escape()**和 **unescape()**函数，读者可以使用 **decodeURI()**和 **decodeURIComponent()**取而代之。

9. ES6 箭头函数的定义与使用

ES6 中引入了箭头函数，箭头函数允许使用简短的语法来编写函数表达式，不需要 function 关键字、return 关键字和花括号。

JavaScript 定义和调用函数的传统写法如下。

```
function funcName1(x, y) {
    return x + y;
}
console.log(funcName1( 2, 3 ));    // 输出结果为 5
```

（1）ES6 中定义和调用箭头函数的写法

例如：

```
var funcName2 = (x, y) => x + y;
console.log(funcName2(2, 3));      // 输出结果为 5
```

箭头函数的写法与传统写法的效果是一样的。顾名思义，箭头函数就是有一个 "=>" 的函数。

语法格式如下。

```
let fn = () => console.log('箭头函数');
```

在箭头函数中，如果函数体内有两条语句，则需要在函数体外加上花括号。

【编程训练】

【示例 4-8】demo0408.html

代码如下。

```
var funcName3 = (x, y) => {
    console.log('函数返回值：');
    return x + y;
};
console.log(funcName3( 2, 3 )); // 输出结果为 "函数返回值：5"
```

从上述箭头函数中，可以很清晰地找到函数名、参数名、函数体，也可以得知箭头函数有以下特点。

① 如果只有一个参数，则可以省略圆括号。

② 如果函数体中只有一条 return 语句，且不写 return 关键字，则可以不写花括号。

③ 没有 arguments 变量。

④ 不改变 this 指向。

但保留完整的圆括号、return 关键字和花括号是一个好的编程习惯，读者可以酌情选择是否删除。

和一般的函数不同，箭头函数不会绑定 this，或者说箭头函数不会改变 this 本来的绑定。

如果箭头函数是对象中的属性值，那么 this 的作用域会跳出对象，内部的 this 就是外层代码块的 this。

【编程训练】

【示例 4-9】demo0409.html

代码如下。

```
window.color = 'blue';
let obj = {
  color: 'red',
  sayColor: () => {
      console.log(this.color);
  }
};
obj.sayColor(); // blue
```

（2）箭头函数的参数

函数参数默认值的传统写法如下。

```
function fn(param) {
        let p = param || 'happy';
        console.log(p);
  }
```

上述代码中，函数体内的写法如下：如果 param 不存在，则用字符串'happy'作为默认值，这样写比较啰唆。

ES6 中参数默认值的写法很简洁，形式如下。

```
function fn(param = 'happy' ) {
        console.log(param);
  }
```

在 ES6 中定义方法时，可以为方法中的参数赋一个默认值，方法被调用时，如果没有为参数赋值，则使用默认值；如果为参数赋了新的值，则使用新的值。

例如：

```
let sum = (x=2, y=5) => {
  return x + y;
}
sum();          // 7
sum(5);         // 10
sum(5, 10);     // 15
```

【编程训练】

【示例 4-10】demo0410.html

代码如下。

```
var funcName4 = (x, y = 5) => {
    console.log('函数返回值：');
    return x + y;
};
console.log(funcName4(2));       // 第二个参数使用默认值 5，输出结果为 7
console.log(funcName4(3, 6));    // 输出结果为 9
```

> **注意**　默认值的后面不能再有没有默认值的变量。例如，在(x,y,z)这 3 个参数中，如果为 y 设置了默认值，那么一定要为 z 设置默认值。

分析下面这段代码：

```
let x = 'vue';
function fn(x, y = x) {
        console.log(x, y);
  }
fn('hello');     // 输出结果为 hello hello
```

注意第二行代码，这里将 x 赋值给 y，这里的 x 是括号中的第一个参数，并不是第一行代码中定义的 x。

如果将第一个参数修改一下，改成以下代码：

```
let x = "vue";
function fn(z, y = x) {
    console.log(z, y);
}
fn("hello");   // 输出结果为 hello vue
```

（3）this 的指向

箭头函数只是为了让函数看起来更"优雅"吗？当然不是，它还有一个很大的作用，这个作用与 this 的指向有关。在常规函数中，this 表示调用函数的对象，可以是窗口、文档、按钮或其他任何东西；而在 ES6 的箭头函数中，箭头函数没有自己的 this，this 始终表示定义箭头函数的对象，即函数的拥有者。

10. ES6 的扩展运算符

ES6 的扩展运算符的格式为 "...变量名"，"..."表示剩余部分。在 ES6 中，定义一个函数时，如果其参数的个数不确定，则可以使用扩展运算符作为参数。

例如：

```
function fn(first, second, ...arg) {
        console.log(arg.length);
  }
fn(0, 1, 2, 3, 4, 5, 6);   //调用函数后，输出结果为 5
```

上述代码的输出结果为 5，调用函数 fn()时，使用了 7 个参数，而 arg 指的是剩余的部分（除了 first 和 second）。

从上方示例中可以看出，扩展运算符适用于以下情形：知道前面的一部分参数的数量，但对于后面剩余的参数的数量未知。

【编程训练】

【示例 4-11】demo0411.html

代码如下。

```
let showArg = (x, y, ...args) => {
  console.log(args.length);        // 输出结果为 4
  console.log(...args);            // 输出结果为 3 4 5 6
}
showArg(1, 2, 3, 4, 5, 6);
```

4.2 JavaScript 的计时方法

window 对象允许以指定的时间间隔执行代码，这些时间间隔称为计时事件。通过使用 JavaScript 的计时方法，可以在一个设定的时间间隔之后执行代码，而不是在调用后立即执行代码。

JavaScript 中使用计时事件的两个关键方法是 setTimeout()和 setInterval()，这两个方法都属于 HTML DOM window 对象。setTimeout()方法在等待指定的毫秒数后执行函数，setInterval()方法等同于 setTimeout()，并且能够持续重复执行函数。若想要停止执行这两个方法，则可以分别使用 clearTimeout()方法和 clearInterval()方法。

1. setTimeout()方法

setTimeout()方法用于在未来的某个时间执行代码，即经过指定时间间隔后调用函数、执行语句或运算表达式。

语法格式如下。

```
var t=setTimeout("JavaScript 函数或语句"，毫秒数) ;
```

setTimeout()方法会返回某个值。在上面的语句中，值被存储在名为 t 的变量中。如果希望取消调用或执行 setTimeout()方法，则可以使用这个变量名来指定它。

setTimeout()的第一个参数是含有 JavaScript 语句的字符串或函数，其可能类似于 alert('5 seconds!')，或者函数调用（如 alertMsg()）；第二个参数表示从当前起多少毫秒后执行第一个参数。

【编程训练】

【示例 4-12】demo0412.html

以下代码的功能：在用户单击"试一试"按钮后，等待 3 秒，弹出消息框，显示祝福语。

```
<script>
function myFunction() {
    alert('Beautiful day and beautiful you.');
 }
</script>
<input type="button" value="试一试" onclick="setTimeout(myFunction, 3000)">
```

【编程训练】

【示例 4-13】demo0413.html

在网页中显示一个钟表的代码如下。

```
<script>
function startTime()
{
  var today=new Date() ;
  var h=today.getHours() ;
  var m=today.getMinutes() ;
  var s=today.getSeconds() ;
  m=checkTime(m) ;
  s=checkTime(s) ;
  document.getElementById('txtTime').innerHTML=h+":"+m+":"+s ;
  t=setTimeout('startTime()' , 500) ;
}
function checkTime(i)
{
  if (i<10){
     i="0" + i ;
   }
   return i ;
}
</script>
<input type="button" value="单击这里" onclick="startTime()">
<div id="txtTime"></div>
```

2. clearTimeout()方法

clearTimeout()方法用于停止执行 setTimeout()方法中规定的函数或语句。

语法格式如下。

```
window.clearTimeout(timeoutVariable)
```

window.clearTimeout()方法可以不带 window 前缀来编写。

clearTimeout()方法使用从 setTimeout()方法返回的变量作为参数，形式如下。

```
myVar = setTimeout( "JavaScript 函数或语句"，毫秒数  );
```

```
clearTimeout(myVar);
```

例如：

```
<input type="button" value="试一试"
        onclick="myVar=setTimeout(myFunction, 3000)">
<input type="button" value="停止执行" onclick="clearTimeout(myVar)">
```

【编程训练】

【示例 4-14】demo0414.html

实现 10 秒倒计时的代码如下。

```
<input type="button" value="单击开始" onclick="count()">
<p id="demo1">倒计时</p>
<script>
    let second =10;
    let timerId;
    function count(){
        document.getElementById("demo1").innerHTML = second;
        second--;
        if(second>0){
            timerId=setTimeout(count,1000);
        }
        else{
            clearTimeout(timerId);
            document.getElementById("demo1").innerHTML = "倒计时结束";
        }
    }
</script>
```

3. setInterval()方法

setInterval()方法可按照给定的时间间隔（以毫秒计）来重复调用指定函数或计算表达式。setInterval()方法会不停地调用函数，直到 clearInterval()方法被调用或窗口被关闭。由 setInterval()方法返回的值可用作 clearInterval()方法的参数。

语法格式如下。

```
setInterval("JavaScript 函数或语句", 毫秒数)
```

它的两个参数都是必需参数，其中第 1 个参数表示要调用的函数或要执行的语句，第 2 个参数表示周期性执行语句或调用函数的时间间隔，以毫秒计。

【编程训练】

【示例 4-15】demo0415.html

显示当前时间的代码如下。

```
<p id="demo">显示当前时间</p>
<script>
var myVar = setInterval(displayTimer, 1000);
function displayTimer() {
    var d = new Date();
    document.getElementById("demo").innerHTML = d.toLocaleTimeString();
}
</script>
```

4. clearInterval()方法

clearInterval()方法用于停止 setInterval()方法中指定函数的执行。

语法格式如下。

```
window.clearInterval(timerVariable)
```

window.clearInterval()方法可以不带 window 前缀来编写。

clearInterval()方法使用从 setInterval()方法返回的变量作为参数，形式如下。

```
myVar = setInterval( "JavaScript 函数或语句", 毫秒数 );
clearInterval(myVar);
```

【编程训练】

【示例 4-16】demo0416.html

以下代码用于显示当前时间，并添加了一个"停止时间"按钮。

```
<p id="demo"></p>
<input type="button" value="显示时间"
        onclick="myVar = setInterval(displayTimer, 1000)">
<input type="button" value="不显示时间" onclick="stopTimer()">
<script>
function displayTimer() {
    var d = new Date();
    document.getElementById("demo").innerHTML = d.toLocaleTimeString();
}
function stopTimer() {
    clearInterval(myVar);
    document.getElementById("demo").innerHTML = "停止时间";
}
</script>
```

📝 应用实践

【任务 4-1】 实现动态改变样式

【任务描述】

创建网页 task0401.html，该网页的底部内容如图 4-1 所示。单击"应用 CSS 样式 1"超链接时，该网页引用外部样式文件 style1.css，单击"应用 CSS 样式 2"超链接时，该网页引用外部样式文件 style2.css。编写代码实现此功能。

图 4-1　网页 task0401.html 的底部内容

【任务实施】

创建网页 task0401.html，该页面的外部样式文件 style1.css 的主要代码如表 4-1 所示。

表 4-1　外部样式文件 **style1.css** 的主要代码

序号	程序代码	序号	程序代码
01	div#proPanel div.proPanelCon1 {	08	div#proPanel div.proPanelCon3 {
02	background: url(../images/pro_bg1.gif)	09	background: url(../images/pro_bg3.gif)
03	#9edeff repeat-x left top;	10	#959595 repeat-x left top;
04	width: 260px;	11	width: 260px;
05	color: #013087;	12	color: #fff;
06	float: left;	13	float: right;
07	}	14	}

外部样式文件 style2.css 的主要代码如表 4-2 所示。

表 4-2　外部样式文件 style2.css 的主要代码

序号	程序代码	序号	程序代码
01	div#proPanel div.proPanelCon1 {	08	div#proPanel div.proPanelCon3 {
02	background: url(../images/pro_bg3.gif)	09	background: url(../images/pro_bg1.gif)
03	#959595 repeat-x left top;	10	#9edeff repeat-x left top;
04	width: 260px;	11	width: 260px;
05	color: #fff;	12	color: #013087;
06	float: right;	13	float: left;
07	}	14	}

实现动态改变样式的 JavaScript 代码如表 4-3 所示。

表 4-3　实现动态改变样式的 JavaScript 代码

序号	程序代码
01	<script type="text/javascript">
02	function changestyle(name){
03	css=document.getElementById("cssfile");
04	css.href="css/"+name+".css";
05	}
06	</script>

表 4-3 中的代码解释如下。

（1）使用 document.getElementById(id)方法，根据指定的 id，获取 HTML 元素。

（2）使用 HTML 元素的 href 属性改变引用的外部样式文件。

网页 task0401.html 底部内容对应的 HTML 代码如表 4-4 所示。

表 4-4　网页 task0401.html 底部内容对应的 HTML 代码

序号	程序代码
01	<div id="bottom">Copyright © 2023-2035
02	All Rights Reserved ××工作室 版权所有 切换样式:
03	<span style="cursor:pointer" onclick="changestyle('style1');">应用 CSS 样式 1</span>
04	|
05	<span style="cursor:pointer" onclick="changestyle('style2');">应用 CSS 样式 2</span>
06	</div>

在网页 task0401.html 中编写引用外部样式文件的代码，且设置其 id 为"cssfile"，完整代码如下。

```
<link href="css/style1.css" type="text/css" rel="stylesheet" id="cssfile" />
```

【任务 4-2】 实现动态改变网页字体大小及关闭网页窗口

【任务描述】

创建网页 task0402.html，该网页的底部导航栏如图 4-2 所示。单击"大""中""小"超链接，可以动态改变网页中文本的字体大小，单击"关闭"超链接会弹出"是否关闭此窗口"提示信息对话框，在该对话框中单击"是"按钮，将会关闭此网页窗口。编写代码实现此功能。

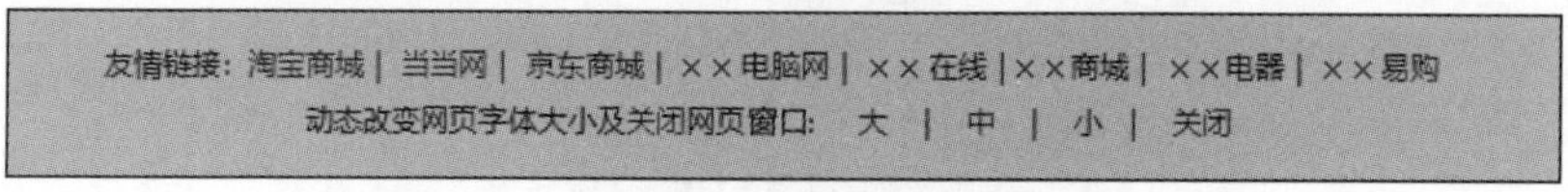

友情链接: 淘宝商城 | 当当网 | 京东商城 | ××电脑网 | ××在线 | ××商城 | ××电器 | ××易购
动态改变网页字体大小及关闭网页窗口: 大 | 中 | 小 | 关闭

图 4-2　网页 task0402.html 的底部导航栏

【任务实施】

创建网页 task0402.html，编写 JavaScript 程序，自定义函数 setFontSize() 对应的代码如表 4-5 所示。

表 4-5　自定义函数 setFontSize() 对应的代码

序号	程序代码
01	`<script type="text/javascript">`
02	`<!--`
03	`    function setFontSize(size){`
04	`        document.getElementById('bc').style.fontSize=size+'px'`
05	`    }`
06	`//-->`
07	`</script>`

表 4-5 中的代码通过设置 HTML 元素的样式属性 style.fontSize 来改变网页中文本的字体大小。自定义函数 setFontSize() 带有 1 个参数，该参数用于传递关于字体大小的数值。如果想使用 JavaScript 访问某个 HTML 元素，则可以使用 document.getElementById(id) 方法，通过 id 属性来标识 HTML 元素。通过 document.getElementById('bc') 找到 id 为"bc"的元素，并改变该元素的样式属性值。

网页 task0402.html 的底部导航栏对应的 HTML 代码如表 4-6 所示。通过调用 window 对象的 close() 方法实现关闭网页窗口。

表 4-6　网页 task0402.html 的底部导航栏对应的 HTML 代码

序号	程序代码
01	`<div id="bc">`
02	`友情链接: <a href="http://www.taobao.com/" target="_blank">淘宝商城</a> |`
03	`<a href="http://www.dangdang.com/" target="_blank">当当网</a> |`
04	`<a href="https://www.jd.com/" target="_blank">京东商城</a> |`
05	`<a href="http://www.pconline.com.cn/" target="_blank">××电脑网</a> |`
06	`<a href="https://www.zol.com.cn/" target="_blank">××在线</a> |`
07	`<a href="http://shop.qq.com/" target="_blank">××商城</a> |`
08	`<a href="http://www.gome.com.cn/" target="_blank">××电器</a> |`
09	`<a href="http://www.suning.cn/" target="_blank">××易购</a> `
10	`动态改变网页字体大小及关闭网页窗口:   `
11	`<a href="javascript:setFontSize(16)">大</a>	`
12	`<a href="javascript:setFontSize(14.9)">中</a>	`
13	`<a href="javascript:setFontSize(12)" >小</a>	`
14	`<a href="javascript:window.close()" >关闭</a>`
15	`</div>`

✍ 在线测试

扫描二维码，完成本模块的在线测试。

模块 4

在线测试

模块 5

JavaScript
对象编程及应用

05

JavaScript 是一种基于对象的脚本语言，ES6 引入了 JavaScript 类。JavaScript 中的几乎一切（除原始值之外的 JavaScript 值）都是对象。本模块主要介绍与应用 JavaScript 对象。

学习领会

5.1 JavaScript 的字符串对象及方法

JavaScript 的字符串对象（String 对象）是存储 0 个、1 个或多个字符的变量，如"Good"。JavaScript 字符串用于存储和操作文本，字符串是用引号括起来的 0 个、1 个或多个字符。

1. 定义（创建）JavaScript 字符串的语法格式

JavaScript 字符串可以使用单引号（' '）或双引号（" "）包围。也可以在字符串中使用引号，只要该引号不同于包围字符串的引号即可。

（1）通过字面方式定义字符串

例如：

```
var answer="Nice to meet you!" ;
var answer="He is called '常胜'" ;
var stuName1="安静" ;
typeof stuName1    // 将返回 string
```

（2）通过关键字 new 将字符串定义为对象

例如：

```
var stuName2 = new String("安静")
typeof stuName2    // 将返回 object
```

建议不要把字符串定义为对象，因为 new 关键字会使代码复杂化，也会拖慢代码的执行速度，还可能会产生一些意想不到的结果。

当使用 "==" 运算符时，两个相同的字符串的运算结果为 true，例如，(stuName1 == stuName2) 的运算结果为 true，因为字符串变量 stuName1 和 stuName2 的值相等。

当使用 "===" 运算符时，两个相同的字符串的运算结果不一定为 true，因为 "===" 运算符同时需要类型相同和值相等。只有当两个字符串的类型相同和值相等时，运算结果才为 true；如果仅有值相等，类型不同，则运算结果为 false，例如，(stuName1 === stuName2) 的运算结果为 false，因为字符串变量 stuName1 和 stuName2 的值相等，但类型不同，stuName1 的类型为 string，stuName2 的类型为 object。

另外，JavaScript 对象无法进行对比，比较两个 JavaScript 对象时将始终返回 false。

2. 转义字符及其应用

如果需要在字符串中使用单引号（'）、双引号（""）或反斜杠（\），则可以通过使用以反斜杠开头的转义字符实现。反斜杠转义字符可以把特殊字符转换为字符串中的字符，JavaScript 中的转义字符如表 5-1 所示。

表 5-1　JavaScript 中的转义字符

转义字符	输出形式	功能描述
\'	'	单引号
\"	"	双引号
\\	\	反斜杠
\b	（见功能描述）	退格键
\f	（见功能描述）	换页符
\n	（见功能描述）	换行符
\r	（见功能描述）	回车符
\t	（见功能描述）	水平制表符
\v	（见功能描述）	垂直制表符

从表 5-1 中可以看出，\"表示在字符串中插入双引号，\'表示在字符串中插入单引号，\\表示在字符串中插入反斜杠。

例如：

```
var str = 'It\'s good to see you again';
var x = "字符 \\ 被称为反斜杠。";
```

3. String 对象的方法或属性

String 对象的方法或属性如表 5-2 所示。

表 5-2　String 对象的方法或属性

方法或属性	功能描述	示例代码	显示结果
length 属性	计算字符串的长度	var str="JavaScript"; str.length	10
toUpperCase()	将字符串转换为大写形式	str.toUpperCase()	JAVASCRIPT
toLowerCase()	将字符串转换为小写形式	str.toLowerCase()	javascript
indexOf("子字符串"，起始位置)	返回字符串中某个指定的字符或子字符串从左至右首次出现的位置（索引）。 JavaScript 从 0 开始计算位置，其中 0 表示字符串中的第 1 个位置，1 表示字符串中的第 2 个位置，2 表示字符串中的第 3 个位置，以此类推。 如果包含第 2 个参数，即指定了起始位置，则从指定的起始位置开始检索，直到最后 1 个字符为止。 如果没有找到要查找的文本，则返回-1。 该方法无法使用正则表达式进行检索	str.indexOf("a") str.indexOf("e") str.indexOf("Java") str.indexOf("Script")	1 -1 0 4
lastIndexOf("子字符串"，起始位置)	返回字符串中某个指定的字符或子字符串从右至左（即从末尾到开头）首次出现的位置，注意计数顺序仍然是从左向右。 如果包含第 2 个参数，即指定了起始位置，则从指定的起始位置开始检索，直到第 1 个字符为止。 如果没有找到要查找的文本，则返回-1	str.lastIndexOf("a") str.lastIndexOf("b")	3 -1

（续）

方法或属性	功能描述	示例代码	显示结果
search()	搜索特定值的字符或子字符串，并返回匹配的位置，但无法设置起始位置参数	str.search("Script")	4
match(regexp)	查找字符串中特定的字符或子字符串，如果找到，则返回这个字符或子字符串。 该方法可以根据正则表达式 regexp 在字符串中搜索匹配项，并将匹配项作为数组返回。如果未找到匹配项，则返回 null。 如果正则表达式不包含 g 修饰符（执行全局搜索），则 match()方法将只返回字符串中的第 1 个匹配项	str.match("Java") str.match("World") str.match(/a/g)	Java null a,a
includes()	如果字符串包含指定字符或子字符串，则 includes()方法将返回 true	str.includes("Java") str.includes("world")	true false
replace()	用某些字符替换字符串中指定的字符或子字符串，不会改变调用它的字符串，它返回的是 1 个新字符串。默认情况下，replace()只会替换首个匹配的字符或子字符串。 默认情况下，replace()对字母大小写敏感，如需执行字母大小写不敏感的替换，则使用正则表达式/i（字母大小写不敏感），注意正则表达式不带引号。 如需替换所有匹配项，则使用正则表达式的 g 修饰符（用于全局搜索）	str.replace("S","s") str.replace(/S/,"s")	Javascript Javascript
slice(start, end)	提取字符串的某个部分，并在新字符串中返回被提取的部分。该方法可设置两个参数：起始位置（起始索引）、结束位置（终止索引）。 如果某个参数为负数，则表示从字符串的结尾开始计数，第 1 个参数表示起始位置，第 2 个参数表示结束位置。 提示：负值位置不适用于 Internet Explorer 8 及其更低版本。 如果省略第 2 个参数，则从起始位置开始提取直到最后 1 个字符为止	str.slice(0,4) slice(-6,-1) str.slice(4) str.slice(-6)	Java Scrip Scrip Scrip
substring(start, end)	从指定的字符串中截取一定数量的字符，类似于 slice()，不同之处在于 substring()无法接收负的索引。 如果省略第 2 个参数，则从起始位置开始提取直到最后 1 个字符为止	str.substring(0,4) str.substring(4)	Java Script
substr(start, length)	从指定的字符串中截取一定数量的字符，类似于 slice()，不同之处在于第 2 个参数指定了被提取部分的长度。 如果省略第 2 个参数，则从起始位置开始提取直到最后 1 个字符为止。 如果第 1 个参数为负数，则从字符串的结尾开始计算位置。但第 2 个参数不能为负数，因为它表示的是长度	str.substr(4,6) str.substr(4) str.substr(-6)	Script Script Script

（续）

方法或属性	功能描述	示例代码	显示结果
charAt(index)	从指定的字符串中获取指定索引位置的字符	str.charAt(0) str.charAt(4)	J S
charCodeAt()	返回字符串中指定索引对应字符的 Unicode 编码	str.charCodeAt(1)	97
concat()	连接两个或多个字符串，该方法可用于代替"+"运算符。concat()方法不会改变原数组的长度	var text1 = "Hello "; var text2 = JavaScript"; text3 = text1.concat(" ", text2);	Hello JavaScript
trim()	删除字符串两端的空白符，但是 Internet Explorer 8 或更低版本不支持 trim()方法	var str = " JavaScript "; str.trim()	JavaScript

split()	将字符串转换为数组，如果省略分隔符，则返回值是整个字符串。
	如果分隔符是""，则返回值将由分隔的单个字符组成
		// 字符串
		var txt = "Hello";
		// 分隔为字符
		txt.split("");
			H,e,l,l,o

> **注意** String 对象的 substring()方法和 substr()方法的区别如下。
>
> String 对象的 substring()方法的一般形式为 substring(start,end)，用于从字符串中截取子字符串，它的两个参数分别是截取子字符串的起始字符和终止字符的索引值，截取的子字符串不包含索引值较大的参数对应的字符。若忽略 indexEnd，则字符串的末尾字符是终止值。若 indexStart=indexEnd，则返回空字符串。
>
> String 对象的 substr()方法的一般形式为 substr(start,length)，用于从 start 索引开始，向后截取 length 个字符。若省略 length，则一直截取到字符串结尾；若 length 设定的值大于字符串的长度，则返回从起始字符到字符串结尾的子字符串。

4. JavaScript 字符串模板

字符串模板的字面量使用反引号(``)而不是引号 ("")来定义字符串，在输入英文字母状态下按【Esc】键下方那个键（即【`】）即可输入反引号。

例如：

```
let str = `Hello World!`;
```

（1）字符串内的引号

通过使用字符串模板的字面量，可以在字符串中同时使用单引号和双引号。

例如：

```
let text = `He's often called "Ginny"`;
```

（2）多行字符串

字符串模板的字面量允许输入多行字符串。

（3）插值

字符串模板的字面量提供了一种将变量和表达式插入字符串的简单方法，该方法称为字符串插值（String Interpolation）。

语法格式如下。

```
${...}
```

① 变量替换：字符串模板的字面量允许字符串中出现变量。

② 表达式替换：字符串模板的字面量允许字符串中出现表达式。

【编程训练】

【示例 5-1】demo0501.html

代码如下。

```
let userName="向阳" ;
document.write(`欢迎 ${userName} 登录!`) ;
document.write("<br>") ;
let price=9.5 ;
let num=20 ;
document.write(`金额为：${price * num}`) ;
```

5.2 JavaScript 的数值对象及方法

数值对象（Math 对象）包含用于各种数学运算的属性和方法，Math 对象的内置方法可以在不使用构造函数创建对象时直接调用，调用形式为 Math.数学函数(参数)。

例如，计算 cos(π/6)的表达式可以写为 Math.cos(Math.PI/6)。

1. Math 属性（常量）

JavaScript 提供 8 种可由 Math 对象访问的数值（常量）。

（1）欧拉指数：Math.E。

（2）圆周率：Math.PI。

（3）2 的平方根：Math.SQRT2。

（4）1/2 的平方根：Math.SQRT1_2。

（5）2 的自然对数：Math.LN2。

（6）10 的自然对数：Math.LN10。

（7）以 2 为底的 e 的对数：Math.LOG2E。

（8）以 10 为底的 e 的对数：Math.LOG10E。

2. Math 对象

通常 JavaScript 的数值是通过字面量创建的原始值，也可以通过关键字 new 定义为对象。

例如：

```
var x = 123;                  // typeof x 返回 number
var y = new Number(123);      // typeof y 返回 object
```

建议不要创建数值对象，否则会拖慢程序的执行速度，new 关键字也会使代码复杂化，并产生某些无法预料的结果。

当使用"=="运算符时，只要值相等，数值的比较结果就相等。

当使用"==="运算符时，相等的数可能变得不相等，因为"==="运算符同时需要满足类型相同和值相等两个条件。

【编程训练】

【示例 5-2】demo0502.html

代码如下。

```
var x = 500;
var y = new Number(500);
document.write(x == y); // (x == y)的运算结果为 true，因为 x 和 y 有相等的值
document.write("<br>");
document.write(x === y); // (x===y)的运算结果为 false，因为 x 和 y 的类型不同
```

此外，JavaScript 对象之间无法进行比较。

3. Math 对象的函数

除了可以被 Math 对象访问的数值，Math 对象还有多个函数可以使用，如表 5-3 所示。

表 5-3　Math 对象的函数

函数	功能描述	示例	函数返回值
round(x)	对一个数进行四舍五入运算，返回值是与 x 最接近的整数	Math.round(4.7) Math.round(4.3)	5 4
pow(x, y)	返回值是 x 的 y 次幂	Math.pow(8, 2)	64
sqrt(x)	返回 x 的平方根	Math.sqrt(64)	8
abs(x)	返回 x 的绝对值（正数）	Math.abs(−4.7)	4.7
floor()	返回小于或等于指定参数的最大整数	Math.floor(4.2) Math.floor(4.7)	4 4
ceil()	返回大于或等于指定参数的最小整数	Math.ceil(4.7) Math.ceil(6.4)	5 7
max()	返回参数列表中最大的数	Math.max(−3 , 5) Math.max(2,4,6,8)	5 8
min()	返回参数列表中最小的数	Math.min(−3,5) Math.min(2,4,6,8)	−3 2
sin(x)	返回角度 x（以弧度计）的正弦值（介于 −1 与 1 之间的值）	Math.sin(90 * Math.PI / 180)	1
cos(x)	返回角 x（以弧度计）的余弦值（介于−1 与 1 之间的值）	Math.cos(0 * Math.PI / 180)	1
random()	返回一个 0（包括 0）～1（不包括 1）的随机数	Math.random()	0.9370844220218102

4. JavaScript 的 Math 方法

JavaScript 的所有 Math 方法都可用于任意类型的数值，包括字面量、变量或表达式。

（1）toString()方法

toString()方法以字符串方式返回数值。

【编程训练】

【示例 5-3】demo0503.html

代码如下。

```
var x = 123;
x.toString();              // 根据变量 x 返回 123
(123).toString();          // 根据文本 123 返回 123
(100 + 23).toString();     // 根据表达式 100 + 23 返回 123
```

（2）toFixed()方法

toFixed()方法用于返回字符串值，返回值包含指定小数位数的数值。

【编程训练】

【示例 5-4】demo0504.html

代码如下。

```
var x = 9.656;
x.toFixed(0);              // 返回  10
x.toFixed(2);              // 返回  9.66
x.toFixed(4);              // 返回  9.6560
```

（3）toPrecision()方法

toPrecision()用于返回字符串值，返回值包含指定长度的数值。

【编程训练】

【示例 5-5】demo0505.html

代码如下。

```
var x = 9.656;
x.toPrecision();           // 返回  9.656
```

```
x.toPrecision(2);        // 返回 9.7
x.toPrecision(4);        // 返回 9.656
x.toPrecision(5);        // 返回 9.6560
```

（4）valueOf()方法

所有 JavaScript 数据类型都有 valueOf()和 toString()方法，其中 valueOf()以数值方式返回。

【编程训练】

【示例 5-6】demo0506.html

代码如下。

```
var x = 123;
x.valueOf();            // 根据变量 x 返回 123
(123).valueOf();        // 根据文本 123 返回 123
(100 + 23).valueOf();   // 根据表达式 100 + 23 返回 123
```

5. JavaScript 的全局方法

JavaScript 的全局方法可用于所有 JavaScript 数据类型。

（1）Number()方法

Number()方法用于把 JavaScript 变量转换为数值，如果无法转换为数值，则返回 NaN。

【编程训练】

【示例 5-7】demo0507.html

代码如下。

```
x = true;
Number(x);              // 返回 1
x = false;
Number(x);              // 返回 0
x = "10"
Number(x);              // 返回 10
x = "10 20"
Number(x);              // 返回 NaN
```

Number()方法还可以把日期转换为数值。

【编程训练】

【示例 5-8】demo0508.html

代码如下。

```
d1 = new Date();
Number(d1);             // 返回日期对应的数值
d2 = new Date("2024-10-16")
Number(d2);
```

上述代码中的 Number()方法用于返回 1970 年 1 月 1 日至 2024 年 10 月 16 日的毫秒数。

（2）parseInt()方法

parseInt()方法用于解析一段字符串并返回数值，允许字符串包含空格，并且只返回首个整数，如果字符串无法转换为数值，则返回 NaN。

【编程训练】

【示例 5-9】demo0509.html

代码如下。

```
parseInt("10");         // 返回 10
parseInt("10.33");      // 返回 10
parseInt("10 20 30");   // 返回 10
parseInt("10 years");   // 返回 10
parseInt("years 10");   // 返回 NaN
```

（3）parseFloat()方法

parseFloat()方法用于解析一段字符串并返回数值，允许字符串包含空格，并且只返回首个数字型数据，如果无法转换为数值，则返回 NaN。

【编程训练】

【示例 5-10】 demo0510.html

代码如下。

```
parseFloat("10");              // 返回 10
parseFloat("10.33");           // 返回 10.33
parseFloat("10 20 30");        // 返回 10
parseFloat("10 years");        // 返回 10
parseFloat("years 10");        // 返回 NaN
```

5.3 JavaScript 的日期对象及方法

日期对象（Date 对象）主要用于从系统中获得当前的日期和时间、设置当前日期和时间、将时间和日期与字符串进行转换等操作。

1. JavaScript 的日期格式

JavaScript 将日期存储为自 1970 年 1 月 1 日 00:00:00 UTC 以来的毫秒数，零时间为 1970 年 1 月 1 日 00:00:00 UTC，现在的时间则为 1970 年 1 月 1 日之后的毫秒数。

UTC（Universal Time Coordinated，世界协调时）又称世界统一时间、世界标准时间、国际协调时间。UTC 等同于 GMT（Greenwich Mean Time，格林尼治标准时）。

默认情况下，JavaScript 将使用浏览器的时区信息并将日期显示为文本字符串，例如：

Sat Oct 15 2024 06:28:24 GMT+0800 (中国标准时间)

在设置日期时，如果不规定时区，则 JavaScript 会使用浏览器的时区信息。当获取日期时，如果不规定时区，则结果会被转换为浏览器的时区信息对应的日期。

（1）ISO 日期格式

ISO 8601 是表示日期和时间的国际标准，ISO 8601 的日期格式（YYYY-MM-DD）也是 JavaScript 首选的日期格式。

① 完整日期，例如：

var d = new Date("2024-10-16");

② 指定年和月，例如：

var d = new Date("2024-10");

③ 只指定年，例如：

var d = new Date("2024");

④ 使用完整日期加时、分和秒，例如：

var d = new Date("2024-10-16T09:18:00");

日期和时间使用大写字母 T 来分隔，UTC 时间使用大写字母 Z 来定义。当在日期-时间字符串中省略 T 或 Z 时，不同浏览器中会产生不同结果。

（2）短日期格式

短日期通常使用"MM/DD/YYYY"这样的语法格式，例如：

var d = new Date("10/16/2024");

（3）长日期格式

长日期通常使用"MMM DD YYYY"这样的语法格式，例如：

var d = new Date("Oct 16 2024");

长日期格式有以下特点。

① 月和天能够以任意顺序出现，例如：

```
var d = new Date("16 Oct 2024");
```

② 月能够以全称或缩写表示，例如：

```
var d = new Date("16 October 2024");
```

③ 对字母大小写不敏感，例如：

```
var d = new Date("16 OCT 2024");
```

（4）完整日期格式

JavaScript 接收"完整 JavaScript 格式"的日期字符串，并且会忽略该字符串中轻微的格式错误。例如：

```
var d = new Date("Sun Oct 16 2024 09:18:00 GMT+0800 (中国标准时间)");
```

2. 定义日期

Date 对象用于处理日期和时间，可以通过 new 关键字来定义 Date 对象。

（1）使用 new Date()创建 Date 对象

new Date()使用当前日期和时间创建新的 Date 对象。

以下代码定义了名称为 d 的 Date 对象。

```
var d=new Date();
```

> **提示** **Date 对象自动使用当前的日期和时间作为其初始值。**

（2）使用 new Date(year, month, day, hours, minutes, seconds, milliseconds)创建 Date 对象

new Date(year, month, day, hours, minutes, seconds, milliseconds)用指定的日期和时间创建新的 Date 对象，这 7 个参数按顺序分别用于指定年、月、日、小时、分钟、秒和毫秒，例如：

```
var d = new Date(2024, 10, 16, 09, 18, 30, 0);
```

> **提示** **使用 new Date(year, month, day, hours, minutes, seconds, milliseconds) 创建 Date 对象时，毫秒、秒、分钟、小时、日允许省略，年和月不允许省略。如果指定 6 个参数，则要指定年、月、日、小时、分钟、秒；如果指定 5 个参数，则要指定年、月、日、小时和分钟；如果指定 4 个参数，则要指定年、月、日和小时；如果指定 3 个参数，则要指定年、月和日；如果指定 2 个参数，则要指定年和月；如果只提供 1 个参数，则将其视为毫秒数。**

（3）使用 new Date(dateString)创建 Date 对象

new Date(dateString)用日期字符串创建一个新的 Date 对象，例如：

```
var d = new Date("October 16, 2024 09:18:00");
```

（4）使用 new Date(milliseconds)创建 Date 对象

new Date(milliseconds)用于基于毫秒数创建一个新的 Date 对象。

以下代码创建的日期为 Thur Jan 01 1970 08:00:00 GMT+0800 (中国标准时间)。

```
var d = new Date(0);        // 创建一个零时加毫秒的 Date 对象
```

以下代码创建的日期为 Fri Jan 02 1970 08:00:00 GMT+0800 (中国标准时间)。

```
var d = new Date(86400000);// 创建一个 1970 年 1 月 1 日加上 1 天的毫秒数的 Date 对象
```

3. 显示日期

默认情况下，JavaScript 将以全文本字符串格式输出日期。

对于下面定义的 Date 对象，可以有多种输出形式：

```
var d = new Date("October 16, 2024 09:18:00");
```

（1）使用 toString()方法转换为字符串

例如，d.toString()的输出形式为 Sun Oct 16 2024 09:18:00 GMT+0800 (中国标准时间)。

（2）使用 toDateString()方法将日期转换为更易读的形式

例如，d.toDateString()的输出形式为 Sun Oct 16 2024。

（3）使用 toUTCString()方法将日期转换为 UTC 字符串

UTC 也是一种日期显示标准。例如，d.toUTCString()的输出形式为 Sun, 16 Oct 2024 01:18:00 GMT。

4. 操作日期

使用针对 Date 对象的方法，可以很容易地对日期进行操作。

【编程训练】

【示例 5-11】demo0511.html

为 Date 对象设置一个特定的日期（2024 年 10 月 1 日）的代码如下。

```
var d=new Date() ;
d.setFullYear(2024 , 9 , 1) ;
document.write(d) ;
```

注意 表示月的参数为 0～11。也就是说，如果希望把月设置为 10 月，则参数应该是 9。

以下代码用于将 Date 对象设置为 5 天后的日期。

```
var d=new Date() ;
d.setDate(d.getDate()+5) ;
document.write(d) ;
```

注意 如果增加天数会改变月或者年，那么 Date 对象会自动完成转换操作。

5. 比较日期

Date 对象也可用于比较两个日期。

【编程训练】

【示例 5-12】demo0512.html

将 2024 年 10 月 16 日与 2024 年 10 月 1 日进行比较的代码如下。

```
var date1, date2, info;
date1 = new Date();
date1.setFullYear(2024 10, 1);
date2 = new Date();
date2.setFullYear(2024, 10, 16);
if (date1 < date2) {
    info = "日期 date1 在日期 date2 之前";
  } else {
        info = "日期 date1 在日期 date2 之后";
    }
document.write(info);
```

6. Date 对象的方法

Date 对象的方法主要用于获取并设置日期值（年、月、日、时、分、秒、毫秒）。

（1）JavaScript 的日期获取方法

JavaScript 中获取日期某个部分的方法如表 5-4 所示。

表 5-4　JavaScript 中获取日期某个部分的方法

方法	功能描述	示例
Date()	获取当日的日期和时间，也可以创建 Date 对象	var d = new Date()
getTime()	返回 1970 年 1 月 1 日至今的毫秒数	d.getTime()
getFullYear()	根据日期以 4 位数字返回年份	d.getFullYear()
getMonth()	根据日期返回月份（0～11），对 1 月返回 0，对 2 月返回 1……对 12 月返回 11	d.getMonth()
getDate()	根据日期返回一个月中的某一天的数值（1～31）	d.getDate()
getHours()	以数值（0～23）返回日期的小时数	d.getHours()
getMinutes()	以数值（0～59）返回日期的分钟数	d.getMinutes()
getSeconds()	以数值（0～59）返回日期的秒数	d.getSeconds()
getMilliseconds()	以数值（0～999）返回日期的毫秒数	d.getMilliseconds()
getDay()	以数值（0～6，0 表示星期日，1 表示星期一……6 表示星期六）根据日期返回一周中的某一天的星期数	d.getDay()

（2）JavaScript 的日期设置方法

使用设置日期的方法可以设置 Date 对象的日期值（年、月、日、小时、分钟、秒、毫秒），如表 5-5 所示。

表 5-5　JavaScript 的日期设置方法

方法	功能描述	示例
setFullYear()	设置 Date 对象的年（月和日为可选项）	d.setFullYear(2024,10,16) d.setFullYear(2024)
setMonth()	以数值（0～11）设置 Date 对象的月	d.setMonth(10)
setDate()	以数值（1～31）设置 Date 对象的日	d.setDate(16) d.setDate(d.getDate() + 7)
setHours()	以数值（0～23）设置 Date 对象的小时数	d.setHours(22)
setMinutes()	以数值（0～59）设置 Date 对象的分钟数	d.setMinutes(32)
setSeconds()	以数值（0～59）设置 Date 对象的秒数	d.setSeconds(45)
setMilliseconds()	以数值（0～999）设置 Date 对象的毫秒数	d.setMilliseconds(500)
setTime()	设置时间（从 1970 年 1 月 1 日至今的毫秒数）	let timestamp=Date.UTC(2024, 5, 20, 12, 0, 0, 0); d.setTime(timestamp)

5.4　JavaScript 的数组对象及方法

数组（Array）是一种特殊的变量，它能够一次存放一个及以上的值。与普通变量的不同之处在于，数组可以把多个值和表达式放在一起，可以同时存放很多值，还可以通过引用索引号来访问这些值。存放在 JavaScript 数组中的数据的类型和数量都没有限制，在脚本中声明数组之后，就可以随时访问数组中的任何数据。虽然数组可以保存 JavaScript 的任何类型的数据，包括其他数组，但是最常见的做法是把类似的数据存储在同一个数组中，并给它指定一个与数组项有关联的名称。

1. 定义（创建）数组

（1）使用方括号将多个值括起来定义数组

语法格式如下。

```
var array-name = [item1, item2, ...];
```

JavaScript 数组的元素使用半角逗号","予以分隔。

例如：

```
var color=["red", "yellow", "blue"];
```

定义可以横跨多行，允许包括空格和折行，但是最后一个元素之后不要添加逗号。

（2）使用关键字 new 来创建 Array 对象

方法 1：创建 Array 对象的同时指定数组元素的值。

```
var color=new Array("red", "yellow", "blue");
```

> **注意**　如果需要在数组内指定数值或者布尔值，那么元素类型应该是数值型或者布尔型，而不是字符串型。

方法 2：先单独创建 Array 对象，再为各数组元素赋值。

下面的代码单独定义了一个名为 color 的 Array 对象。

```
var color=new Array();
```

有多种方法可以为数组元素赋值，也可以添加任意个值，就像可以定义任意个变量一样。

例如：

```
var color = new Array();
color[0]="red";
color[1]="yellow";
color[2]="blue";
```

也可以使用一个整数来控制数组的容量。

例如：

```
var color = new Array(3)
```

由于 new 关键字会使代码复杂化，还会产生某些不可预期的结果，因此尽量不要使用 JavaScript 的内建数组构造器 new Array()创建 Array 对象，而使用[ ]取而代之。

下面两条语句创建了名为 points 的空数组。

```
var points = new Array();    // 差
var points = [ ];            // 优
```

下面两条语句创建了包含 6 个数值的数组。

```
var points = new Array(40, 100, 1, 5, 25, 10);    // 差
var points = [40, 100, 1, 5, 25, 10];             // 优
```

2. 使用关键字 const 声明数组

使用 const 声明数组已成为一种常见做法。

例如：

```
const fruits = ["Apple", "Pear"];
```

（1）无法重新赋值

使用 const 声明的数组不能重新赋值。

例如：

```
const fruits = ["Apple", "Pear"];
fruits = ["Orange","Banana"];      // 出错
```

不允许在同一作用域或同一块中重新声明 const 数组或为现有的 const 数组重新赋值。

（2）数组不是常量

关键字 const 有一定的误导性，它定义的是对数组的常量引用。

（3）元素可以重新赋值

可以更改常量数组的元素。

例如：

```
// 可以创建常量数组
const fruits = ["Apple", "Pear", "Orange"];
// 也可以更改元素
fruits[0] = "Mango";
// 还可以添加元素
fruits.push("Lemon");
```

（4）const 数组在声明时必须赋值

JavaScript 中使用 const 声明的数组必须在声明时进行初始化。如果使用 const 声明数组但未初始化数组，则会产生语法错误。

例如，以下声明数组的代码执行时会出现 "Uncaught SyntaxError: Missing initializer in const declaration" 的错误提示信息。

```
const fruits
fruits = ["Apple", "Pear", "Orange"];
```

而使用 var 声明的数组可以随时初始化，以下代码可以正常运行。

```
var fruits
fruits = ["Apple", "Pear", "Orange"];
```

（5）const 块作用域

使用 const 声明的数组具有块作用域，即在块中声明的数组与在块外声明的数组不同。

例如：

```
const fruits = ["Apple", "Pear", "Orange"];
// 此处的 fruits[0]为"Apple"
{
  const fruits = ["Pear", "Apple", "Orange"];
  // 此处的 fruits[0]为"Pear"
}
// 此处的 fruits[0]为"Apple"
```

使用 var 声明的数组没有块作用域。

例如：

```
var fruits = ["Apple", "Pear", "Orange"];
// 此处的 fruits[0]为"Apple"
{
  var fruits = ["Pear", "Apple", "Orange"];
  // 此处的 fruits[0]为"Pear"
}
// 此处的 fruits[0]为"Pear"
```

3. 重新声明数组

在程序中的任何位置都允许使用 var 重新声明数组。

```
var fruits = ["Apple", "Pear", "Orange"];     // 允许
var fruits = ["Apple", "Pear"];               // 允许
fruits = ["Orange", "Banana"];                // 允许
```

4. 访问数组元素

通过指定数组名及索引可以访问某个特定的元素。

以下代码声明（创建）了名为 students 的数组，包含 3 个元素。

```
students = ["张山", "李斯", "王武"];
```

数组索引的定义是基于 0 的，即数组索引从 0 开始，这意味着第 1 个元素的索引为[0]，第 2 个元素的索引为[1]，以此类推。

例如：

```
var color=new Array("red" , "yellow" , "blue") ;
document.write(color[0])    //输出的值是 red
```

5. 修改数组元素的值

如果需要修改已有数组中的元素值，则向指定索引的元素添加一个新值即可。

例如：

```
color[0]="green" ;
students[0] = "安静";
```

6. 添加数组元素

向数组中添加新元素的最佳方法是使用 push()方法。

例如：

```
students.push("李白") ;
```

7. 访问完整数组

JavaScript 可以通过引用数组名来访问完整数组。

例如：

```
var color=new Array("red" , "yellow" , "blue") ;
document.getElementById("demo").innerHTML = color;
```

8. 数组的对象特性

数组是一种特殊类型的对象，在 JavaScript 中对数组使用 typeof 运算符会返回"object"。JavaScript 数组最好以数组形式来描述。在 JavaScript 中，数组使用数字索引，对象使用命名索引。

例如：

```
var person1 = [ "张山", "李斯", "王武" ];
```

数组可以使用数字来访问其元素，这里 person1[0]将返回"张山"。

```
var person2 = { name:"张山", age:19 , nativePlace:"上海" };
```

对象也可以使用名称来访问其成员，这里 person2.name 将返回"张山"。

9. JavaScript 的 Array 对象的主要属性和方法

JavaScript 的 Array 对象常用的属性是 length，用于设置或返回数组中元素的数目，即数组的长度。

【编程训练】

【示例 5-13】demo0513.html

代码如下。

```
var person = [ "张山", "李斯", "王武" ];
person.length;                  // 数组 person 的长度为 3
person[person.length-1];        // 访问数组的最后一个元素"王武"
person[person.length] = "安静";  // 使用 length 属性向数组中添加新元素
document.write(person);
```

JavaScript 的 Array 对象的方法较多，如表 5-6 所示。

声明数组的代码如下。

```
var fruits = ["Apple", "Pear", "Orange", "Banana"];
```

表 5-6 中的示例代码都是基于数组 fruits 初始状态执行的，元素个数为 4，排序依次为"Apple" "Pear" "Orange" "Banana"。

表 5-6 JavaScript 的 Array 对象的方法

方法	功能描述
toString()	把数组转换为字符串，并返回以逗号分隔的字符串。例如： fruits.toString()　　// 输出结果为 Apple,Pear,Orange,Banana
join()	将数组的所有元素结合为一个字符串，元素可以通过指定的分隔符进行分隔，如果省略分隔符，则默认以逗号作为分隔符。例如： fruits.join(" * ")　　// 输出结果为 Apple * Pear * Orange * Banana
concat()	连接（合并）两个或更多的数组，并返回一个新数组。concat()方法不会更改现有数组，总是返回一个新数组。concat()方法可以使用任意数量的数组参数。 ① 合并两个数组。例如： var fruits1 = ["Apple", "Pear"] ; var fruits2 = ["Orange","Banana"] ; fruits=fruits1.concat(fruits2) ; 返回的新数组中元素有 Apple,Pear,Orange,Banana。 ② 将数组与值合并。例如： var fruits1 = ["Apple", "Pear"]; fruits=fruits1.concat(["Orange","Banana"]) 返回的新数组中元素有 Apple,Pear,Orange,Banana
pop()	从数组中删除并返回最后一个元素，如果数组为空，则返回 undefined。例如： fruits.pop();　　// 从数组 fruits 中删除最后一个元素"Banana"
push()	在数组的末尾处向数组中添加一个或更多元素，并返回新数组的长度。例如： fruits1.push("Mango")　　// 返回的值是 5
shift()	删除并返回数组的第一个元素，并把所有其他元素移至更小的索引；如果数组为空，则返回 undefined。例如： fruits.shift();　　// 从数组 fruits 中删除第 1 个元素"Apple"
unshift()	在数组的开头添加一个或更多元素，并返回新数组的长度。例如： fruits.unshift("Lemon");　　// 向数组 fruits 中添加新元素"Lemon"，返回 5
slice()	根据已有的数组返回选定的元素，即用数组的某个片段切出新数组。 slice()方法只用于创建新数组，不会从原数组中删除任何元素。 ① 从指定位置开始切出新数组。例如： var fruits = ["Apple", "Pear", "Orange","Banana"]; var fruits1 = fruits.slice(1) ;　　// Pear,Orange,Banana var fruits2 = fruits.slice(3) ;　　// Banana ② slice()接收两个参数。 从开始参数（如1）开始选取元素，直到结束参数（如3，但不包括3）为止。例如： var fruits3 = fruits.slice(1, 3);　　// Pear,Orange ③ 如果省略结束参数，则 slice()会切出数组的剩余部分。例如： var fruits4 = fruits.slice(2);　　// Orange,Banana

（续）

方法	功能描述

splice()	① 删除元素，返回一个包含已删除元素的数组。例如：
	fruits.splice(0, 1); // 删除数组 fruits 中的第 1 个元素，返回包含第 1 个元素的数组
	参数说明：第 1 个参数 "0" 用于定义新元素应该被添加（接入）的位置，第 2 个参数 "1" 用于定义应该删除的元素个数，其余参数被省略。这里没有新元素将被添加。
	② 向数组添加新元素，返回一个包含已删除元素的数组。例如：
	var fruits = ["Apple", "Pear", "Orange","Banana"];
	fruits1.splice(2, 0, "Mango") ;　　// 从原数组中删除 0 个数组元素
	添加 1 个新元素后，新数组中元素有 Apple,Pear,Mango, Orange,Banana。
	var fruits = ["Apple", "Pear", "Orange","Banana"];
	fruits1.splice(2, 1, "Mango","Lemon") ;　　// 从原数组中删除 2 个数组元素
	参数说明：第 1 个参数 "2" 用于定义应添加（拼接）新元素的位置，这里索引为 2 的位置是 "Orange"；第 2 个参数 "1" 用于定义应删除的元素个数，这里将删除元素"Orange"，其余参数（ "Mango","Lemon" ）用于定义要添加的新元素。添加 2 个新元素，删除 1 个原元素后，新数组中元素有 Apple,Pear,Mango,Lemon,Banana

sort()	对数组的元素进行排序，默认情况下，sort()函数按照字符串的 Unicode 字符序列对元素进行排序。例如： fruits.sort();　　　　　// 对数组 fruits 中的元素进行排序
reverse()	反转数组中元素的顺序。例如： fruits.reverse() ;　　　// 反转元素顺序
toSource()	返回该对象的源代码
toLocaleString()	把数组转换为本地数组，并返回结果
valueOf()	返回 Array 对象的原始值

5.5　JavaScript 的自定义对象

JavaScript 是一种基于对象的脚本语言，ES6 引入了 JavaScript 类。

ES6 之前的版本不使用类，JavaScript 并不完全支持面向对象的程序设计方法，不具有继承性、封装性等面向对象的基本特性。ES6 之前，借助 JavaScript 的动态性，可以创建一个空的对象（而不是类），通过动态添加属性来完善对象的功能。

1. JavaScript 的对象

JavaScript 中 "一切皆对象"，JavaScript 中的字符串、数值、数组、日期、函数都是对象。对象是拥有属性和方法的特殊数据。JavaScript 可提供多个内建对象，如 String、Date、Array 等。

如果使用关键字 new 来声明 JavaScript 变量，则该变量会被创建为对象。

例如：

```
var str = new String();       // 把 str 声明为 String 对象
var num = new Number();       // 把 num 声明为 Number 对象
var bool = new Boolean();     // 把 bool 声明为 Boolean 对象
```

尽量避免使用 String 对象、Number 对象或 Boolean 对象，因为这些对象会增加代码的复杂性并降低代码的执行速度。

JavaScript 允许用户自定义对象。JavaScript 对象其实就是属性的集合，给定一个 JavaScript 对象，用户可以明确地知道某个属性是不是这个对象的属性。对象中的属性是无序的，并且其名称各不相同，如果出现同名的属性，则后声明的属性会覆盖先声明的属性。

在 JavaScript 中，对象也是变量，对象拥有属性和方法等。JavaScrip 变量是数据值的容器，JavaScript 对象则是多个被命名值的容器。

当声明如下 JavaScript 变量时，实际上已经创建了一个 String 对象，String 对象拥有内建的属性 length。

```
var str = "Hello";
```

对于上面的字符串来说，length 的值是 5。String 对象同时拥有若干内建的方法。

例如：

```
str.indexOf()
str.replace()
str.search()
```

2. 自定义（创建）JavaScript 对象

在 JavaScript 中，有以下多种方法来创建对象。

① 定义和创建单个对象。

② 通过关键字 new 定义和创建单个对象。

③ 先定义对象构造器，再创建构造类型的对象。

④ 在 ES5 中，也可以通过函数 Object.create() 来创建对象。

通过 JavaScript，用户能够创建自己的对象。创建新 JavaScript 对象的方法有很多，并且可以为已存在的对象添加属性和方法。

（1）直接使用键值对的形式创建对象

自定义 JavaScript 对象的规则如下。

① 把左花括号"{"与对象名放在同一行。

② 在每个属性名与其值之间使用半角冒号，并且冒号后面加一个空格。

③ 不要在最后一个键值对后面写逗号。

④ 在对象定义结束位置的新行上写右花括号"}"，右花括号"}"前不加前导空格。

⑤ 对象定义始终以分号结束。

定义 JavaScript 对象时，空格和折行都是允许的，对象定义也允许横跨多行。

以下代码定义（创建）了一个 JavaScript 对象。

```
var book = {
        bookName: "网页应用实践",
        author: "丁一",
        publishing: "人民邮电出版社",
        price: 38.8,
        edition: 2
};
```

这里定义的 book 对象有 5 个属性，即 bookName、author、publishing、price 和 edition，属性值分别为"网页应用实践" "丁一" "人民邮电出版社"、38.8、2。

也可以将对象定义写在一行或多行中。

例如：

```
var book={ bookName:"网页应用实践", author:"丁一",
        publishing:"人民邮电出版社", price:38.8, edition:2 };
```

（2）通过赋值方式创建对象的实例

可以通过 new 关键字创建一个新的对象，并动态添加属性，从无到有地创建一个对象。

【编程训练】

【示例 5-14】demo0514.html

创建一个名为 book 的对象，并为其添加 5 个属性，代码如下。

```
var book=new Object() ;
book.bookName="网页应用实践"
book.author="丁一"
book.publishing="人民邮电出版社"
book.price=38.8
book.edition=2
document.write("书　名：" + book.bookName +" <br> ");
document.write("作　者：" + book.author +" <br> ");
document.write("出版社：" + book.publishing +" <br> ");
document.write("价　格：" + book.price );
```

在 JavaScript 中，属性不需要单独声明，在赋值时即自动创建。

可将自定义对象的属性值赋给变量：x=book.bookName;。

在以上代码执行后，x 的值将是"网页应用实践"。

（3）先定义对象的原型，再使用 new 关键字来创建新的对象

首先，创建对象构造器。

例如：

```
function book( bookName , author , publishing , price , edition )
  {
    this.bookName = bookName ;
    this.author = author ;
    this.publishing = publishing ;
    this.price = price ;
    this.edition = edition
  }
```

其次，创建新的对象实例。

例如：

```
var myBook=new book( "网页应用实践" , "丁一" , "人民邮电出版社" , 38.8 , 2 );
```

（4）对象定义的简写

对于键和值，如果值是变量，并且变量和键同名，则可以这样写：

```
let stuName = 'LiMin', stuAge = 21;
let student = {
      stuName,
      stuAge,
      getName() {
            console.log(this.stuName)
            }
      }
```

3. JavaScript 对象的属性和方法

在面向对象的程序设计语言中，属性和方法常被称为对象的成员。

（1）JavaScript 对象的属性

属性是与 JavaScript 对象相关的信息。例如，汽车是现实生活中的对象，汽车的属性包括品牌名称、生产厂家、排量、重量、颜色等，所有汽车都具有这些属性，但是每款汽车的属性都不尽相同。汽车的方法可以是启动、驾驶、刹车等，所有汽车都拥有这些方法，但是它们被执行的时间都不尽相同。

JavaScript 的属性是由键值对组成的，即属性的名称和属性的值。JavaScript 对象中的"名称:值"（name : value）被称为对象的属性。

JavaScript 对象的属性和方法由花括号"{}"包围，在花括号内部，对象的属性以"名称:值"的形式来定义，名称和值由半角冒号进行分隔，多个属性使用半角逗号","分隔。属性的名称是一个变量名，应符合变量命名规则，而值可以为任意 JavaScript 对象。

例如：

```
var person = { name:"张山", sex:"男", age:19 };
```

所定义的对象 person 有 3 个属性，即 name、sex、age，属性值分别为"张山" "男"、19。

（2）JavaScript 对象的方法

JavaScript 对象也可以有方法，方法是在对象上执行的动作。对象的方法是让对象完成某些操作的函数，即方法名称与属性名称相似，方法与函数的定义形式相似。

例如：

```
var collectBooks = {
        bookName: "网页应用实践",
        price:38.8 ,
        quantity:5,
        amount:function() {
                return this.price*this.quantity;
                }
        };
```

4. 访问 JavaScript 对象的属性和方法

在 JavaScript 中引用对象时，根据对象的包含关系，使用成员引用操作符"."一层一层地引用对象。例如，要引用 document 对象，应使用 window.document，由于 window 对象是默认的最上层对象，因此引用其子对象时，可以不使用 window，而直接使用 document。

当引用较低层次的对象时，一般有两种方式：使用对象索引或使用对象名称（或 ID）。例如，要引用网页文档中的第一个表单对象，可以使用"document.forms[0]"的形式来实现；如果该表单的 name 属性为 form1（或者 ID 属性为 form1），则也可以使用"document.forms["form1"]"的形式或直接使用"document1.form1"的形式来引用该表单。如果在名为 form1 的表单中包括一个名为 text1 的文本框，则可以使用"document.form1.text1"的形式来引用该文本框对象。如果要获取该文本框中的内容，则可以使用"document.form1.text1.value"的形式。

对于不同的对象，通常还有一些特殊的引用方法，例如，要引用表单对象包含的对象，可以使用 elements 数组；要引用当前对象，可以使用 this。

要获取网页文档中图片的数量，可以使用"document.images.length"的形式。要设置图片的 alt 属性，可以使用"document.images[0].alt="图片 1""的形式。要设置图片的 src 属性，可以使用 "document.images[0].src= document.images[1].src"的形式。

（1）访问对象的属性

属性是与对象相关的信息。访问对象属性的语法格式如下。

① 语法格式之一：对象名.属性名称。

例如，person.age，book.bookName。

② 语法格式之二：对象名["属性名称"]。

例如，person["age"]，book["bookName"]。

使用 String 对象的 length 属性来获取字符串的长度的示例如下。

```
var message="Hello World!";
var x=message.length;
```

在以上代码执行后，x 的值为 12。

定义对象后可以更改其属性。例如：

```
person.age = "20";
```

还可以为对象添加新属性。例如：

```
person.nativePlace = "上海";
```

（2）访问对象的方法

方法是能够在对象上执行的动作。

① 调用对象的方法。

可以使用下面的语法格式调用方法：对象名.方法名称(参数列表)。

使用 String 对象的 toUpperCase()方法将文本转换为大写形式的示例如下。

```
var message="Hello world!";
var x=message.toUpperCase();
```

在以上代码执行后，x 的值是 HELLO WORLD!。

② 返回对象方法的定义。

若不使用圆括号"()"访问对象方法，则将返回对象方法的定义代码。例如，collectBooks.amount 将返回对象方法 amount()的定义代码。

5.6 ES6 使用 class 构造对象

ES6 引入了 JavaScript 类，JavaScript 类是 JavaScript 对象的模板。

1. 使用关键字 class 创建 JavaScript 类

使用关键字 class 创建 JavaScript 类时，始终添加名为 constructor 的方法，语法格式如下。

```
class ClassName {
  constructor() {...}
}
```

例如：

```
class Person {
  constructor(name, year) {
    this.name = name;
    this.year = year;
  }
}
```

上面的示例创建了一个名为 Person 的类，该类有两个初始属性：name 和 year。

2. 使用 JavaScript 类创建对象

如果创建了一个类，那么可以使用该类来创建对象。

例如：

```
let person1 = new Person("安好", 2002);
let person2 = new Person("安康", 2004);
```

以上代码使用 Person 类创建了两个 Person 对象，在创建新的对象时会自动调用 constructor() 方法。

3. JavaScript 类的构造器

为创建新对象而设计的函数被称为对象构造器。JavaScript 类的构造器 constructor()是一种特殊的方法，用于初始化对象属性，其特点如下。

① 它必须拥有确切名称。

② 创建新对象时自动执行。

③ 如果未定义构造器，则 JavaScript 会添加空的构造器。

4. 创建类方法

类方法与对象方法相同，必须先使用关键字 class 创建类，并且要始终添加 constructor()方法，再添加任意数量的类方法。

语法格式如下。

```
class ClassName {
    constructor() { ... }
    method_1() { ... }
    method_2() { ... }
}
```

【编程训练】

【示例 5-15】demo0515.html

以下代码创建了 2 个类方法，一个名为 getName，该方法用于返回姓名；另一个名为 getAge，该方法用于返回年龄。

```
class Person {
    constructor(name, year) {
        this.name = name;
        this.year = year;
        }
    getName(){
        return this.name;
    }
    getAge(year1) {
        return year1 - this.year;
        }
    }
    let date = new Date();
    let year1 = date.getFullYear();
    let person1 = new Person("安好", 2002);
    let person2 = new Person("安康", 2004);
    document.write("今年" +person1.getName()+ person1.getAge(year1) + "岁。");
    document.write("<br>");
    document.write("今年" +person2.getName()+ person2.getAge(year1) + "岁。");
    document.write("<br>");
```

5. 类继承

如果需创建类继承，则可使用 extends 关键字，使用类继承创建的类继承了其父类的所有方法。继承对代码可重用性很重要，在创建新类时可以重用现有类的属性和方法。

【编程训练】

【示例 5-16】demo0516.html

代码如下。

```
// 定义类 Point
class Point{
    constructor(x, y){
        this.x = x;
        this.y = y;
    }   // 不要加逗号
    toSting(){
        return `(${this.x}, ${this.y})`;
    }
}
// 实例化，得到一个对象
var p = new Point(10, 20);
console.log(p.x)
console.log(p.toSting());
class ColorPoint extends Point{
```

```
        constructor(x, y, color){
            super(x, y);   // 调用父类的 constructor(x, y)
            this.color = color;
        }   // 不要加逗号
        showColor(){
            console.log('My color is ' + this.color);
        }
    }
    var cp = new ColorPoint(10, 20, "red");
    console.log(cp.x);
    console.log(cp.toSting());
    cp.showColor()
```

创建继承类时，通过在 constructor()方法中调用 super()方法而调用了父类的 constructor()方法，获得了父类的属性和方法的访问权限。

5.7 JavaScript 的 this 指针

在传统的面向对象程序设计语言中，this 指针是在类中声明的，表示对象本身；而在 JavaScript 中，this 表示其所属的对象，即调用者的引用。

【编程训练】

【示例 5-17】 demo0517.html

分析以下示例。

```
var stu1 = {      // 定义一个人，名字为向东
    name : "向东",
    age : 20
}
var stu2 = {      // 定义另一个人，名字为向楠
    name : "向楠",
    age : 19
}
function printName(){     // 定义一个全局的函数对象
    return this.name;
}
// 设置 printName()的上下文为 stu1，此时的 this 为 stu1
document.write(printName.call(stu1)) ;
// 设置 printName()的上下文为 stu2，此时的 this 为 stu2
document.write(printName.call(stu2));
```

应该注意的是，this 的值并非由函数被声明的方式而确定，而是由函数被调用的方式而确定，这一点与传统的面向对象程序设计语言截然不同。

1. this 是什么？

JavaScript 中 this 指的是它所属的对象，它拥有不同的值，具体取决于其使用位置。

① 在方法中，this 指的是拥有者对象。

② 单独使用时，拥有者是全局对象，this 指的是全局对象。

③ 在函数中，this 指的是全局对象。

④ 在函数中，严格模式下，this 是 undefined。

⑤ 在事件中，this 指的是接收事件的元素。

⑥ 在顶层调用全局函数时，this 指 window 对象，因为全局函数其实就是 window 的属性。

⑦ 类似 call()和 apply()这样的方法可以将 this 引用到任何对象。

call()和 apply()方法是预定义的 JavaScript 方法，它们都可以用于将另一个对象作为参数来调用对象方法。

2. 方法中的 this

在对象方法中，this 指的是该方法的拥有者。下面的示例中 this 指的是"拥有"amount()方法的 collectBooks 对象。collectBooks 对象是 amount()方法的拥有者。

例如：

```
var collectBooks = {
        bookName: "网页应用实践",
        price:38.8,
        quantity:5,
        amount:function() {
                return this.price * this.quantity;
                }
        };
```

这里 this.price 的意思是 this 对象（collectBooks）的 price 属性。

3. 函数中的 this

（1）默认状态（非严格模式）下

在 JavaScript 函数中，函数的拥有者默认绑定 this，因此，在函数中，this 指的是全局对象。

例如：

```
function myFunction() {
    return this;
}
```

（2）严格模式下

JavaScript 的严格模式不允许默认绑定对象，因此，在函数中使用 this 时，this 是 undefined（未定义的）。

例如：

```
"use strict";
function myFunction() {
    return this;
}
```

4. 事件处理程序中的 this

在 HTML 事件处理程序中，this 指的是接收此事件的 HTML 元素。

例如：

```
<input type="button" onclick="this.style.display='none'" value="单击后隐藏">
```

5.8 JavaScript 的正则表达式与应用

1. 什么是正则表达式

正则表达式是构成搜索模式（Search Pattern）的字符序列，当需要搜索文本中的数据时，就可以使用搜索模式来描述所需搜索的内容。

正则表达式可以是单字符，或者更复杂的形式。正则表达式可用于执行所有类型的文本搜索和文本替换操作。

正则表达式的直接量语法格式如下。

```
/pattern/attributes
```

例如：

```
var patt = /is/i ;
```

这里的/is/i 是一个正则表达式，其中 is 表示在搜索中使用的模式，i 表示对字母大小写不敏感的修饰符，即 is、Is、iS、IS 都可以搜索到。

2. 正则表达式的修饰符

修饰符可用于字母大小写不敏感的全局搜索，正则表达式的修饰符如表 5-7 所示。

表 5-7　正则表达式的修饰符

修饰符	功能描述	示例
i	执行对字母大小写不敏感的匹配	/is/i
g	执行全局匹配，即查找所有匹配项而非在找到第一个匹配项后停止查找	/is/g
m	执行多行匹配	/is/m

（1）i 修饰符

i 修饰符用于执行对字母大小写不敏感的匹配。所有主流浏览器都支持 i 修饰符。

【编程训练】

【示例 5-18】demo0518.html

对字符串中的 is 进行全局且不区分字母大小写的搜索的代码如下。

```
var str="Is this all there is to drink?";
var patt1=/is/ig ;
document.write(str.match(patt1));
```

搜索结果中包含全部的 3 个 is，搜索结果为 Is,is,is。

（2）g 修饰符

g 修饰符用于执行全局匹配，即查找所有匹配项而非在找到第一个匹配项后停止查找。所有主流浏览器都支持 g 修饰符。

【编程训练】

【示例 5-19】demo0519.html

对字符串中的 is 进行全局搜索的代码如下。

```
var str="Is this all there is to drink?" ;
var patt1=/is/g ;
document.write(str.match(patt1));
```

因为字符串 str 中 Is 的首字母为大写形式，所以搜索结果中不包含 Is，只包括其后的 2 个 is。

（3）m 修饰符

m 修饰符规定正则表达式可以执行多行匹配。m 修饰符的作用是修改^和$在正则表达式中的作用，使其分别表示行首和行尾。

在默认状态下，一个字符串无论是否换行都只有一个^和一个$，如果采用多行匹配，那么每一行都有一个^和一个$。

【编程训练】

【示例 5-20】demo0520.html

对字符串中的 is 进行多行搜索的代码如下。

```
var str = "\nIs th\nis all \nthere is to drink?";
var patt1 = /^is/;
document.write(str.match(patt1));        // 输出结果为 null
document.write("<br>");
var patt1 = /^is/m;
document.write(str.match(patt1));        // 输出结果为 is
```

在上述代码中，在多行字符串中搜索 is 时，如果没有加 m 修饰符（即/^is/），则匹配失败，因为字符串的开头没有 is 字符。加上 m 修饰符（即/^is/m）后，^表示行首，因为 is 在字符串第 2 行的行首，所以可以成功匹配到 is。

3. 正则表达式的模式符

（1）带方括号的模式表达式

方括号用于查找某个范围内的字符，带方括号的模式表达式如表 5-8 所示。

（2）模式表达式中的元字符

元字符（Metacharacter）是拥有特殊含义的字符，模式表达式中的元字符如表 5-9 所示。

表 5-8　带方括号的模式表达式

表达式	功能描述	表达式	功能描述
[abc]	查找范围内的任何字符，方括号内的字符可以是任何字符或字符范围	[A-Z]	查找任何 A~Z 的字符
[^abc]	查找任何不在范围内的字符，方括号内的字符可以是任何字符或字符范围	[A-z]	查找任何 A~z 的字符（包含所有字母及某些特殊字符）
[0-9]	查找任何 0~9 的数字	[adgk]	查找给定集合内的任何字符
[a-z]	查找任何 a~z 的字符	[^adgk]	查找给定集合外的任何字符
(x|y|z)	查找由"|"分隔的任何项		

表 5-9　模式表达式中的元字符

元字符	功能描述	元字符	功能描述
.	查找单个字符，除了换行符和行结束符	\d	查找数字
\w	查找单词字符	\D	查找非数字字符
\W	查找非单词字符	\b	匹配单词边界
\s	查找空白字符，空白字符可以是空格符、制表符、回车符、换行符、垂直换行符、换页符	\B	匹配非单词边界
\S	查找非空白字符	\0	查找 NUL 字符
\v	查找垂直制表符	\n	查找换行符
\xxx	查找以八进制数 xxx 规定的字符	\f	查找换页符
\xdd	查找以十六进制数 dd 规定的字符	\r	查找回车符
\uxxxx	查找以十六进制数 xxxx 规定的 Unicode 字符	\t	查找制表符

（3）模式表达式中的量词

模式表达式中的量词如表 5-10 所示。

表 5-10　模式表达式中的量词

量词	功能描述	量词	功能描述
n+	匹配任何包含至少 1 个 n 的字符串	n{X,}	匹配包含至少 X 个 n 的序列的字符串
n*	匹配任何包含 0 个或多个 n 的字符串	n$	匹配任何结尾为 n 的字符串
n?	匹配任何包含 0 个或 1 个 n 的字符串	^n	匹配任何开头为 n 的字符串
n{X}	匹配包含 X 个 n 的序列的字符串	?=n	匹配任何其后紧接指定字符串 n 的字符串
n{X,Y}	匹配包含 X 或 Y 个 n 的序列的字符串	?!n	匹配任何其后没有紧接指定字符串 n 的字符串

5.9　JavaScript 的 RegExp 对象及其方法

在 JavaScript 中，RegExp 对象是带有预定义属性和方法的正则表达式对象，它是对字符串执行模式匹配的强大工具。当检索某段文本时，可以使用一种模式来描述要检索的内容，RegExp 对象就是这种模式。简单的模式可以是一个单独的字符，更复杂的模式包括更多的字符，并可用于解析、格式检查、替换等，可以规定字符串中的检索位置，以及要检索的字符类型等。

1. 创建 RegExp 对象

（1）创建 RegExp 对象的语法格式

```
new RegExp(pattern , attributes) ;
```

（2）RegExp 对象的参数说明

其中，参数 pattern 表示一个字符串，用于指定正则表达式的模式或其他正则表达式；参数 attributes 表示一个可选的字符串，包含修饰符 g、i 和 m，分别用于指定全局匹配、不区分字母大小写的匹配和多行匹配，ECMAScript 标准化之前，不支持 m 修饰符，如果 pattern 是正则表达式，而不是字符串，则必须省略该参数。

（3）RegExp 对象的返回值

一个新的 RegExp 对象具有指定的模式和标志。如果参数 pattern 是正则表达式而不是字符串，那么 RegExp() 构造器将使用与指定的 RegExp 对象相同的模式和标志创建一个新的 RegExp 对象。

如果不使用 new 关键字，而将 RegExp() 作为函数调用，那么它的行为与用 new 关键字调用时的一样，只是当 pattern 是正则表达式时，它只返回 pattern，而不再创建一个新的 RegExp 对象。

（4）创建 RegExp 对象时抛出的异常

① SyntaxError：如果 pattern 不是合法的正则表达式，或 attributes 含有 g、i 和 m 之外的字符，则创建 RegExp 对象时会抛出该异常。

② TypeError：如果 pattern 是 RegExp 对象，但没有省略 attributes 参数，则抛出该异常。

2. 创建 RegExp 对象的修饰符

创建 RegExp 对象的修饰符如表 5-11 所示。

表 5-11　创建 RegExp 对象的修饰符

修饰符	直接量语法	语法格式
i	/regexp/i	new RegExp("regexp","i")
g	/regexp/g	new RegExp("regexp","g")
m	/regexp/m	new RegExp("regexp","m")

3. RegExp 对象的属性

RegExp 对象的属性如表 5-12 所示。

表 5-12　RegExp 对象的属性

属性	功能描述
global	表示 RegExp 对象是否具有修饰符 g
ignoreCase	表示 RegExp 对象是否具有修饰符 i
multiline	表示 RegExp 对象是否具有修饰符 m
lastIndex	一个整数，标识开始下一次匹配的字符位置
source	正则表达式的原文本

4. RegExp 对象的方法

RegExp 对象有 3 种方法：test()、exec() 和 compile()。

（1）test() 方法

test() 方法用于检测一个字符串是否匹配某个模式，或者检索字符串中是否包含指定值，返回值是 true 或 false。

语法格式如下。

```
RegExpObject.test(str)
```

其中，RegExpObject 是正则表达式对象，参数 str 是要测试的字符串。

【编程训练】

【示例 5-21】demo0521.html

代码如下。

```
<script type="text/javascript">
    var patt1=new RegExp("r");
    document.write(patt1.test("javascript")) ;
</script>
```

由于字符串中存在字符 r，因此以上代码的输出结果为 true。

（2）exec()方法

exec()方法用于检索字符串中的正则表达式的匹配项，或者检索字符串中是否包含指定值，返回值是被找到的值。如果没有发现匹配项或者字符串中不包含指定值，则返回 null。

语法格式如下。

```
RegExpObject.exec(str)
```

其中，参数 str 为必需参数，表示要检查的字符串。

exec()方法的功能非常强大，它是一个通用的方法，使用起来比 test()方法以及支持正则表达式的 String 对象的方法更为复杂。

如果 exec()找到了匹配的文本，则返回一个结果数组，否则返回 null。在 exec()方法返回的结果数组中，除了包含数组元素和 length 属性，还包含两个属性：index 属性，用于声明匹配文本的第一个字符的位置，input 属性，用于存放被检索的字符串。可以看出，在调用非全局的 RegExp 对象的 exec()方法时，其返回的数组与调用方法 String.match()返回的数组是相同的。

但是，当 RegExpObject 是一个全局正则表达式时，exec()方法的行为就稍微复杂一些。它会在 RegExpObject 的 lastIndex 属性指定的字符处开始检索字符串。当 exec()方法找到与表达式相匹配的文本时，它将把 RegExpObject 的 lastIndex 属性设置为匹配文本的最后一个字符的下一个位置。也就是说，可以通过反复调用 exec()方法来遍历字符串中的所有匹配文本。当 exec()方法再也找不到匹配的文本时，它将返回 null，并把 lastIndex 属性的值重置为 0。

如果在一个字符串中完成了一次模式匹配之后要开始检索新的字符串，则必须手动把 lastIndex 属性的值重置为 0。

无论 RegExpObject 是否为全局模式，exec()方法都会把完整的细节添加到它返回的数组中。这就是 exec()方法与 String.match()方法的不同之处，后者在全局模式下返回的信息要少得多。因此，可以这样说：在循环中反复调用 exec()方法是唯一 一种获得全局模式的完整模式匹配信息的方法。

【编程训练】

【示例 5-22】demo0522.html

在字符串"javascript"中全局检索字符的代码如下。

```
<script type="text/javascript">
    var str = "javascript";
    var patt = new RegExp("a","g");
    var result;
    while ((result = patt.exec(str)) != null)  {
        document.write(result+" | ");
        document.write(patt.lastIndex+" | ");
    }
</script>
```

输出结果如下。

```
a | 2 | a | 4 |
```

（3）compile()方法

compile()方法用于改变 RegExp 对象，或者在脚本执行过程中编译正则表达式，也可以用于改变和重新编译正则表达式。

语法格式如下。

RegExpObject.compile(regexp , modifier)

其中，参数 regexp 表示正则表达式；参数 modifier 用于规定匹配的类型。g 用于全局匹配，i 用于不区分字母大小写的匹配，gi 用于全局且不区分字母大小写的匹配。

【编程训练】

【示例 5-23】demo0523.html

以下代码中，在字符串中全局搜索"to"，并用"for"替换，使用 compile() 方法改变正则表达式，用"he"替换"me"。

```
<script type="text/javascript">
    var str="good luck to me,good luck to you";
    patt=/to/g;
    str2=str.replace(patt,"for");
    document.write(str2+"<br>");
    patt=/me/;
    patt.compile(patt);
    str2=str.replace(patt,"he");
    document.write(str2);
</script>
```

输出结果如下。

```
good luck for me,good luck for you
good luck to he,good luck to you
```

5.10 支持正则表达式的 String 对象的方法

在 JavaScript 中，正则表达式常用于 search()、match()、replace()、split() 等多个方法。

1. search() 方法

search() 方法用于检索字符串中指定的子字符串，或检索与正则表达式相匹配的子字符串。

语法格式如下。

strObject.search(regexp)

其中，参数 regexp 可以是需要在 strObject 中检索的子字符串（子字符串参数将被转换为正则表达式），也可以是需要检索的 RegExp 对象。如果要执行忽略字母大小写的检索，则需要添加修饰符 i。

其返回值是 strObject 中第 1 个与 regexp 相匹配的子字符串的起始位置。如果没有找到任何匹配的子字符串，则返回 -1。

search() 方法不执行全局匹配，它将同时忽略修饰符 g 和 regexp 的 lastIndex 属性，并且总是从字符串的起始位置进行检索，这意味着它总是返回 strObject 的第一个匹配项的起始位置。

【编程训练】

【示例 5-24】demo0524.html

从字符串"javascript"中分别检索"a""R"的代码如下。

```
<script type="text/javascript">
    var str="javascript" ;
    document.write(str.search(/a/)) ;
    document.write(" | ") ;
    document.write(str.search(/R/)) ;   // 区分字母大小写
    document.write(" | ") ;
    document.write(str.search(/R/i))   // 不区分字母大小写
</script>
```

输出结果如下。

1 | -1 | 6

2. match()方法

match()方法可以在字符串内检索指定的值，或找到一个或多个正则表达式的匹配项。该方法的作用类似于 indexOf()和 lastIndexOf()的作用，但是它返回的是指定的值，而不是字符串的位置。

语法格式如下。

（1）语法格式 1：

strObject.match(searchvalue)

其中，参数 searchvalue 用于指定要检索的字符串值。

（2）语法格式 2：

strObject.match(regexp)

其中，参数 regexp 用于规定要匹配模式的 RegExp 对象。如果该参数不是 RegExp 对象，则需要把它传递给 RegExp()，将其转换为 RegExp 对象。

其返回值为存放匹配结果的数组，该数组的内容依赖于 regexp 是否具有全局修饰符 g。

match()方法将检索字符串 strObject，以找到一个或多个与 regexp 匹配的文本。这个方法的行为在很大程度上依赖于 regexp 是否具有修饰符 g。如果 regexp 没有修饰符 g，那么 match()方法只能在 strObject 中执行一次匹配。如果没有找到任何匹配的文本，match()将返回 null，否则 match()将返回一个数组，其中存放了与它找到的匹配文本有关的信息。该数组的第 0 个元素是匹配文本，而其余元素是与正则表达式的子表达式匹配的文本。除了这些常规的数组元素，返回的数组还含有两个对象属性：index 属性，用于声明匹配文本的起始字符在 strObject 中的位置；input 属性，用于声明对 strObject 的引用。如果 regexp 具有修饰符 g，则 match()方法将执行全局检索，找到 strObject 中的所有匹配子字符串。若没有找到任何匹配的子字符串，则返回 null。如果找到了一个或多个匹配子字符串，则返回一个数组。全局匹配返回的数组内容与执行一次匹配返回的数组内容大不相同，它的数组元素是 strObject 中的所有匹配子字符串，且没有 index 属性或 input 属性。

> **注意** 在全局检索模式下，match()不提供与子表达式匹配的文本的信息，也不声明每个匹配子字符串的位置。如果需要这些全局检索的信息，则可以使用 RegExpObject.exec()方法来获取。

【编程训练】

【示例 5-25】demo0525.html

以下代码使用全局匹配的正则表达式来检索字符串中的所有数值。

```
<script type="text/javascript">
    var str="39 plus 2 equal 41"
    document.write(str.match(/\d+/g))
</script>
```

输出结果如下。

39,2,41

3. replace()方法

replace()方法用于在字符串中使用一些字符替换另一些字符，或替换一个与正则表达式匹配的子字符串。

语法格式如下。

strObject.replace(regexp/substr , replacement)

其中，参数 regexp/substr 用于指定子字符串或要替换模式的 RegExp 对象，如果该参数是一个字符串，则将它作为要检索的直接量文本模式，而不是先将它转换为 RegExp 对象，如果要执行忽略字母大小写的替换，则需要添加修饰符 i；参数 replacement 为一个字符串，用于指定替换文本或生成替换文本的函数。

其返回值为一个新的字符串，是用 replacement 替换了 regexp 的第一个匹配项或所有匹配项而得到的。

　　字符串 strObject 的 replace()方法用于执行查找并替换的操作。它将在 strObject 中查找与 regexp 相匹配的子字符串，并用 replacement 来替换这些子字符串。如果 regexp 具有全局修饰符 g，那么 replace()方法将替换所有匹配子字符串，否则只替换第一个匹配子字符串。

　　replacement 可以是字符串，也可以是函数。如果它是字符串，那么每个匹配项都将由字符串替换。replacement 中的$字符具有特定的含义（见表 5-13），从模式匹配得到的字符串将用于替换。

表5-13　replacement 中的$字符的含义

字符	替换文本
$1 到$99	与 regexp 中的第 1~99 个子表达式相匹配的文本
$&	与 regexp 相匹配的子字符串
$`	位于匹配子字符串左侧的文本
$'	位于匹配子字符串右侧的文本
$$	直接量符号

> **注意**　　ES3 规定，replace()方法的参数 replacement 是函数而不是字符串。在这种情况下，每个匹配操作都调用该函数，它返回的字符串将作为替换文本使用。该函数的第一个参数是匹配模式的字符串。接下来的参数是与模式中的子表达式匹配的字符串，可以有 0 个或多个这样的参数。其后的参数是一个整数，用于声明匹配子字符串在 strObject 中出现的位置。最后一个参数是 strObject 本身。

【编程训练】

【示例 5-26】demo0526.html

以下代码用于确保匹配字符串中大写字符的正确性。

```html
<script type="text/javascript">
    text = "javascript";
    document.write(text.replace(/javascript/i, "JavaScript"));
</script>
```

输出结果如下。

```
JavaScript
```

【编程训练】

【示例 5-27】demo0527.html

以下代码用于将所有的双引号替换为单引号。

```html
<script type="text/javascript">
    name = '"a", "b"';
    document.write(name.replace(/"([^"]*)"/g, "'$1'"));
</script>
```

输出结果如下。

```
'a', 'b'
```

【编程训练】

【示例 5-28】demo0528.html

以下代码用于将字符串中所有单词的首字母都转换为大写形式。

```html
<script type="text/javascript">
    str = 'aaa bbb ccc';
    uw=str.replace(/\b\w+\b/g , function(word){
            return word.substring(0,1).toUpperCase()+word.substring(1);}
    );
document.write(uw)
</script>
```

输出结果如下。

Aaa Bbb Ccc

4. split()方法

split()方法用于把一个字符串分割成字符串数组。

语法格式如下。

strObject.split(separator,howmany)

其中，参数 separator 是必需参数，该参数为字符串或正则表达式，用于从该参数指定的位置分割 strObject；参数 howmany 是可选参数，该参数可以指定返回数组的最大长度，如果设置了该参数，则返回的数组的长度不会大于这个参数指定的长度，如果没有设置该参数，则整个字符串都会被分割，不考虑数组的长度。

其返回值为一个字符串数组，该数组是通过在 separator 指定的位置处将字符串 strObject 分割成子字符串创建的。返回的数组中的字符串不包括 separator 自身。如果 separator 是包括子表达式的正则表达式，那么返回的数组中包括与这些子表达式匹配的字符串，但不包括与整个正则表达式匹配的文本。

如果把空字符串("")用作 separator，那么 strObject 中的每个字符都会被分割。String.split()执行的操作与 Array.join()执行的操作相反。

【编程训练】

【示例 5-29】demo0529.html

以下代码用于按照不同的方式来分割字符串。

```html
<script type="text/javascript">
    var str="How are you?"
    document.write(str.split(" ") + "<br>")  // 把句子分割成单词
    document.write(str.split("") + "<br>")  // 把句子分割为字母
    document.write(str.split(" ",2))  // 返回一部分字符，这里只返回前两个单词
</script>
```

输出结果如下。

How,are,you?
H,o,w, ,a,r,e, ,y,o,u,?
How,are

把句子分割成单词的代码如下。

```
sentence="Where there is a will, there is a way"
var words = sentence.split(' ')
```

也可以使用正则表达式作为分隔符，代码如下。

```
var words = sentence.split(/\s+/)
```

【编程训练】

【示例 5-30】demo0530.html

以下代码用于分割结构更为复杂的字符串。

```
document.write("2:3:4:5".split(":")) // 将返回 2,3,4,5
document.write("|a|b|c".split("|"))  // 将返回,a,b,c
```

应用实践

【任务 5-1】 在特定日期范围内显示打折促销信息

【任务描述】

创建网页 task0501.html，编写 JavaScript 程序，实现以下要求。

（1）创建 1 个 Date 对象，且以常规格式在网页中显示当前日期。

（2）在特定日期的特定时段实施打折促销，并在网页中输出相应的提示信息。

【任务实施】

创建网页 task0501.html，编写 JavaScript 程序，实现在特定日期的特定时段显示打折促销信息的 JavaScript 代码如表 5-14 所示。JavaScript 代码使用 new Date 创建自定义的日期，使用 if 语句与 if…else…语句的嵌套结构分别控制月和日，只在特定日期的特定时段在网页中输出打折促销的提示信息。

表 5-14 实现在特定日期的特定时段显示打折促销信息的 JavaScript 代码

序号	程序代码
01	`<script>`
02	`    var dq_now = new Date();`
03	`    var dq_year = dq_now.getFullYear();`
04	`    var dq_month = dq_now.getMonth()+1;`
05	`    var dq_day = dq_now.getDate();`
06	`    var dq_houre =dq_now.getHours();`
07	`    var dq_min=dq_now.getMinutes();`
08	`    var dq_sec=dq_now.getSeconds();`
09	`    var timeout=new Date(dq_year+"/"+dq_month+"/"+dq_day+" "`
10	`                  +dq_houre+":"+dq_min+":"+dq_sec);`
11	`    document.write ("当前的日期为"+timeout.toLocaleString());`
12	`    if(dq_month==5){`
13	`        if(dq_day>=1 && dq_day<=5 || dq_day>=26 && dq_day<=30){`
14	`            document.write (" "+"正在打折促销，请关注! ");`
15	`        }`
16	`        else`
17	`        {`
18	`            document.write (" "+"打折促销暂未开始，请留意! ");`
19	`        }`
20	`    }`
21	`    else{`
22	`        document.write (" "+"请关注促销活动");`
23	`    }`
24	`</script>`

表 5-14 中的代码解释如下。

（1）03 行使用的 getFullYear()方法总是返回完整的 4 位数的年份，如 2001、2023 等。当年份为 1900～1999 时，getFullYear()返回 2 位数，如针对 1999 返回 99、针对 1980 返回 80 等；当年份不为 1900～1999 时，返回完整的 4 位数的年份。

（2）只有 12 行的表达式 "dq_month==5" 的值为 true 时，内层的 if…else…语句才会执行。

【任务 5-2】 实现在线考试倒计时

【任务描述】

通过网络在线考试时，通常会在网页中的合适位置显示如图 5-1 所示的倒计时，使考生及时知悉考试剩余的时间。创建网页 task0502.html，编写 JavaScript 程序，实现这个功能。

离考试结束时间还剩：**02小时29分54秒**

图 5-1 在线考试倒计时

【任务实施】

创建网页 task0502.html，编写 JavaScript 程序，实现在线考试倒计时的 JavaScript 代码如表 5-15 所示。

表 5-15　实现在线考试倒计时的 JavaScript 代码

序号	程序代码
01	`<script language="javascript">`
02	`  var limit_seconds = 9000;`
03	`  function deal_limit_time(){`
04	`   if(limit_seconds > 0)`
05	`    {`
06	`     var hours = Math.floor(limit_seconds/3600);`
07	`     var minutes = Math.floor(limit_seconds/60)%60;`
08	`     var seconds = Math.floor(limit_seconds%60);`
09	`     if(hours<10){hours = "0" + hours;}`
10	`     else`
11	`       if(hours>99){hours = "99";}`
12	`       else{hours = hours + "";}`
13	`     if(minutes<10){minutes = "0" + minutes;}`
14	`     else{minutes = minutes + "";}`
15	`     if(seconds<10){seconds = "0" + seconds;}`
16	`     else{seconds = seconds + ""}`
17	`     var msgTime = "离考试结束时间还剩：<span class=\"key\">"`
18	`       +hours.substr(0,2)+"</span>小时<span class=\"key\">"`
19	`       +minutes.substr(0,2)+"</span>分<span class=\"key\">"`
20	`       +seconds.substr(0,2)+"</span>秒";`
21	`     document.getElementById("limit_time").innerHTML = msgTime;`
22	`     --limit_seconds;`
23	`    }`
24	`  }`
25	`  timer = setInterval("deal_limit_time()",1000);`
26	`</script>`

表 5-15 中的代码解释如下。

（1）06 行使用除法运算符 "/" 和 Math 对象的 floor()方法获取小时数。

（2）07 行使用求余数运算符 "%" 和 Math 对象的 floor()方法获取分钟数。

（3）08 行使用求余数运算符 "%" 和 Math 对象的 floor()方法获取秒数。

（4）对于小于 10 的小时数、分钟数、秒数，09～16 行代码实现在其前面加 "0" 表示。

（5）17～20 行代码用于设置小时、分钟、秒及相关字符的字符串。

（6）21 行用于在网页指定位置显示时间。

（7）22 行使用递减运算符 "--" 重新为变量 limit_seconds 赋值。

（8）25 行使用 setInterval()方法每隔 1 秒（1000 毫秒）调用一次函数 deal_limit_time()，显示一次当前的剩余时间。

【任务 5-3】 显示常规格式的当前日期与时间

【任务描述】

创建网页 task0503.html，编写 JavaScript 程序，在网页中显示如图 5-2 所示格式的当前日期与时间。

当前日期与时间：2024/10/30 上午11:00:36

图 5-2　当前日期与时间

【任务实施】

创建网页 task0503.html，编写 JavaScript 程序，对应的 JavaScript 代码如表 5-16 所示。

表 5-16　网页中显示常规格式的当前日期与时间的 JavaScript 代码

序号	程序代码
01	`<script type="text/javascript">`
02	`function tick(){`
03	`var date=new Date()`
04	`window.setTimeout("tick()", 1000);`
05	`nowclock.innerHTML="当前日期与时间："+date.toLocaleString();`
06	`}`
07	`window.onload=function(){`
08	`tick();`
09	`}`
10	`</script>`

网页对应的 HTML 代码如下。

```
<div id="nowclock">
  <span class="red" >当前日期与时间： </span>2024 年 10 月 30 日 上午 11 时 00 分 36 秒
</div>
```

也可以使用以下代码实现类似功能。

```
<div id="showtime" >
 <script>
      setInterval("showtime.innerHTML='当前日期与时间： '
                  + new Date().toLocaleString()" , 1000);
 </script>
</div>
```

表 5-16 中的代码解释如下。

（1）02～06 行为自定义函数 tick() 的代码。

（2）03 行使用 Date() 创建了一个 Date 对象。

（3）04 行调用计时方法，每秒调用一次函数 tick()。

（4）05 行使用网页元素的 innerHTML 属性设置网页内容。

✉ 在线测试

扫描二维码，完成本模块的在线测试。

模块 5

在线测试

模块 6

JavaScript
对象模型及应用

06

JavaScript 是一种基于对象的语言，使用对象模型可以描述 JavaScript 对象之间的层次关系。对象模型用来描述对象的逻辑层次结构及其操作方法，JavaScript 主要使用两种对象模型：DOM 和 BOM（Browser Object Model，浏览器对象模型）。DOM 用于访问浏览器窗口的内容，如文档、图片等各种 HTML 元素及对这些元素进行操作的方法；BOM 用于访问浏览器的各个功能部件，如浏览器窗口本身、表单控件等。

学习领会

6.1 JavaScript 的文档对象及操作

DOM 是用以访问 HTML 元素的标准编程接口，HTML DOM 定义了访问和操作 HTML 文档的标准方法，通过 HTML DOM 可以访问 HTML 文档的所有元素。HTML DOM 独立于平台和语言，可被任何编程语言使用，如 Java、JavaScript 和 VBScript 等。

1. DOM 节点

当网页被加载时，浏览器会创建页面的 DOM。文档对象中的每个元素都是一个节点，常见的节点类型如下。

① 整个文档是一个文档节点。

② 每一个 HTML 标签是一个元素节点。

③ 包含在 HTML 元素中的文本是文本节点。

④ 每一个 HTML 属性是一个属性节点。

⑤ 注释属于注释节点。

HTML 文档中的所有节点构成了一棵"节点树"，HTML 文档中的每个元素、属性和文本都代表树中的一个节点。该树起始于文档节点，并由此生出多个分支，到文本节点为止。

【编程训练】

【示例 6-1】demo0601.html

网页 demo0601.html 的 HTML 代码如下。

```
<!doctype html>
<html>
  <head>
    <title>文档标题</title>
  </head>
  <body>
```

```
    <h1>我的标题</h1>
    <a href="#">我的链接</a>
  </body>
</html>
```

网页 demo0601.html 的浏览效果如图 6-1 所示。

我的标题

我的链接

图 6-1　网页 demo0601.html 的浏览效果

上述 HTML 代码可以表示成一棵倒立的节点树，如图 6-2 所示。

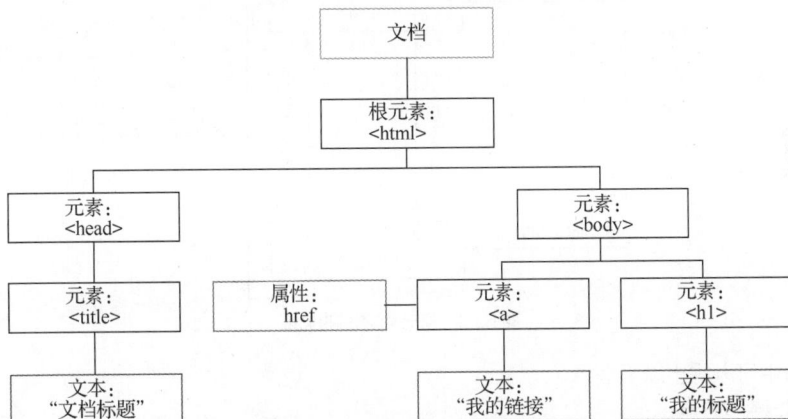

图 6-2　HTML 代码的节点树

有了 HTML DOM，JavaScript 程序能够访问节点树中的所有节点，能够创建新节点，还能够修改和删除所有节点。

2. 节点关系

HTML 文档的节点树中的各个节点之间存在等级关系。

① 对于父节点、子节点和兄弟节点，parent、child 及 sibling 等术语用于描述它们的等级关系。

② 在节点树中，顶端节点被称为根（根节点）。

③ 除了根节点，每个节点都有父节点。

④ 节点能够拥有一定数量的子节点。

⑤ 兄弟节点指的是拥有相同父节点的节点。

图 6-2 所示的 HTML 代码的节点树中各个节点之间的关系分析如下。

节点之间具有父子关系，如<head>和<body>的父节点是<html>，文本节点"我的标题"的父节点是<h1>。<head>节点的子节点为<title>，<title>节点的子节点为文本节点"文档标题"。当节点的父节点为同一个节点时，它们就是兄弟节点。例如，<a>和<h1>为兄弟节点，其父节点是<body>。

节点可以拥有"后代"，后代是指某个节点的所有子节点，或者这些子节点的子节点，以此类推。节点也可以拥有"先辈"，先辈是某个节点的父节点，或者父节点的父节点，以此类推。

例如：

```
<html>
  <head>
      <title>DOM 教程</title>
  </head>
```

```
    <body>
        <h1>DOM 节点</h1>
        <p>HTML 文档的节点树中的各个节点之间存在等级关系</p>
    </body>
</html>
```

以上代码中各节点之间的关系如图 6-3 所示。

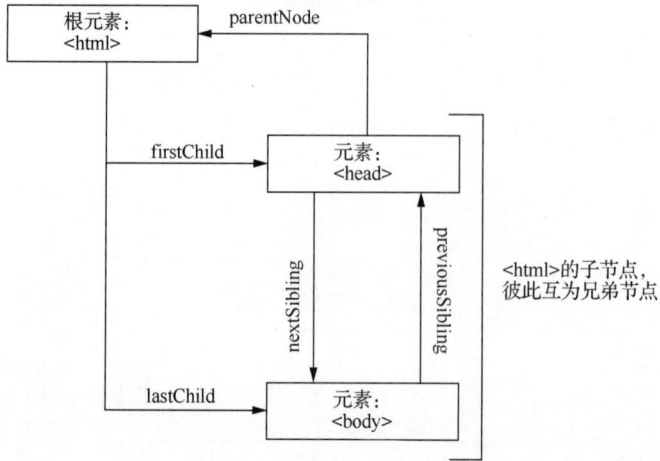

图 6-3　各节点之间的关系

从图 6-3 中可以得出以下信息。

① <html>是根节点。

② <html>没有父节点。

③ <html>是<head>和<body>的父节点。

④ <head>是<html>的第一个子节点。

⑤ <body>是<html>的最后一个子节点。

同时，通过代码还可以得知以下特点。

① <head>有一个子节点：<title>。

② <title>有一个子节点（文本节点）："DOM 教程"。

③ <body>有两个子节点：<h1> 和 <p>。

④ <h1>有一个子节点："DOM 节点"。

⑤ <p>有一个子节点："HTML 文档的节点树中的各个节点之间存在等级关系"。

⑥ <h1>和<p>是兄弟节点。

通过 JavaScript，可以使用以下节点属性在节点之间导航。

① parentNode。

② childNodes[nodenumber]。

③ firstChild。

④ lastChild。

⑤ nextSibling。

⑥ previousSibling。

可以使用 parentNode 属性或者 parentElement()方法访问父节点，访问第一个子节点可以使用 firstChild 属性或者 childNodes[0]，访问最后一个子节点可以使用 lastChild 属性或者 childNodes[childNodes.length-1]，访问下一个兄弟节点可以使用 nextSibling 属性，访问上一个兄弟节点使用 previousSibling 属性。

> **注意**　DOM 顶端节点是 document 内置对象，document.parentNode 属性返回 null，最后一个节点的 nextSibling 属性返回 null，第一个节点的 previousSibling 属性返回 null。

有两种特殊的文档属性 document.documentElement 和 document.body 可用于访问根节点。例如，document.documentElement.firstChild.nodeName 返回"HEAD"，document.body.parentNode.nodeName 返回"HTML"，document.body.parentNode.lastChild.nodeName 返回"BODY"。

通过可编程的对象模型，JavaScript 能够创建动态的 HTML 页面。

① JavaScript 能够改变页面中的所有 HTML 元素。

② JavaScript 能够改变页面中的所有 HTML 属性。

③ JavaScript 能够改变页面中的所有 CSS 样式。

④ JavaScript 能删除已有的 HTML 元素和属性。

⑤ JavaScript 能添加新的 HTML 元素和属性。

⑥ JavaScript 能对页面中所有已有的 HTML 事件做出反应。

⑦ JavaScript 能在页面中创建新的 HTML 事件。

3. 查找 HTML 元素

通常，JavaScript 在操作 HTML 元素前必须先找到 HTML 元素。查找 HTML 元素的常用方法如下。

（1）通过 id 查找 HTML 元素

在 DOM 中查找 HTML 元素最简单的方法是使用 getElementById()方法，通过使用元素的 id 来查找 HTML 元素。

语法格式如下。

```
document.getElementById(id)
```

根据 HTML 元素指定的 id，查找唯一的 HTML 元素。如果页面中包含多个 id 相同的节点，那么只返回第一个元素。

例如，查找 id="demo"的元素的代码如下。

```
var x=document.getElementById("demo");
```

如果找到该元素，则该方法将以对象（在 x 中）的形式返回该元素。如果没有找到该元素，则 x 将包含 null。

getElementById()方法可以查找整个 HTML 文档中的任何 HTML 元素，该方法会忽略文档的结构而返回正确的元素。

（2）通过标签名称查找 HTML 元素

语法格式如下。

```
document.getElementsByTagName("标签名称")
document.getElementById(id).getElementsByTagName("标签名称")
```

根据 HTML 元素指定的标签名称，获取名称相同的一组元素。

例如，查找 id="main"的元素，并查找该元素中的所有<p>元素。

```
var x=document.getElementById("main").getElementsByTagName("p") ;
```

由于该方法返回带有指定标签名的对象集合，即标签对象数组，因此在对列表中的具体对象进行访问时需使用循环来逐个访问。访问其中某个标签对象时要根据标签对象在 HTML 文档中的相对次序决定其索引，第 1 个标签对象的索引为 0。

表达式 x.length 的值为集合中对象的数量，表达式 x[0].innerHTML 的值为对象的文本内容。

（3）通过名称查找 HTML 元素

语法格式如下。

```
document.getElementsByName("控件名称")
```

该方法通过 name 属性获取控件列表。

例如，查找名称为 check 的复选框的代码如下。

```
var x=document.getElementsByName("check") ;
```

表达式 x.length 的值为名称为 check 的复选框数量，表达式 x[0].value 的值为第 1 个复选框的文本内容。

4. 改变 HTML 元素的内容

HTML DOM 允许 JavaScript 改变 HTML 元素的内容，修改 HTML 元素的内容最简单的方法是使用 innerHTML 属性。innerHTML 属性可以用于获取或替换 HTML 元素的内容，也可以用于获取或改变任何 HTML 元素，包括<html>和<body>。

语法格式如下。

```
document.getElementById(id).innerHTML="新属性值"
```

例如：

```
document.getElementById("demo").innerHTML="New text" ;
```

也可以写成以下形式。

```
var element=document.getElementById("demo") ;
element.innerHTML="New text" ;
```

上述代码使用 DOM 来获得 id="demo"的元素，然后更改此元素的内容（innerHTML）。

使用以下形式也能获取 HTML 元素的内容。

```
document.getElementById(id).getAttribute("innerHTML")
```

5. 改变 HTML 元素的属性

语法格式如下。

```
document.getElementById(id).属性名="新属性值"
document.getElementById(id).setAttribute(属性名,"新属性值")
```

例如，更改<img>元素的 src 属性的代码如下。

```
<img id="image" src="title01.gif" alt=""/>
document.getElementById("image").src="title02.gif";
```

上述代码使用 DOM 来获得 id="image"的元素，然后更改此元素 src 属性的值，即把"title01.gif"改为"title02.gif"。

6. 改变 HTML 元素的样式

语法格式如下。

```
document.getElementById(id).style.样式名称="新样式值"
```

例如：

```
document.getElementById("demo").style.color="blue" ;
document.getElementById('demo').style.visibility="hidden" ;
```

7. 创建新的 HTML 元素

如果需要向 HTML DOM 添加新元素，则必须首先创建该元素（元素节点），然后向一个已存在的元素追加该元素。

创建 HTML 标签对象的语法格式如下。

```
document.createElement("标签名称")
```

创建文本节点的语法格式如下。

```
document.createTextNode("文本内容")
```

创建新属性节点的语法格式如下。

```
document.createAttribute("属性名称")
```

在已有 HTML 元素中添加新元素的语法格式如下。

```
element.appendChild(元素名称)
```

【编程训练】

【示例 6-2】demo0602.html

代码如下。

```
<div id="div1">
    <p id="p1">这是一个段落</p>
    <p id="p2">这是另一个段落</p>
</div>
<script>
var para=document.createElement("p");   // 创建新的<p>元素
var node=document.createTextNode("这是新段落。");   // 创建了一个文本节点
para.appendChild(node);        // 向<p>元素追加这个文本节点
var element=document.getElementById("div1");        // 找到一个已有的元素
element.appendChild(para);     // 向这个已有的元素追加新元素
</script>
```

网页 demo0602.html 的浏览效果如图 6-4 所示。

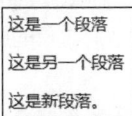

这是一个段落

这是另一个段落

这是新段落。

图 6-4　网页 demo0602.html 的浏览效果

添加新属性节点到属性节点的集合中的方法为 setAttributeNode()，将新节点插入兄弟节点前面的方法为 insertBefore()。

8. 删除已有的 HTML 元素

如需删除 HTML 元素，则必须先获得该元素的父元素。

【编程训练】

【示例 6-3】demo0603.html

代码如下。

```
<div id="div1">
    <p id="p1">这是一个段落。</p>
    <p id="p2">这是另一个段落。</p>
</div>
<script>
var parent=document.getElementById("div1"); // 查找 id="div1"的元素
var child=document.getElementById("p1");   // 查找 id="p1"的<p>元素
parent.removeChild(child);   // 从父元素中删除子元素
</script>
```

网页 demo0603.html 的浏览效果如图 6-5 所示。

这是另一个段落。

图 6-5　网页 demo0603.html 的浏览效果

也可以使用其 parentNode 属性来查找父元素，例如：

```
var child=document.getElementById("p1");
child.parentNode.removeChild(child);
```

6.2　JavaScript 的浏览器对象及操作

BOM 使 JavaScript 能够实现与浏览器的"对话"。由于现代浏览器几乎实现了 JavaScript 交互性方面包含的所有相同方法和属性，因此 JavaScript 的方法和属性常被认为是 BOM 的方法和属性。

1. BOM 的层次结构

浏览器对象就是网页浏览器本身各种实体元素在 JavaScript 代码中的体现。使用浏览器对象可以与 HTML 文档进行交互，其作用是将相关元素组织起来，提供给程序员使用，从而减轻程序员的编程工作量。

当打开网页时，首先看到浏览器窗口，即 window 对象，window 对象指的是浏览器本身。浏览器会自动创建 DOM 中的一些对象，这些对象存放了 HTML 页面的属性和其他相关信息。人们看到的网页文档内容即为 document 对象。因为这些对象在浏览器上运行，所以也称为浏览器对象。window 对象是所有页面对象的根节点，在 JavaScript 中，window 对象是全局对象。BOM 采用层次结构，主要分为以下 4 个层次。

（1）第一层次。在 BOM 的层次结构中，最顶层的对象是 window(窗口)对象，它代表当前的浏览器窗口。该对象包括许多属性、方法和事件，程序员可以利用这个对象控制浏览器窗口。

所有浏览器都支持 window 对象，它代表浏览器的窗口。所有 JavaScript 全局对象、函数和变量自动成为 window 对象的成员。全局变量是 window 对象的属性，全局函数是 window 对象的方法，甚至 HTML DOM 的 document 对象也是 window 对象的属性。

例如：

```
window.document.getElementById("header");
```
其等同于以下代码。
```
document.getElementById("header");
```

（2）第二层次。window 对象之下是 document（文档）、screen（屏幕）、event（事件）、frame（框架）、history（历史）、location（地址）等对象。

（3）第三层次。document 对象之下包括 form（表单）、image（图像）、link（链接）、anchor（锚）等对象。

（4）第四层次。form 对象之下包括 button（按钮）、checkbox（复选框）、radio（单选按钮）、fileUpload（文件域）等对象。

2. window 对象及其属性和方法

window 对象是每一个已打开的浏览器窗口的父对象，包含 document、navigator、location、history 等子对象。

该对象常用的属性和方法如下。

（1）defaultStatus 属性：用于设置或获取默认的状态栏信息。

（2）status 属性：用于设置或获取窗口状态栏中的信息。

（3）self 属性：表示当前 window 对象本身。

（4）parent 属性：表示当前窗口的父窗口。

（5）open(参数列表)方法：打开一个具有指定名称的新窗口。

例如：

```
window.open("images/01.gif", "www_helpor_net", "toolbar=no,
            status=no,  menubar=no, scrollbars=no, resizable=no,
            width=228,  height=92, left=200, top=50");
```

使用 window.open()方法弹出窗口时，可以设置弹出窗口的相关信息，其中 toolbar 表示窗口的工具栏，status 表示窗口的状态栏是否显示，menubar 表示窗口的菜单栏是否显示，scrollbars 表示窗口的滚动条是否显示，resizable 表示窗口尺寸是否可调整，width 和 height 分别表示窗口的宽度和高度，left 和 top 分别表示窗口左上角至屏幕左上角的水平方向和垂直方向的距离，单位为像素。

（6）close()方法：表示关闭当前窗口。

（7）moveTo(x,y)方法：表示移动当前窗口。

（8）resizeTo(height,width)方法：表示调整当前窗口的尺寸。

（9）resizeBy(w,h)方法：表示窗口宽度增大 w，高度增大 h。

（10）showModalDialog()方法：在一个模式窗口中显示指定的 HTML 文档。该方法与 open()方法类似，也有 3 个参数，第 1 个参数为网址，第 2 个参数为窗口名称，第 3 个参数为模式窗口的高度和宽度。showModalDialog()方法具有返回值，返回的是所打开的模式窗口中的内容字符串。

3. document 对象及其属性和方法

document 对象代表当前浏览器窗口中的文档，使用它可以访问到文档中的所有其他对象，如图像、表单等。

document 对象常用的属性和方法如下。

（1）all 属性：表示文档中所有 HTML 标签的数组。

（2）bgColor 属性：用于获取或设置网页文档的背景颜色。

例如：

```
document.bgColor="green";
alert(document.bgColor);
```

（3）fgColor 属性：用于获取或设置网页文本颜色（前景色）。

（4）linkColor 属性：用于获取或设置未单击过的超链接的颜色。

（5）alinkColor 属性：用于获取或设置激活超链接的颜色。

（6）vlinkColor 属性：用于获取或设置已单击过的超链接的颜色。

（7）title 属性：用于获取或设置网页文档的标题，等价于 HTML 的<title>标签。

例如：

```
alert(document.title);
```

（8）forms 属性：表示网页文档中所有表单的数组。

例如：

```
document.forms[0];
```

（9）write()方法：用于将字符或变量值输出到窗口中。

（10）close()方法：用于将窗口关闭。

（11）网页元素的 offsetLeft 属性：指该元素相对于页面（或由 offsetParent 属性指定的父元素）左侧的位置。该属性和 style.left 的作用相同，可读、可写。

（12）网页元素的 offsetTop 属性：指该元素相对于页面（或由 offsetParent 属性指定的父元素）顶部的位置。该属性和 style.top 的作用相同，可读、可写。

4. screen 对象及其属性

screen 对象包含有关用户屏幕的信息，在调用 screen 对象时可以不使用 window 这个前缀。screen 对象常用的属性如下。

（1）width 和 height 属性：它们分别用于返回屏幕的最大宽度和最大高度，与屏幕分辨率对应。例如，若屏幕分辨率设置为 1680 像素×1050 像素，则屏幕的最大宽度为 1680 像素，屏幕的最大高度为 1050 像素。

（2）availWidth 属性：用于返回用户屏幕可用工作区的宽度，单位为像素，其值为屏幕宽度减去界面元素特性（如窗口滚动条）的宽度。

（3）availHeight 属性：用于返回用户屏幕可用工作区的高度，单位为像素，其值为屏幕高度减去界面元素特性（如窗口任务栏）的高度。

获取屏幕的可用宽度的代码如下。

```
<script>
    document.write("可用宽度: " + screen.availWidth);
</script>
```

获取屏幕的可用高度的代码如下。

```
<script>
    document.write("可用高度: " + screen.availHeight);
</script>
```

5. location 对象及其属性和方法

location 对象表示窗口中显示的当前网页的 URL，可以使用该对象使浏览器打开某网页。

location 对象用于获得当前页面的地址，并把浏览器重定向到新的页面。在调用 location 对象时可不使用 window 这个前缀。

（1）hostname 属性：返回 Web 主机的域名。

（2）path 属性：返回当前页面的路径和文件名。

（3）port 属性：返回 Web 主机的端口号（80 或 443）。

（4）protocol 属性：返回所使用的 Web 协议（HTTP 或 HTTPS）。

（5）href 属性：设置或返回当前页面的 URL。

（6）pathname 属性：返回 URL 的路径名。

（7）assign()方法：加载新的文档。

（8）reload()方法：重新加载当前页面。

6. history 对象及其属性和方法

history 对象包含用户在浏览器窗口中最近访问过网页的 URL，所有浏览器都支持该对象。

history 对象是 window 对象的一部分，可以通过 window.history 属性对其进行访问。在调用 history 对象时可不使用 window 这个前缀。为了保护用户的隐私，对使用 JavaScript 访问 history 对象的方法进行了限制。

（1）length 属性：用于返回历史 URL 列表中的网址数。

（2）back()方法：用于加载历史 URL 列表中的当前 URL 的上一个 URL，这与在浏览器中单击"后退"按钮的作用相同。

（3）forward()方法：用于加载历史 URL 列表中的当前 URL 的下一个 URL，这与在浏览器中单击"前进"按钮的作用相同。

（4）go()方法：用于加载历史 URL 列表中的某个具体 URL。

7. navigator 对象

navigator 对象提供了浏览器环境的信息，包括浏览器的版本号、运行的平台等信息。navigator 对象也包含访问者浏览器的有关信息。在调用 navigator 对象时可不使用 window 这个前缀。

使用 navigator 对象检测可以嗅探不同的浏览器。例如，只有 Opera 支持属性 window.opera，可以据此识别出 Opera。

> **注意** 来自 navigator 对象的信息具有误导性，不应该用于检测浏览器版本，因为 navigator 数据可能被浏览器使用者更改，浏览器无法报告晚于浏览器发布的新操作系统的信息。

6.3 位置与尺寸及 JavaScript 的设置方法

6.3.1 网页元素的宽度和高度

1. 浏览器窗口的尺寸和网页的尺寸

通常情况下，网页的尺寸由网页内容和 CSS 样式决定。浏览器窗口的尺寸是指在浏览器窗口中看到的那部分网页区域的尺寸，这部分网页区域又叫作视口（Viewport），浏览器的视口不包括工具栏和滚动条。

　　显然，如果网页的内容能够在浏览器窗口中全部显示（即不出现滚动条和工具栏），那么网页的尺寸和浏览器窗口的尺寸是相等的；如果不能全部显示，则滚动浏览器窗口可以显示出网页的各个部分。

　　（1）innerWidth 和 innerHeight 属性

　　对于 Internet Explorer、Chrome、Firefox、Opera 及 Safari，window.innerHeight 表示浏览器窗口的内部高度（以像素计），window.innerWidth 表示浏览器窗口的内部宽度（以像素计）。

　　（2）clientWidth 和 clientHeight 属性

　　对于 Internet Explorer 6、7、8，document.documentElement.clientHeight 或者 document.body.clientHeight 表示浏览器窗口的内部高度，并且不包含滚动条的高度；document.documentElement.clientWidth 或者 document.body.clientWidth 表示浏览器窗口的内部宽度，并且不包含滚动条的宽度。

【编程训练】

【示例 6-4】demo0604.html

代码如下。

```
<head>
<style>
body{ margin:0; }
#demo{
        width:100px;
        height:100px;
        padding:10px;
        border:5px solid green;
        background-color:red;
        overflow:auto;
}
</style>
</head>
<body>
<div id="demo" >
</div>
<script>
var w=document.getElementById("demo").clientWidth ;
var h=document.getElementById("demo").clientHeight ;
document.write("网页区域 demo 的宽度(不包含滚动条在内)为"
              + w + ", 高度为"+ h) ;
</script>
```

浏览网页 demo0604.html 时，网页中显示的内容如图 6-6 所示。

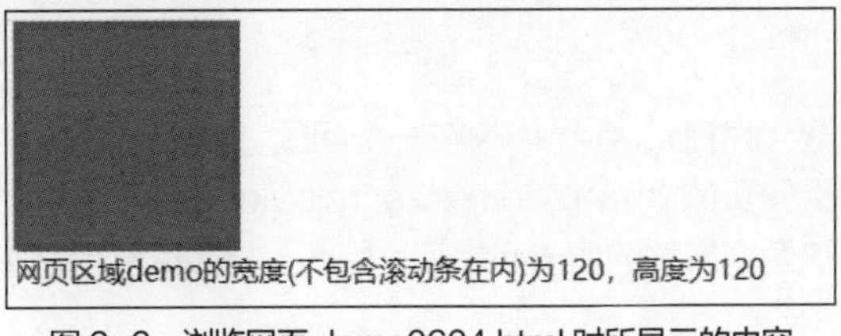

网页区域demo的宽度(不包含滚动条在内)为120，高度为120

图 6-6　浏览网页 demo0604.html 时所显示的内容

【编程训练】

【示例 6-5】demo0605.html

以下代码的功能是显示浏览器窗口的内部高度和内部宽度，但不包括工具栏和滚动条的高度和宽度，这是一个可用于所有浏览器的实用解决方案。

```
var w = window.innerWidth
        || document.documentElement.clientWidth
        || document.body.clientWidth;
document.write("浏览器窗口的宽度为：" + w + "<br>");
var h = window.innerHeight
        || document.documentElement.clientHeight
        || document.body.clientHeight;
document.write("浏览器窗口的高度为：" + h );
```

网页中的每个元素都有 clientHeight 和 clientWidth 属性。这两个属性指元素的内容部分再加上 padding（边距）所占据的视觉面积，不包括 border（边框）和滚动条占用的空间，如图 6-7 所示。因此，document 对象的 clientHeight 和 clientWidth 属性就代表了浏览器窗口的尺寸。

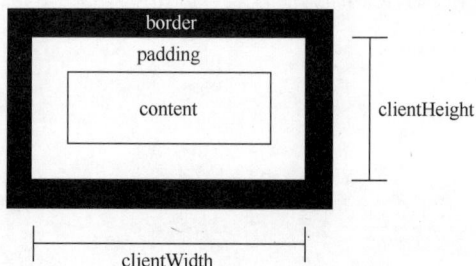

图 6-7　clientHeight 和 clientWidth 属性示意

（3）scrollWidth 和 scrollHeight 属性

网页上的每个元素都有 scrollHeight 和 scrollWidth 属性，是指包含滚动条在内的该元素的高度和宽度。scrollWidth 用于获取网页元素的滚动宽度，scrollHeight 用于获取网页元素的滚动高度。document 对象的 scrollHeight 和 scrollWidth 属性可以表示网页的尺寸，分别指滚动条滚过的所有页面区域的高度和宽度。

仿照前面的 getViewport()函数，可以写出以下 getPagearea()函数。

```
function getPagearea(){
    if (document.compatMode == "BackCompat"){
        return {
            width: document.body.scrollWidth,
            height: document.body.scrollHeight
        }
    } else {
        return {
            width: document.documentElement.scrollWidth,
            height: document.documentElement.scrollHeight
        }
    }
}
```

但是以上所定义的函数 getPagearea()存在一个问题。如果网页内容能够在浏览器窗口中全部显示，不出现滚动条，那么网页的 clientWidth 和 scrollWidth 的值应该相等。但是实际上，不同浏览器有不同的处理方式，这两个属性的值未必相等。因此，需要取它们之中较大的那个值，这就要对 getPagearea()函数进行改写。

（4）offsetWidth 和 offsetHeight 属性

document.body.offsetWidth 表示网页可见区域的宽度，包括边线的宽度；document.body.offsetHeight 表示网页可见区域的高度，包括边线的高度。

例如：

```
<script>
var w=document.body.offsetWidth;
var h=document.body.offsetHeight;
document.write("网页的宽度为" + w + "，高度为" + h）;
</script>
```

页面元素的 offsetWidth 属性是指页面元素自身的宽度，单位为像素。

页面元素的 offsetHeight 属性是指页面元素自身的高度，单位为像素。

例如：

```
<script>
var w=document.getElementById("demo").offsetWidth;
var h=document.getElementById("demo").offsetHeight;
document.write("网页区域 demo 的宽度为" + w + "，高度为" + h）;
</script>
```

2. 屏幕分辨率的宽度和高度

window.screen.width 用于获取屏幕分辨率的宽度，window.screen.height 用于获取屏幕分辨率的高度。

例如：

```
<script>
var w=window.screen.width;
var h=window.screen.height;
document.write("屏幕分辨率宽度为" + w + "，高度为" + h）;
</script>
```

3. 屏幕可用工作区的宽度和高度

window.screen.availWidth 用于获取屏幕可用工作区的宽度，window.screen.availHeight 用于获取屏幕可用工作区的高度。

例如：

```
<script>
var w=window.screen.availWidth;
var h=window.screen.availHeight;
document.write("屏幕可用工作区宽度为" + w + "，高度为" + h）;
</script>
```

6.3.2　网页元素的位置

1. offsetTop 和 offsetLeft 属性

网页元素的绝对位置是指该元素的左上角相对于整个网页左上角的坐标。这个绝对位置要通过计算才能得到。首先，每个元素都有 offsetTop 和 offsetLeft 属性，它们分别表示该元素的左上角与父元素（offsetParent 对象）左上角的距离，如图 6-8 所示。其中，offsetTop 属性可以用于获取页面元素距离页面上方或父元素上方的距离，offsetLeft 属性可以用于获取页面元素距离页面左方或父元素左方的距离，单位都为像素。

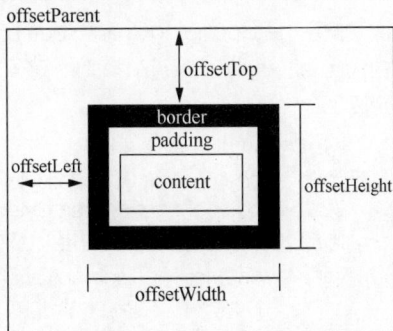

图 6-8　offsetTop 和 offsetLeft 属性示意

offsetParent 是指元素最近的定位（relative、absolute）父元素，如果没有定位父元素，则会指向<body>元素。网页元素的偏移量（offsetLeft、offsetTop）就是以这个父元素为参考物的。

2. scrollTop 和 scrollLeft 属性

网页元素的相对位置是指该元素左上角相对于浏览器窗口左上角的坐标。有了绝对位置以后，获得相对位置就很容易了，只要将绝对坐标减去页面的滚动条滚动的距离即可。通过 document 对象的 scrollTop 属性可以设置或获取页面元素最顶端和窗口中可见内容最顶端之间的距离。通过 document 对象的 scrollLeft 属性可以设置或获取页面元素最左端和窗口中目前可见内容的最左端之间的距离，如图 6-9 所示。如果元素是可以滚动的，则可以通过这 2 个属性得到元素在水平和垂直方向上滚动的距离，单位是像素。对于不可以滚动的元素，其值总是 0。

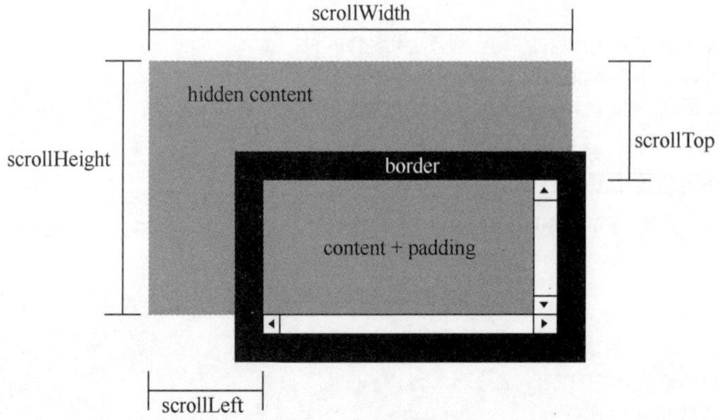

图 6-9 scrollTop 和 scrollLeft 属性示意

3. screenTop 和 screenLeft 属性

window 对象的 screenTop 属性可以用于获取网页内容的上边距，window 对象的 screenLeft 属性可以用于获取网页内容的左边距。

【编程训练】

【示例 6-6】demo0606.html

代码如下。

```
<script>
    document.write("网页内容的上边距为" + window.screenTop ) ;
    document.write("网页内容的左边距为" + window.screenLeft + "<br>") ;
</script>
```

4. getBoundingClientRect()方法

使用 getBoundingClientRect()方法可以立刻获得网页元素的位置，该方法返回的是一个对象，其中包含 left、right、top 和 bottom 这 4 个属性，分别对应元素的左上角和右下角相对于浏览器窗口左上角的距离。

网页元素的相对位置如下。

```
var X= document.getElementById("demo").getBoundingClientRect().left;
var Y =document.getElementById("demo").getBoundingClientRect().top;
```

再加上滚动距离，就可以得到绝对位置。

```
var X= document.getElementById("demo").getBoundingClientRect().left
        +document.documentElement.scrollLeft;
var Y =document.getElementById("demo").getBoundingClientRect().top
        +document.documentElement.scrollTop;
```

目前，Internet Explorer、Firefox 3.0 及以上版本、Opera 9.5 及以上版本都支持该方法，但 Firefox 2.x、Safari、Chrome、Konqueror 不支持该方法。

6.3.3 通过网页元素的样式属性 style 获取或设置元素的尺寸和位置

通过网页元素的样式属性 style 可以获取或设置元素的高度、宽度、上边界（元素与页面上边界的距离）、左边界（元素与页面左边界的距离）和颜色等属性。

1. style.left

该属性用于返回定位页面元素与包含它的容器左边界的偏移量。left 属性的返回值是字符串，是获取的 HTML 中 left 的值，如果没有该值，则返回空字符串。

2. style.pixelLeft

该属性用于返回定位页面元素与包含它的容器左边界偏移量的整数像素值，因为 left 属性的非位置值返回的是包含单位的字符串，如 30px，利用这个属性可以单独处理以像素为单位的数值。pixelLeft 属性返回的是数值，作用是将 left 的值（如果是空字符串，则赋值为 0）转换为像素值。

3. style.posLeft

该属性用于返回定位页面元素与包含它的容器左边界偏移量的数量值，不考虑相应的样式表元素指定什么单位，因为 left 属性的非位置值返回的是包含单位的字符串，如 1.2em。posLeft 属性的作用就是将 left 的值转换为数值，且是浮点数。

top、pixelTop、posTop 这几个属性的说明类似以上内容。

对于以下 \<div\> 元素：

```
<div id="demo" style="height:100px ; width:300px; padding:10px ; margin:5px ;
                       border:2px solid blue ; background-color:lightblue ;
                       position:absolute;"></div>
```

设置该元素的上边界和左边界位置的代码如下。

```
var divX=document.getElementById("demo");
divX.style.top=50;
divX.style.left=100;
```

获取该元素的上边界和左边界的像素值的代码如下。

```
pixelTopX=divX.style.pixelTop;
pixelLeftX=divX.style.pixelLeft;
```

有关页面元素位置的其他属性如下：event.clientX 用于获取相对文档的水平坐标，event.clientY 用于获取相对文档的垂直坐标，event.offsetX 用于获取相对容器的水平坐标，event.offsetY 用于获取相对容器的垂直坐标。

✎ 应用实践 ▬▬▬▬▬▬▬▬▬▬▬▬▬▬▬▬▬

【任务 6-1】 实现邮箱自动导航

【任务描述】

创建网页 task0601.html，编写 JavaScript 程序，实现以下功能：在图 6-10 所示的网页下拉列表框中选择一个邮箱地址，单击"Go"按钮打开对应的邮箱登录页面，实现邮箱自动导航。

【任务实施】

创建网页 task0601.html，编写 JavaScript 程序，在该网页中实现邮箱自动导航对应的 HTML 代码如表 6-1 所示。

图 6-10　在下拉列表框中选择一个邮箱地址

表 6-1　在网页 task0601.html 中实现邮箱自动导航对应的 HTML 代码

序号	程序代码
01	`<div class="login">`
02	`<form>`
03	`<table>`
04	`<tr>`
05	`<td><span>邮箱登录</span>`
06	`<select id="emailSelect" class="inp" onchange="changEmailBox();"`
07	`name="emailSelect">`
08	`<option value="inp" selected="">请选择邮箱</option>`
09	`<option value="http://mail.163.com/">@163.com </option>`
10	`<option value="http://www.126.com/">@126.com </option>`
11	`<option value="https://mail.qq.com/">@qq.com </option>`
12	`<option value="http://www.hotmail.com/">@hotmail.com </option>`
13	`<option value="http://www.yeah.net/">@yeah.net </option>`
14	`</select>`
15	`</td>`
16	`<td>`
17	`<div id="goEmailButton" style="float:right;">`
18	`<img src="images/botton_gif_089.gif" /></div>`
19	`</td>`
20	`</tr>`
21	`</table>`
22	`</form>`
23	`</div>`

在网页 task0601.html 中实现邮箱自动导航的 JavaScript 代码如表 6-2 所示。

表 6-2　在网页 task0601.html 中实现邮箱自动导航的 JavaScript 代码

序号	程序代码
01	`<script type="text/javascript">`
02	`function changEmailBox() {`
03	`var vx = document.getElementById("emailSelect");`
04	`if (vx.options[vx.selectedIndex].attributes['value'].value != "") {`
05	`document.getElementById("goEmailButton").innerHTML = "<a href='"`
06	`+ vx.options[vx.selectedIndex].attributes['value'].value`
07	`+ "' target='_blank'><img src='images/botton_gif_089.gif' style='border:none' /></a>";`
08	`}`
09	`else {`
10	`document.getElementById("goEmailButton").innerHTML =`
11	`"<img src='images/botton_gif_089.gif' style='border:none' />";`
12	`}`
13	`}`
14	`</script>`

表 6-2 中的代码解释如下：在下拉列表框各选项的 value 属性中存储邮箱地址，当选择一个列表项时，通过 value 属性获取邮箱地址，并将该邮箱地址设置为 href 属性的值。

【任务 6-2】 实现网页内容折叠与展开

【任务描述】

创建网页 task0602.html，该网页中折叠与展开网页内容特效的初始状态如图 6-11 所示。单击"收起"超链接时，折叠对应的网页内容，如图 6-12 所示；单击"展开"超链接时，展开对应的网页内容。

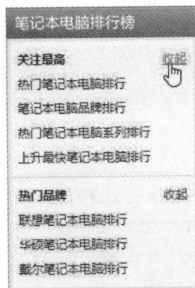

图 6-11　折叠与展开网页内容特效的初始状态

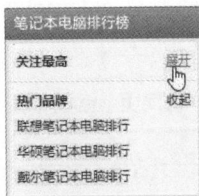

图 6-12　折叠对应的网页内容

【任务实施】

创建网页 task0602.html，在该网页中实现折叠与展开网页内容特效主要应用的 CSS 代码如表 6-3 所示。

表 6-3　在网页 task0602.html 中实现折叠与展开网页内容特效主要应用的 CSS 代码

序号	程序代码	序号	程序代码
01	.rankSB-cate .expA dl dd {	04	.rankSB-cate .expA .dlA-hide dd {
02	display: block; float: none; width: 155px	05	display: none
03	}	06	}

在网页 task0602.html 中实现折叠与展开网页内容特效对应的 HTML 代码如表 6-4 所示。

表 6-4　在网页 task0602.html 中实现折叠与展开网页内容特效对应的 HTML 代码

序号	程序代码
01	<div class="sidebar">
02	<div class="modbrandOut mb10 rankSB-cate">
03	<div class="modbrand">
04	<div class="thA"><span class="mark">笔记本电脑排行榜</span></div>
05	<div class="tbA">
06	<div class="expA">
07	<dl class="dlA clearfix">
08	<dt><i>关注最高</i>
09	<a class="btn" href="javascript://" name="jHide">收起</a>
10	</dt>
11	<dd><a href="">热门笔记本电脑排行</a> </dd>
12	<dd><a href="">笔记本电脑品牌排行</a></dd>
13	<dd><a href="">热门笔记本电脑系列排行</a></dd>
14	<dd><a href="">上升最快笔记本电脑排行</a></dd>
15	</dl>
16	<dl class="dlA clearfix">
17	<dt><i>热门品牌</i>
18	<a class="btn" href="javascript://" name="jHide">收起</a>
19	</dt>
20	<dd><a href="">联想笔记本电脑排行</a></dd>
21	<dd><a href="">华硕笔记本电脑排行</a></dd>
22	<dd><a href="">戴尔笔记本电脑排行</a></dd>
23	</dl>
24	</div>
25	</div>
26	</div>
27	</div>
28	</div>

在网页 task0602.html 中实现折叠与展开网页内容特效的 JavaScript 代码如表 6-5 所示。JavaScript 代码为每一个 name 属性值为 jHide 的超链接设置了触发 onclick 事件时调用的匿名函数。通过设置网页元素的 className 属性隐藏与显示对应的网页元素,同时通过设置超链接的 innerHTML 属性动态改变其文本内容。

表 6-5　在网页 task0602.html 中实现折叠与展开网页内容特效的 JavaScript 代码

序号	程序代码
01	`<script>`
02	`(function(){`
03	`  var hides=document.getElementsByName("jHide");`
04	`  for(var i=0 ; i<hides.length ; i++)`
05	`    {`
06	`      hides[i].onclick=function()`
07	`      {`
08	`        var box=this.parentNode.parentNode;`
09	`       if(box.className.indexOf("dlA-hide")<0) {`
10	`         box.className+=" dlA-hide";`
11	`         this.innerHTML="展开"    }`
12	`        else {`
13	`         box.className=box.className.replace(/dlA-hide/," ");`
14	`         this.innerHTML="收起"    }`
15	`      };`
16	`    };`
17	`})();`
18	`</script>`

✎ **在线测试**

扫描二维码,完成本模块的在线测试。

模块 6

在线测试

模块 7

JavaScript
事件处理及应用

07

JavaScript 是一种基于对象的编程语言，基于对象的编程语言的基本特征是采用事件驱动机制。JavaScript 事件处理程序可以用于处理和验证用户输入、用户动作和浏览器动作。在 JavaScript 程序中综合应用鼠标事件和键盘事件的处理函数，可以实现网页的动态效果。

✎ 学习领会

////7.1 认知 JavaScript 的事件

事件驱动是指由于某种原因（单击鼠标或按键操作等）触发某项事先定义的事件，从而执行处理程序。JavaScript 通过对 HTML 事件进行响应来获得与用户的交互，HTML 事件可以是浏览器或用户做的某些事情。当用户单击一个按钮或者在某段文字上移动鼠标指针时，就触发了一个单击事件或鼠标指针移动事件，通过对这些事件的响应可以完成特定的功能。例如，单击按钮后弹出对话框、鼠标指针移动到文本上后文本改变颜色等。事件就是用户与 Web 页面交互时产生的操作，当用户进行单击按钮等操作时，即产生了一个事件，需要浏览器对其进行处理。浏览器响应事件并进行处理的过程称为事件处理。

Web 页面触发事件的原因主要如下。

① 网页加载完成。

② 网页被关闭。

③ 页面之间跳转。

④ 网页的表单被提交。

⑤ 网页中输入的数据需要验证。

⑥ 网页表单控件中输入的内容被修改。

⑦ 网页中的按钮被单击。

⑧ 网页内部对象的交互，包括选定、离开、改变页面对象等。

JavaScript 允许在事件被监听到时执行代码，通过 JavaScript 代码可向 HTML 元素添加事件处理程序。

JavaScript 代码可以置于双引号中，也可以置于单引号中。

（1）置于双引号中。例如：

```
<element event="一些 JavaScript 代码">
```

（2）置于单引号中。例如：

```
<element event='一些 JavaScript 代码'>
```

以下代码中，onclick 属性及其代码被添加到<input>元素上，并且 JavaScript 代码改变了 id="demo"

的元素的内容。

```
<p id="demo"></p>
<input type="button" value="现在的时间是？"
        onclick="document.getElementById('demo').innerHTML=Date()">
```

JavaScript 代码通常有很多行，事件属性调用函数更为常见，例如：

```
<input type="button" value="现在的时间是？" onclick="displayDate()">
function displayDate ()
  {
     document.getElementById('demo').innerHTML=Date();
  }
```

以下代码中，使用 this.value 改变了其自身元素的内容。

```
<input type="button" value="请单击" onclick="this.value='单击成功'">
```

7.2 JavaScript 的鼠标事件和键盘事件

1. 鼠标事件

JavaScript 中常用的鼠标事件有以下几种。

（1）onClick 事件：单击鼠标按键时触发。

（2）onDblClick 事件：双击鼠标按键时触发。

（3）onMouseDown 事件：按下鼠标按键时触发。

（4）onMouseUp 事件：释放鼠标按键时触发。

（5）onMouseOver 事件：鼠标指针移动到页面元素上方时触发。

（6）onMouseOut 事件：鼠标指针离开某对象范围时触发。

（7）onMouseMove 事件：鼠标指针在页面上移动时触发。

2. 键盘事件

JavaScript 中常用的键盘事件有以下几种。

（1）keypress 事件：当键盘上的某个键被按下且释放时触发。

（2）keydown 事件：当键盘上的某个键被按下时触发。

（3）keyup 事件：当键盘上的某个键被释放时触发。

7.3 页面事件

页面事件是指 window 对象的事件，JavaScript 中常用的页面事件有以下几种。

（1）onLoad 事件：当前页面或图像被加载完成时触发。

（2）onUnload 事件：当前的网页将被关闭或从当前页面跳转到其他网页时触发。

（3）onMove 事件：当浏览器窗口被移动时触发。

（4）onResize 事件：当浏览器的窗口尺寸被改变时触发。

（5）onScroll 事件：当浏览器滚动条的位置发生变化时触发。

7.4 表单及表单控件事件

JavaScript 中常用的表单及表单控件事件有以下几种。

（1）onBlur 事件：页面上当前表单控件失去焦点时触发。

（2）onChange 事件：页面上当前表单控件失去焦点且其内容发生改变时触发。onChange 事件常用于对控件的输入内容进行验证。

例如，当用户输入或改变输入字段的内容且当前表单控件失去焦点时，会将输入的文本转换为大写形式，代码如下。

```
<input type="text" id="fname1" onchange="this.value =this.value .toUpperCase();">
```

（3）onFocus 事件：当页面上表单控件获得焦点时触发。

例如，当输入字段获得焦点时，改变其背景颜色，代码如下。

```
<input type="text" onfocus="this.style.background='red'">
```

（4）onReset 事件：页面上表单元素的值被重置（清空）时触发。

（5）onSubmit 事件：页面上表单被提交时触发。

7.5 编辑事件

JavaScript 中常用的编辑事件有以下几种。

（1）onSelect 事件：当页面的文本内容被选择时触发。

（2）onBeforeCut 事件：当页面中的一部分或全部内容被剪切到浏览者的系统剪贴板时触发。

（3）onBeforeCopy 事件：当页面中当前选中的内容被复制到浏览者的系统剪贴板前触发。

（4）onBeforePaste 事件：当页面内容将要从浏览者的系统剪贴板粘贴到页面上时触发。

（5）onCut 事件：当页面中当前选中内容被剪切时触发。

（6）onCopy 事件：当页面中当前选中内容被复制后触发。

（7）onPaste 事件：当页面内容被粘贴时触发。

（8）onBeforeEditFocus 事件：当前元素将要进入编辑状态时触发。可以利用该事件避免浏览者在填写信息时，对验证信息（如密码文本框中的信息）进行粘贴。

7.6 event 对象

event 对象代表事件的状态，如触发 event 对象的元素和鼠标指针的位置及状态、按下的键等。event 对象只在事件发生的过程中才有效，其主要属性如下。

（1）event.altKey：检查【Alt】键的状态。

（2）event.button：检查用户所按的鼠标按键，0 表示没有按键，1 表示按左键，2 表示按右键，3 表示按左键和右键，4 表示按中间键，5 表示按左键和中间键，6 表示按右键和中间键，7 表示按所有键。该属性只用于 onMouseDown、onMouseUp、onMouseMove 事件，对于其他事件，不管鼠标按键状态如何，都返回 0。

（3）event.keyCode：检查键盘事件对应的内码，如键盘的【←】【↑】【→】【↓】键对应的内码为 37、38、39、40。

（4）event.shiftKey：检查【Shift】键的状态。

（5）event.srcElement：返回触发事件的元素。

（6）event.type：返回事件名称。

（7）event.x 和 event.y：返回鼠标指针相对于具有 position 属性的上级元素的 x 和 y 坐标。如果没有具有 position 属性的上级元素，则默认以<body>元素作为参考对象。例如，当鼠标指针在页面上移动时，鼠标指针移动事件（onMouseMove）被触发，event 对象中存储了该事件的一些属性，其中event.x 和 event.y 存储了事件发生位置的页面坐标。

7.7 JavaScript 的事件方法

JavaScript 的事件方法用于触发对应的事件，即通过代码触发事件，常用的事件方法如表 7-1 所示。

表 7-1　JavaScript 常用的事件方法

事件方法	功能描述	对应的事件名称
click()	相当于单击	onClick
blur()	使对象失去焦点	onBlur
focus()	使对象得到焦点	onFocus
select()	选择表单控件	onSelect
reset()	重置（清空）表单数据	onReset
submit()	提交表单数据	onSubmit

7.8　JavaScript 的异常处理

在 JavaScript 中，异常（Exception）是指程序在执行过程中遇到的错误或异常情况，当 JavaScript 引擎执行 JavaScript 代码时，可能会出现以下异常。

（1）因程序员的编码错误或错别字导致的语法异常。

（2）浏览器不支持某些 JavaScript 功能导致的异常（可能由浏览器差异引起）。

（3）来自服务器或用户的错误输入而导致的异常。

（4）许多其他不可预知的原因导致的未知异常。

JavaScript 提供了以下异常处理语句。

1. try…catch…语句

当错误发生或事件出现问题时，JavaScript 将抛出异常。JavaScript 使用 try…catch…语句处理这些异常，try 语句和 catch 语句总是成对出现的。

语法格式如下。

```
try
  {
    // 供测试的代码块
  }
catch(err)
  {
    // 处理错误的代码块
  }
```

其中，try 语句用于测试代码块的错误，允许用户定义在执行时进行错误测试的代码块；catch 语句用于处理错误，允许定义当 try 代码块发生错误时所执行的代码块。

在下面的示例代码中，故意在 try 代码块的代码中将"alert"写成"Alert"，即将首字母写为"A"，catch 代码块会捕捉到 try 代码块中的错误，并执行代码来处理它。

【编程训练】

【示例 7-1】demo0701.html

代码如下。

```
var txt="";
try
  {
    Alert("欢迎您!");
  }
catch(err)
  {
    txt="本页有一个错误。\n";
    txt+="错误描述: " + err.message ;
    alert(txt);
  }
```

浏览网页 demo0701.html 时，会弹出图 7-1 所示的错误提示信息警告框。

2. throw 语句

throw 语句允许用户自行定义错误或抛出异常。

如果把 throw 与 try 和 catch 一起使用，则能够控制程序流，并生成自定义的错误消息。

图 7-1　错误提示信息警告框

语法格式如下。

```
throw exception
```

exception 可以是 JavaScript 字符串、数字、布尔值或对象。

【编程训练】

【示例 7-2】demo0702.html

代码如下。

```
function myFunction()
{
try
  {
    var x=document.getElementById("demo").value;
    if(x=="") throw "值为空";
    if(isNaN(x)) throw "不是数字";
  }
  catch(err)
  {
    var y=document.getElementById("mess");
    y.innerHTML="错误: " + err + "。";
  }
}
</script>
<input id="demo" type="text">
<input type="button"   onclick="myFunction()" value="测试输入值">
<p id="mess"></p>
```

以上示例代码用于检测输入的值。如果值是错误的，则会抛出一个错误（异常）。catch 会捕捉到这个错误，并显示一段自定义的错误信息。

在以上示例代码中，如果 getElementById() 函数出错，则也会抛出一个错误。

网页 demo0702.html 的初始状态如图 7-2 所示。

图 7-2　网页 demo0702.html 的初始状态

如果输入框中没有输入字符或数值，则直接单击"测试输入值"按钮时，会出现"错误：值为空。"的提示信息；如果在输入框中输入字母"a"，则单击"测试输入值"按钮时，会出现"错误：不是数字。"的提示信息；如果在输入框中输入数字"23"，则单击"测试输入值"按钮，不会出现提示信息。

3. finally 语句

finally 语句是允许在 try 和 catch 之后执行的代码，并且这些代码无论结果如何都执行。

语法格式如下。

```
try {
    // 供测试的代码块
}
  catch(err) {
    // 处理错误的代码块
}
finally {
```

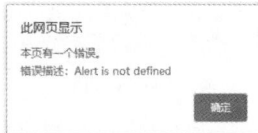

```
        // 无论结果如何都执行的代码块
}
```

4. error 对象

JavaScript 拥有当错误发生时提供错误信息的内置 error 对象。

error 对象可提供两个有用的属性，即 name 和 message，name 属性用于设置或返回错误名，message 属性用于以字符串形式设置或返回错误信息。

7.9 JavaScript 代码的调试

在没有调试器的情况下编写 JavaScript 代码是有一定难度的，因为 JavaScript 代码中可能会包含语法错误或者逻辑错误，如果没有调试工具，则这些错误难以诊断。通常，如果 JavaScript 代码包含错误，则不会有错误信息，也不会有任何可供查找错误的指示信息。

1. 使用 JavaScript 调试器

查找 JavaScript 代码中的错误被称为代码调试，调试并不简单。但幸运的是，所有现代浏览器都有内置的调试器，内置的调试器可打开或关闭，强制将错误报告给用户。通过调试器，程序员可以设置断点（代码执行被中断的位置），并在代码执行时检查变量。

通常，通过按【F12】键启动浏览器中的调试器后，在调试器的菜单栏中选择"控制台"选项即可调试代码。

2. 使用 console.log()方法

如果浏览器支持 JavaScript 代码调试，那么可以使用 console.log()方法在调试窗口中显示 JavaScript 变量的值、表达式的值、函数返回值、程序运行结果等。

3. 在程序中设置断点

在调试窗口中，可以在 JavaScript 代码中设置断点，在每个断点位置，JavaScript 程序将停止执行，以便检查 JavaScript 变量的值是否正确。在检查值之后，确认值无误再恢复代码执行。

4. 使用 debugger 关键字

debugger 关键字也会停止 JavaScript 程序的执行，并调用调试函数（如果有）。这与在调试器中设置断点的功能是一样的。如果调试器不可用，则 debugger 语句没有效果。

例如：

```
var x = 5 * 3;
debugger;
console.log(x);
```

如果调试器已打开，则此代码会在执行第 3 行语句之前停止运行。

📝 应用实践

【任务 7-1】 实现网页中的横向导航菜单

【任务描述】

创建网页 task0701.html，该网页中的横向导航菜单如图 7-3 所示。应用 JavaScript 的 onLoad、onMouseOver、onMouseOut 等事件，className、length 等属性以

图 7-3　网页 task0701.html 中的横向导航菜单

及 getElementById()、getElementsByTagName()、replace()等方法实现该导航菜单，同时应用 RegExp 对象创建正则表达式。

【任务实施】

创建网页 task0701.html，在该网页中横向导航菜单主要应用的 CSS 代码如表 7-2 所示。

表7-2 在网页 task0701.html 中横向导航菜单主要应用的 CSS 代码

序号	程序代码	序号	程序代码
01	#nav li:hover ul {	04	#nav li.sfhover ul {
02	left: auto;	05	left: auto;
03	}	06	}

在网页 task0701.html 中实现横向导航菜单的 HTML 代码如表 7-3 所示。

表7-3 在网页 task0701.html 中实现横向导航菜单的 HTML 代码

序号	程序代码
01	<div id="daohang">
02	<ul id="nav">
03	<li><a href="index.html">首页</a></li>
04	<li><a href="#">功能手机</a>
05	<ul>
06	<li><a href="" target="_blank">音乐手机</a></li>
07	<li><a href="" target="_blank">商务手机</a></li>
08	</ul>
09	</li>
10	<li><a href="" target="_blank">手机配件</a>
11	<ul>
12	<li><a href="" target="_blank">耳机</a></li>
13	<li><a href="" target="_blank">电池</a></li>
14	</ul>
15	</li>
16	<li><a href="" target="_blank">服务政策</a> </li>
17	<li><a href="" target="_blank">关于我们</a> </li>
18	<li><a href="" target="_blank">联系我们</a></li>
19	</ul>
20	</div>

在网页 task0701.html 中实现横向导航菜单的 JavaScript 代码如表 7-4 所示。

表7-4 在网页 task0701.html 中实现横向导航菜单的 JavaScript 代码

序号	程序代码
01	<script type=text/javascript>
02	function menuFix() {
03	var sfEls = document.getElementById("nav").getElementsByTagName("li");
04	for (var i=0; i<sfEls.length; i++) {
05	sfEls[i].onmouseover=function() {
06	this.className+=(this.className.length>0? " ": "") + "sfhover";
07	}
08	sfEls[i].onmouseout=function() {
09	this.className=this.className.replace(new RegExp("(?|^)sfhover\\b"),"");
10	}
11	}
12	}
13	window.onload=menuFix;
14	</script>

表 7-4 中的代码解释如下。

（1）当网页加载完成时，触发 onLoad 事件，调用自定义函数 menuFix()。

（2）联合使用 getElementById()和 getElementsByTagName()方法，获取指定的列表项。

（3）当鼠标指针指向导航菜单对应的列表项时，触发 onMouseOver 事件，通过 className 属性设置其样式。

（4）当鼠标指针离开导航菜单对应的列表项时，触发 onMouseOut 事件，通过 className 属性清除其已设置的样式。

【任务 7-2】 实现网页中图片连续向上滚动

【任务描述】

创建网页 task0702.html，编写 JavaScript 程序，在该网页中实现图片连续向上滚动的效果，其外观效果如图 7-4 所示。

【任务实施】

创建网页 task0702.html，在该网页中实现图片连续向上滚动效果对应的 HTML 代码如表 7-5 所示。

图7-4 网页 task0702.html 中图片连续向上滚动的外观效果

表 7-5 在网页 task0702.html 中实现图片连续向上滚动效果对应的 HTML 代码

序号	程序代码
01	<div class="links">
02	<div style="float:left;"><h3>合作媒体</h3></div>
03	<div id="scroll_logo2">
04	<div id="pic_box">
05	<a href="#"><img src="images/it168.gif" /></a>
06	<a href="#"><img src="images/itcom.gif" /></a>
07	<a href="#"><img src="images/163.jpg" /></a>
08	<a href="#"><img src="images/sina.jpg" /></a>
09	<a href="#"><img src="images/taobao.gif" /></a>
10	<a href="#"><img src="images/pchome.gif" /></a>
11	</div>
12	<div id="pic_box_b"></div>
13	</div>
14	</div>

在网页 task0702.html 中实现图片连续向上滚动效果的 JavaScript 代码如表 7-6 所示。

表 7-6 在网页 task0702.html 中实现图片连续向上滚动效果的 JavaScript 代码

序号	程序代码
01	<script type="text/javascript">
02	var speed=30;
03	pic_box_b.innerHTML = pic_box.innerHTML;
04	function marquee(){
05	if(pic_box_b.offsetTop - scroll_logo2.scrollTop <= 0) {
06	scroll_logo2.scrollTop -= pic_box.offsetHeight;
07	} else {
08	scroll_logo2.scrollTop++;
09	}

（续）

序号	程序代码
10	}
11	var myMar = setInterval(marquee,speed);
12	scroll_logo2.onmouseover = function() {
13	clearInterval(myMar);
14	}
15	scroll_logo2.onmouseout = function(){
16	myMar = setInterval(marquee,speed)
17	}
18	</script>

表 7-6 中的代码解释如下。

（1）按一定的时间间隔调用函数 marquee()。

（2）函数 marquee()用于不断改变页面元素 scroll_logo2 的 scrollTop 属性值，从而实现图片连续向上滚动的效果。

在线测试

扫描二维码，完成本模块的在线测试。

模块 7

在线测试

Vue.js 应用程序设计

模块 8

Vue.js基础知识及应用

08

Vue.js 又称 Vue，是前端应用程序开发的常用框架之一，使用 Vue 进行项目开发不仅能提高开发效率，还能改善开发体验。Vue 是可以独立完成前后端分离式 Web 项目开发的 JavaScript 前端开发框架，Vue 应用是 SPA（Single Page Application，单页应用）的典型代表。其配合 webpack 等前端构建工具，加载页面的时候，可将 JavaScript 代码、CSS 代码统一加载，并通过监听 URL 的 hash 值实现内容切换。

关于 Vue 有 3 个方面要重点关注：构建用户界面、渐进式框架、单页应用。本模块会对这 3 个方面的内容进行具体说明。

📑 学习领会

8.1 Vue.js 概述

1. 什么是 Vue

Vue（读音为/vju:/，类似于 view）是一套用于构建用户界面的渐进式框架，采用 MVVM（Model-View-ViewModel，模型-视图-视图模型）设计模式，支持数据驱动和组件化开发。

Vue 采用自底向上增量开发的设计，核心库只关注视图层，它不仅易于上手，还便于与第三方库或既有项目整合。另外，当与单文件组件和 Vue 生态系统支持的库结合使用时，Vue 完全能够为复杂的 SPA 提供驱动。

2. 如何理解 Vue 是渐进式框架

简单理解渐进式框架，就是用户想用或者能用的功能特性先使用，用户不想用的部分功能特性可以先不使用。Vue 不强求用户一次性接受并使用它的全部功能特性。

渐进式 JavaScript 框架可以控制一个页面的一个标签，也可以控制一系列标签，还可以控制整个页面，甚至可以控制整个前端项目。用户想用它的哪个组件就用哪个组件，没有强主张。

如果只使用 Vue 最基础的声明式渲染的功能，则完全可以把 Vue 当作一个模板引擎来使用；如果想以组件化开发方式进行开发，则可以进一步使用 Vue 的组件系统；如果要制作单页应用，则使用 Vue 的客户端路由功能；如果组件越来越多，需要共享一些数据，则可以使用 Vue 的状态管理功能；如果想在团队里执行统一的开发流程或规范，则可以使用构建工具。所以，可以根据项目的复杂度来自主选择使用 Vue 的功能。

Vue 的核心功能是一个视图模板引擎，但这不是说 Vue 不能成为一个框架。在声明式渲染（视图模板引擎）的基础上，用户可以通过添加组件系统、客户端路由、大规模状态管理来构建一个完整的框架。更重要的是，这些功能相互独立，开发人员可以在核心功能的基础上任意选用其他组件，不一定要全部整合在一起。可以看到，所谓的"渐进式"其实就是 Vue 的使用方式，同时体现了 Vue 的设计理念。

3. 什么是单页应用

单页应用一般只有一个 HTML 页面，客户端页面通过与服务器的交互动态更新页面中的内容，通过前端路由实现无刷新跳转。Vue 应用是单页应用的一员。

单页应用的工作原理：通过 JavaScript 感知到 URL 的变化，可以使用 JavaScript 动态地将当前页面的内容清除，并将下一个页面的内容挂载到当前页面上，此时的路由不是由后端处理，而是由前端来处理，判断页面到底显示哪个组件，清除不需要的组件。

（1）优点

① 改善用户体验。

② 符合前后端分离工作模式，单页应用可以结合 RESTful（一种网络应用程序的设计风格和开发方式），通过 AJAX 异步请求数据接口获取数据，后端只需要负责数据处理，不用考虑渲染，前端使用 Vue 等 MVVM 框架渲染数据非常合适。

③ 良好的用户体验，应用没有页面跳转，无须刷新切换内容，整体页面更流畅。

④ 减轻服务器压力，展示逻辑和数据渲染在前端完成，服务器任务更明确，局部刷新对服务器的压力更小。

⑤ 多平台共享，无论是移动端，还是 PC（Personal Computer，个人计算机）端都可以共享服务端接口。

⑥ 后端数据接口可复用，设计的 JSON 格式的数据可以在 PC 端和移动端通用。

（2）缺点

① SEO（Search Engine Optimization，搜索引擎优化）难度大，由于应用数据是通过请求接口动态渲染的，因此在进行 SEO 搜索时，搜索引擎可能无法抓取到动态生成的内容，在页面中会显示为空的<div>。

② 首页加载慢，首页需要一次加载多个请求，渲染时间可能会比较长。单页应用下大部分的资源需要在首页加载，会造成首页白屏等问题。

4. 什么是多页应用

多页应用（Multiple Page Application，MPA）指有多个独立页面（多个 HTML 页面）的应用，每个页面必须重复加载 JavaScript、CSS 相关资源。多页应用跳转时，需要刷新整页资源。每一次页面跳转的时候，后端服务器都会返回一个新的 HTML 文件。

多页应用的优点之一是首页时间短，首页时间是指首个页面内容展示的时间。当用户访问页面的时候，服务器会返回一个 HTML 文件，页面就会展示出来，这个过程只处理了一个 HTTP 请求，所以页面展示的速度非常快。

多页应用还有一个优点——SEO 效果好，搜索引擎在对网页进行排名的时候，要根据网页内容给予网页权值。搜索引擎是可以识别 HTML 文件内容的，而每个页面所有的内容都放在 HTML 文件中，所以多页应用的 SEO 排名效果好。

但是多页应用也有缺点，即切换速度慢，因为每次跳转都需要发出一个 HTTP 请求。如果网速比较慢，在页面之间来回跳转时，就会出现明显的卡顿现象。

5. 区分多页应用模式与单页应用模式

多页应用模式与单页应用模式在应用构成用户体验等方面各有特点，其比较如表 8-1 所示。

表 8-1　多页应用模式与单页应用模式的比较

比较条目	多页应用模式	单页应用模式
应用构成	由多个完整页面构成	由一个公共外壳页面和多个组件构成
用户体验	页面切换加载缓慢，流畅度不够，用户体验比较差，尤其在网速慢的时候	页面片段切换快，用户体验良好，当初次加载文件过多时，需要做相关调优
刷新方式	整页刷新	相关组件切换，页面局部刷新或更改
跳转方式	页面之间的跳转是从一个页面跳转到另一个页面	页面片段之间的跳转是把一个页面片段删除或隐藏，加载并显示另一个页面片段
路由模式	普通链接跳转	可以使用 hash，也可以使用 history
跳转后公共资源是否重新加载	是（每个页面都需要自己加载公共资源）	否（组件公共资源只需要加载一次）
URL 模式	http://xxx/page1.html	http://xxx/shell.html#page1
能否实现转场动画	无法实现	容易实现，方法有很多（通过路由带参数传值、Vuex 传值等）
页面间传递数据	依赖 URL、cookie 或者 localstorage，实现麻烦	因为在一个页面内，所以页面间传递数据很容易实现
SEO	容易实现	需要单独的实现方法，实现较为困难，不利于 SEO 搜索，可利用 SSR（Server-Side Render，服务器渲染）优化
特别适用的范围	需要对搜索引擎友好的网站	对用户体验要求高的应用，特别是移动应用
开发难度	低一些，框架选择容易	高一些，需要专门的框架来降低这种模式的开发难度

6. 区分前端开发与后端开发

（1）什么是前端开发

构建用户界面属于前端开发范畴，前端开发主要涉及网站和 App 的开发，简单地说，用户能够在 App 和浏览器上看到的东西都属于前端。

以正在浏览的网页为例，网页上的内容、图片、段落之间的空隙、左上角的图标、右下角的通知按钮等都属于前端。移动 App 的前端和网站的前端是一样的。例如，用户所看到的内容、按钮、图片都属于前端。另外，因为移动设备的屏幕是可以触摸的，所以应用程序对各种触控手势（如放大/缩小、双击、滑动等）做出的响应也属于前端，它们属于前端的活动部分。

前端开发用到的技术包括但不限于 HTML5、CSS3、JavaScript、jQuery、BootStrap、Vue.js、Node.js、webpack、Angular、React、Ionic、Swift、Kotlin 等。

（2）什么是后端开发

后端开发即服务器端开发，主要涉及软件系统"后端"的内容。例如，用于托管网站和 App 数据的服务器、放置在后端服务器与浏览器及 App 之间的中间件，它们都属于后端。简单地说，用户在屏幕上看不到但又被用来为前端提供支持的内容属于后端。

网站的后端涉及搭建服务器、保存和获取数据，以及用于连接前端的接口。如果说前端开发人员关心的是网站外观，那么后端开发人员关心的是如何通过代码、API 和数据库集成来提升网站的加载速度、性能和响应性。

与前端类似，移动 App 的后端与网站的后端是一样的。为移动 App 搭建后端有以下选择：云平台（AWS、Firebase）、用户自己的服务器或 MBaaS（Mobile Backend as a Service，移动后端即服务）。

后端开发用到的技术包括但不限于 Apache、PHP、Ruby、nginx、MySQL、MongoDB 等。

7. 区分前后端不分离模式与前后端分离模式

（1）前后端不分离模式

在前后端不分离模式中，前端页面显示的效果都是由后端控制的，由后端渲染页面或重定向，即后端需要控制前端的展示，前端与后端的耦合度很高。

127

（2）前后端分离模式

在前后端分离模式中，后端仅返回前端所需要的数据，不渲染 HTML 页面，也不控制前端效果。至于前端用户看到什么样的效果、从后端请求的数据如何加载到前端，都由前端自己决定。由于不同前端所需的后端数据基本相同，因此后端仅需开发一套逻辑对外提供数据即可。

8. 区分框架和库

Vue 是目前流行的 Web 前端应用开发框架之一，其特点之一就是具有较强的灵活性，其生态系统十分繁荣。Vue 可以根据项目的需求和复杂程度，灵活选择和使用不同的功能和模块，既可以作为简单的库集成到项目中，又可以作为一个完整框架构建复杂的单页应用。

（1）什么是框架

框架是一套架构，会基于自身特性向用户提供一套相当完整的解决方案，控制权在框架本身，使用者需要按照框架所规定的某种特定规范进行开发。目前流行的前端框架主要有 Vue、Angular。

（2）什么是库

库是一种插件，是一种封装好的特定方法的集合，提供给开发人员使用，控制权在使用者手里。目前流行的库包括 jQuery、Zepto、axios 等。

【编程训练】

【示例 8-1】demo0801.html

使用 HTML 代码编辑器 Dreamweaver 创建网页 demo0801.html，在该网页中使用 document.getElementById(id)方法访问网页中的 HTML 元素，使用 id 属性标识 HTML 元素，并使用 innerHTML 属性来获取或插入元素内容，并在网页中输出文本内容"Hello Vue"。

```html
<!doctype html>
<html>
<head>
<meta charset="utf-8">
<title>借助 JavaScript 访问 HTML 元素</title>
</head>
<body>
   <div id="app">
     <p id="demo"></p>
   </div>
   <script>
       var message='Hello Vue';
       document.getElementById("demo").innerHTML=message;
   </script>
</body>
</html>
```

浏览网页 demo0801.html 的结果如图 8-1 所示。

在上述代码中，<script>标签中的 JavaScript 语句可以在 Web 浏览器中执行，document.getElementById("demo")是使用 id 属性来查找 HTML 元素的 JavaScript 代码，通过 innerHTML 属性修改元素的 HTML 内容。

> Hello Vue

图 8-1　浏览网页 demo0801.html 的结果

///// 8.2　下载、安装与引入 Vue.js

8.2.1　下载与安装 Vue.js

1. 下载 Vue

Vue 可以从官网直接下载，Vue 分为开发版本（vue.js）和生产版本（vue.min.js），开发版本包含完整的警告信息和调试模式，生产版本删除了警告信息，是压缩后的文件。建议选择开发版本，在开发环境下不要使用生产版本，否则会失去与所有常见错误相关的警告信息。

2. 使用 npm 安装 Vue

在使用 Vue 构建大型应用时推荐使用 npm 安装最新稳定版 Vue。npm 能很好地和诸如 webpack 或 Browserify 模块打包器配合使用。同时 Vue 可提供配套工具来开发单文件组件。

（1）打开 Windows（以 Window 10 为例）的命令提示符窗口

打开如图 8-2 所示的 Windows 的命令提示符窗口。

（2）执行安装 Vue 的命令

在提示符"＞"后输入以下安装 Vue 的命令。

```
npm install vue
```

按【Enter】键即可开始安装 Vue。

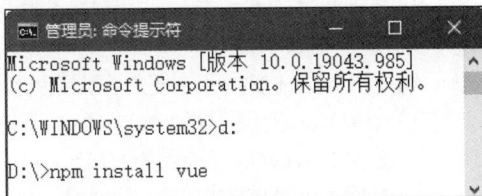

图 8-2　Windows 的命令提示符窗口

3. 使用淘宝 npm 镜像安装 Vue

直接使用 npm 官方镜像安装 Vue 有点儿慢，这里推荐使用淘宝 npm 镜像。淘宝 npm 镜像是一个完整的 npmjs.org 镜像，可以以此镜像代替 npm 官方镜像。执行以下命令可以切换到淘宝 npm 镜像服务器。

```
npm config set registry https://registry.npm.taobao.org
```

还可以使用淘宝定制的 cnpm（gzip 压缩支持）命令行工具代替默认的 npm。执行以下命令，即可使用 cnpm 命令来安装 Vue。

```
npm install -g cnpm --registry=https://registry.npm.taobao.org
```

使用 cnpm 安装 Vue 的命令如下。

```
cnpm install vue
```

npm 版本需要高于 3.0，如果低于此版本，则需要使用以下命令将其升级。

升级 npm 的命令如下。

```
cnpm install npm -g
```

升级或安装 cnpm 的命令如下。

```
npm install cnpm -g
```

8.2.2　引入 Vue.js

1. 直接使用<script>标签引入

将 Vue 下载到本地计算机后，直接使用<script>标签引入后，Vue 会被注册为一个全局变量。直接使用<script>标签引入 Vue 的代码如下。

```
<script src="vue.js"></script>
```

上述代码表示引入当前路径下的 Vue 文件。

2. 使用在线 CDN 方法引入

常用的引入方法如下。

```
<script src="https://unpkg.com/vue"></script>
<script src=" https://unpkg.com/vue/dist/vue.js "></script>
<script src="https://cdn.jsdelivr.net/npm/vue/dist/vue.js"></script>
```

其中，https://unpkg.com/vue/dist/vue.js 会保持引入的版本和 npm 发布的最新版本一致。

8.3　Vue.js 应用入门

先来分析以下示例。

【编程训练】

【示例 8-2】demo0802.html

使用 HTML 代码编辑器 Dreamweaver 创建网页 demo0802.html，编写代码的具体要求如下。

（1）引入 Vue。

（2）定义唯一根元素\<div\>。

（3）使用两对花括号"{{}}"绑定 Vue 对象中的变量，在网页中输出 Vue 变量 message 的值，其值为字符串"Hello Vue"。

（4）创建 Vue 的对象，并把数据绑定到创建好的根元素\<div\>上。

（5）创建 Vue 对象，通过 el 与\<div\>元素绑定。

（6）定义 data 属性，在该属性中定义 message 变量，在该变量中存放 Vue 对象中绑定的数据。

（7）在网页中输出文本内容"Hello Vue"，该网页的代码如下。

```html
<!doctype html>
<html>
<head>
<meta charset="utf-8">
<title>网页中输出 Vue 变量的值</title>
<!--引入 Vue-->
<script src="vue.js"></script>
</head>
<body>
<!--定义唯一根元素<div> -->
<div id="app">
  <!--Vue 模板绑定数据的方法，使用两对花括号"{{}}"绑定 Vue 对象中的变量 -->
  <p>{{ message }}</p>
</div>
<script>
  // 创建 Vue 的对象，并把数据绑定到前面创建好的根元素<div>上
  var vm=new Vue({               // 创建 Vue 对象
      el: '#app',                // el 属性：通过 el 与<div>元素绑定，#app 是 id 选择器
      data: {                    // data 属性：Vue 对象中绑定的数据
          message: 'Hello Vue'   // message 是自定义的变量
      }
  })
</script>
</body>
</html>
```

浏览网页 demo0802.html 的结果如图 8-3 所示。

网页 demo0802.html 的输出内容与网页 demo0801.html 的输出内容相同，但实现方式不同，网页 demo0801.html 使用 JavaScript 实现，网页 demo0802.html 使用 Vue 实现。

Hello Vue

图 8-3　浏览网页 demo0802.html 的结果

从网页 demo0802.html 的代码中可以看出，应用 Vue 技术输出变量 message 的值时，会涉及以下 3 个步骤，并且这 3 个步骤缺一不可。

1. 引入 Vue

```html
<script src="vue.js"></script>
```

引入 Vue 文件后，会得到一个构造函数 Vue()，用来创建 Vue 实例。

2. 定义唯一根元素\<div\>

```html
<div id="app">
    <p>{{ message }}</p>
</div>
```

其中，id 值为 app 的元素是 Vue 实例控制的元素。

3. 创建 Vue 实例并把数据绑定到前面创建好的根元素\<div\>上

```
<script>
    var vm=new Vue({
        el: '#app',
        data: {
            message: 'Hello Vue'
        }
    })
</script>
```

其中，vm 表示 Vue 实例；el 表示当前 vm 实例要控制的页面区域，即 id 为 app 的元素；data 属性用来存放 el 中要用到的数据；message 变量存储的数据为"Hello Vue"，该变量存储的数据通过"{{　}}"插值表达式渲染到页面，对应的代码如下。

```
<div id="app">
  <p>{{ message }}</p>
</div>
```

8.3.1 页面模板插值

Vue 最简单的应用之一就是将其当作一个页面模板引擎，也就是采用模板语法把数据渲染到页面。Vue 使用双花括号"{{}}"来进行页面模板插值，以下 message 相当于一个变量或占位符，最终会表示为真正的文本内容。

```
<div id="app">
    <p>{{ message }}</p>
</div>
```

8.3.2 创建 Vue.js 实例

每个 Vue 应用都是通过构造函数 Vue()创建一个 Vue 的根实例来启动的，经常使用变量名 vm（ViewModel 的缩写）表示 Vue 实例。

例如：

```
var vm = new Vue({
        // 选项对象
})
```

在实例化 Vue 时，需要传入一个选项对象，它可以包含数据、模板、挂载元素、方法、生命周期钩子等选项。

例如：

```
var vm=new Vue({
        el: '#app',
        data: {
            message: 'Hello Vue'
          }
        })
```

上述代码为 Vue()构造函数传入了一个对象，对象中包括 el 和 data 这两个参数，参数说明如下。

（1）参数 el

el 是 element 的缩写，该参数用于提供一个在页面上已存在的 DOM 元素作为 Vue 实例的挂载目标，参数值有两种类型，包括 string 和 HTMLElement。

el:"#app"表示挂载目标是 id 为"app"的元素，也可以写为"el : document.getElementById('app')"。

（2）参数 data

参数 data 表示 Vue 实例的数据对象。

data: { message: 'Hello Vue' } 表示变量 message 所代表的真实值为"Hello Vue"。

看起来，上述示例与渲染一个字符串模板非常类似，但是 Vue 在背后做了大量工作，其数据和 DOM 已经被绑定在一起，并且所有的元素都是响应式的。

8.3.3　浏览网页 demo0802.html 与查看数据

在 Chrome 浏览器中浏览网页 demo0802.html。

打开浏览器控制台界面，这里以 Chrome 浏览器为例予以说明。

按【F12】快捷键，打开浏览器控制台界面，上方切换到"Elements"选项卡，下方切换到"Console"选项卡，在标识符">"后输入 vm.message，下方可以看该属性值为"Hello Vue"，如图 8-4 所示。

在浏览器控制台中手动输入并执行代码 vm.message= 'Happy every day'，将 vm.message 的值修改为"Happy every day"，可看到 DOM 元素相应的更新，如图 8-5 所示。

图 8-4　Chrome 浏览器的控制台界面

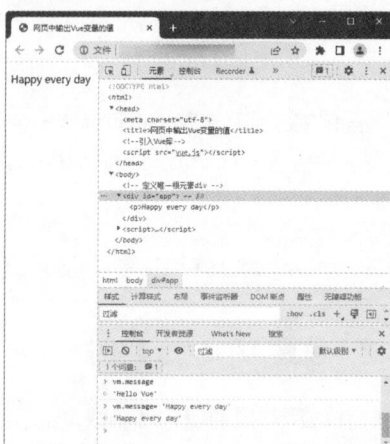

图 8-5　在浏览器控制台中修改 vm.message 的值为"Happy every day"

8.4　Vue.js 实例的数据选项

一般情况下，当模板内容较简单时，使用 data 选项配合表达式进行简单的数据展示和操作即可。涉及复杂逻辑时，需要用到 computed、methods、watch 等处理复杂的逻辑和响应式数据。

1. data

data 是 Vue 实例的数据对象，Vue 会递归地将 data 属性转换为 getter 和 setter，从而使 data 属性能响应数据变化。其中，getter 用于获取属性的值，setter 用于设置属性的值。对象必须是纯粹的对象（含有 0 个、1 个或多个键值对）：浏览器 API 创建的原生对象，原型（Prototype）上的属性会被忽略。

【编程训练】

【示例 8-3】demo0803.html

创建网页 demo0803.html，在该网页中编写代码，创建 Vue 实例，通过 vm.$data 访问 Vue 实例的数据对象，并使用其他方法访问 Vue 实例的数据对象。

```
<div id="app">
    {{ message }}
</div>
```

```
<script>
    var vm=new Vue({
        el: '#app',
        data: {
            message: '请登录!'
        }
    })
    console.log(vm.$data);
    console.log(vm.message);
    console.log(vm.$data.message);
</script>
```

在 Chrome 浏览器中浏览网页 demo0803.html，
打开浏览器控制台，切换到"Console"选项卡，可以
看到如图 8-6 所示的输出结果。

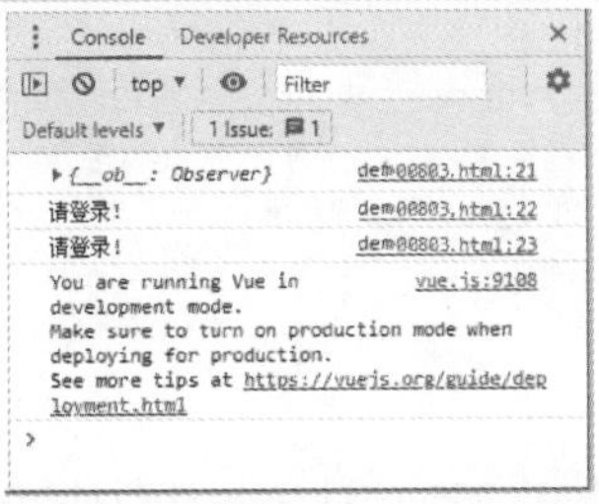

创建 Vue 实例之后，可以通过 vm.$data 访问原始
数据对象。Vue 实例代理了 data 对象上的所有属性，因
此访问 vm.message 等价于访问 vm.$data.message。

图 8-6　浏览网页 demo0803.html 时在浏览器控制台
"Console"选项卡中看到的输出结果

【编程训练】

【示例 8-4】demo0804.html

代码如下。

```
<div id="app">
    {{ message }}
</div>
<script>
    var value = { message: '请登录!' }
    var vm=new Vue({
        el: '#app',
        data: value
    })
    console.log(vm.$data === value);   //true
</script>
```

在 Vue 中，被代理的属性是响应式的，也就是说，值的任何改变都会触发视图的重新渲染。不仅如
此，这种响应式的特点还会确保对代理属性的修改会直接影响到原始数据对象，对原始数据对象的修改
也会反映到代理属性上。

但是，以_或$开头的属性不会被 Vue 实例代理，因为它们可能和 Vue 内置的属性、API 方法产生
冲突。用户可以使用诸如 vm.$data._property 的方式访问这些属性。

【编程训练】

【示例 8-5】demo0805.html

代码如下。

```
<div id="app">
    {{ message }}
</div>
<script>
    var vm=new Vue({
        el: '#app',
        data: {
            message: '请登录!',
            _userName: 'admin',
            $password:'123456'
        }
```

```
    })
    console.log(vm.message);              // 请登录!
    console.log(vm._userName);            // undefined
    console.log(vm.$data._userName);      // 'admin'
    console.log(vm.$password);            // undefined
    console.log(vm.$data.$password);      // '123456'
</script>
```

当定义一个组件时，data 必须声明为返回一个初始数据对象的函数，因为组件可能被用来创建多个实例。如果 data 仍然是一个纯粹的对象，则所有的实例将共同引用同一个数据对象。而通过提供 data 函数，每次创建一个新实例后，用户能够调用 data 函数，从而返回初始数据的一个全新副本数据对象。

例如：

```
// Vue.extend() 中的 data 必须是函数
var Component = Vue.extend({
    data: function () {
        return { x: 1 }
    }
})
```

> **注意** 不应该对 data 属性使用箭头函数。如果对 data 属性使用了箭头函数，则 this 不会指向这个组件的实例，但仍然可以将其实例作为函数的第一个参数来访问。

2. props

props 可以是数组或对象，用于定义组件可以接收的外部属性；prop 是通过 props 定义的单个属性，用于接收来自父组件的数据。

例如：

```
Vue.component('props-demo-simple', {
    props: ['size', 'myMessage']
})
```

props 可以是对象，对象允许配置高级选项，用于进行类型检测、自定义验证和设置默认值等。用户可以基于对象的语法使用以下选项。

（1）type：可以是下列函数中的一种——String、Number、Boolean、Array、Object、Date、Function、Symbol、任何自定义构造函数或者上述内容组成的数组。其可检查一个 prop 是否为给定的类型，否则抛出警告。

（2）default：为 prop 指定默认值。如果 prop 没有被传入值，则换用这个默认值。对象或数组的默认值必须从一个工厂函数返回。

（3）required：定义 prop 是否为必填项。在非生产环境中，如果这个值为 true 且 prop 没有被传入值，则将会抛出一个控制台警告。

（4）validator：自定义验证函数会将 prop 的值作为唯一的参数代入。在非生产环境中，如果该函数返回一个 false（即验证失败），则会抛出一个控制台警告。

例如：

```
// 对象语法，提供验证
Vue.component('props-demo-advanced', {
    props: {
        // 检测类型
        height: Number,
        // 检测类型 + 其他验证
        age: {
            type: Number,
            default: 0,
```

```
        required: true,
        validator: function (value) {
            return value >= 0
        }
      }
    }
  }
})
```

3. propsData

创建实例时，propsData 用于传递 props，主要作用是方便测试，只用于 new 创建的实例中。
例如：

```
var Comp = Vue.extend({
  props: ['msg'],
  template: '<div>{{ msg }}</div>'
})
var vm = new Comp({
  propsData: {
    msg: 'hello'
  }
})
```

4. computed

Vue 项目中有的数据经常会发生变化，可以使用 computed 来实现其变化，Vue 的 computed
属性是 Vue 实例中的一个配置选项。通常 computed 属性中是与计算相关的函数，在函数内实现需
要的逻辑功能，最后返回计算出来的值，即可以把复杂计算过程写到一个计算属性中，使其实现动态
计算。

computed 属性一般用来通过其他数据计算出一个新数据，其优点之一是将新的数据缓存下来，当
其他的依赖数据没有发生改变时，它调用的是缓存的数据，这就极大地提高了程序的性能。

computed 属性将被混入 Vue 实例中，所有 getter 和 setter 的 this 自动地指向 Vue 实例。计算
属性默认只有 getter，但在需要时也可以提供 setter。

【编程训练】

【示例 8-6】demo0806.html

创建网页 demo0806.html，在该网页中编写代码，在 Vue 的 computed 属性中定义读取和设置
数据的方法，在浏览器控制台中输出属性值。

```
var vm = new Vue({
  data: { x: 1 },
  computed: {
    // 仅读取
    xDouble: function () {
      return this.x * 2
    },
    // 读取和设置
    xPlus: {
      get: function () {
        return this.x + 2
      },
      set: function (v) {
        this.x = v − 1
      }
    }
  }
})
```

```
console.log(vm.xPlus);        // 3
console.log(vm.xPlus = 4);    // 4
console.log(vm.x);            // 3
console.log(vm.xDouble);      // 6
```

> **注意**　不应该使用箭头函数来定义 computed 属性，如果对 computed 属性使用了箭头函数，则 this 不会指向 Vue 实例，但仍然可以将该实例作为函数的第一个参数来访问。

computed 属性的结果会被缓存，依赖的响应式属性才会重新计算。如果某个依赖（如非响应式属性）在该实例范畴之外，则 computed 属性是不会被更新的。

5. methods

methods 是 Vue 实例中的一个配置选项，methods 选项用于定义方法，可以直接通过 Vue 实例访问这些方法，或者在指令表达式中使用这些方法。方法中的 this 自动绑定为 Vue 实例。定义在 methods 选项中的方法可以作为页面中的事件处理方法使用，当事件触发后，可执行相应的事件处理方法。

> **注意**　不应该使用箭头函数来定义 methods 选项（如 plus:() => this.x++），其原因是箭头函数绑定了父级作用域的上下文，所以 this 将不会按照期望指向 Vue 实例，this.x 将是 undefined。

【编程训练】
【示例 8-7】demo0807.html
代码如下。

```
var vm = new Vue({
    data: { x: 2 },
    methods: {
        plus: function () {
            this.x++
        }
    }
})
vm.plus()
console.log(vm.x)    // 3
```

【编程训练】
【示例 8-8】demo0808.html
创建网页 demo0808.html，在该网页中编写代码，分别使用 computed 属性与 methods 选项输出当前时间。

```
<div id="app">
    <p>computed 计算属性: "{{ time1 }}"</p>
    <p>methods 方法: "{{ time2() }}"</p>
</div>
<script>
    var vm = new Vue({
    el: '#app',
    computed:{
        time1: function () {
            return (new Date()).toLocaleTimeString()
        }
    },
    methods: {
```

```
        time2: function () {
            return (new Date()).toLocaleTimeString()
        }
    }
})
</script>
```

假设有一个性能开销比较大的计算属性 W，它需要遍历一个极大的数组并做大量的计算，可能还有其他的计算属性依赖于 W。如果没有缓存，则将不可避免地多次执行 W 的 getter。如果不希望有缓存，则可使用 methods。

6. watch

Vue 提供了一种通用的方式（watch 方法）来观察和响应 Vue 实例上的一个表达式或者一个函数计算结果的变化，回调函数得到的参数为新值和原值。表达式只接受简单的键路径，对于更复杂的表达式，可用一个函数取代。

watch 方法是一个对象，其键是需要观察的表达式或函数，值是对应的回调函数，值也可以是方法名，或者包含选项的对象。Vue 实例将会在实例化时调用$watch()，遍历 watch 对象的每一个属性。

在变更（不是替换）对象或数组时，原值将与新值相同，因为它们的引用指向同一个对象或数组。Vue 不会保留变更之前值的副本。

> **注意** 不应该使用箭头函数来定义 watch 方法，如 searchQuery: newValue => this.updateAutocomplete(newValue)。原因是箭头函数绑定了父级作用域的上下文，所以 this 将不会按照期望指向 Vue 实例，this.updateAutocomplete 将是 undefined。

7. 比较 computed、methods 和 watch

computed 与 methods、watch 最大的区别在于，只有在当前属性发生变化后，computed 才会被触发，大大提升了优化程度。

computed 和 watch 都是用于观察页面的数据变化的。computed 只有当页面数据变化时才会计算，当数据没有变化时，它会读取缓存。而 watch 每次都需要执行函数，methods 也是每次都需要执行函数。如果数据变化时执行异步操作，则使用 watch 更合适。

【编程训练】

【示例 8-9】demo0809.html

创建网页 demo0809.html，在该网页中，编写代码，应用 Vue 的 watch 方法输出与观察变量的新值与原值。

```
<div id="app">
    <button @click="x++">x 加 1</button>
    <p>{{ message }}</p>
</div>
<script>
var vm = new Vue({
  el: '#app',
  data: {
    x: 1,
    message:"
  },
  watch: {
    x: function (newVal, oldVal) {
      this.message = 'x 的原值为' + oldVal + ',  x 的新值为' + newVal;
    }
```

```
  }
})
</script>
```

运行以上代码，当变量 x 的值发生变化时，通过 watch 的监控，使用 message 输出变量 x 的新值和原值。

8.5 Vue.js 的 DOM 选项

DOM 是 W3C 组织推荐的处理 XML 的标准编程接口，它是一种与平台和语言无关的 API，它可以动态地访问程序和脚本，更新其内容、结构和 WWW（World Wide Web，万维网）文档的风格。DOM 是一种基于树的用于操作页面元素的 API，它要求在处理过程中整个文档都加载在存储器中。

DOM 可以把 HTML 文档看作文档树，通过 DOM 提供的 API 可以对树上的节点进行操作。DOM 又称为文档树模型，一个网页可以称为文档，网页中的所有内容都是节点，网页中的标签也称为元素，属性是指标签的属性。

1. el

el 用于提供一个在页面上已存在的 DOM 元素作为 Vue 实例的挂载目标，目标可以是 CSS 选择器，也可以是一个 HTMLElement 实例。在实例挂载之后，元素可以使用 vm.$el 的形式对其进行访问。el 只在使用 new 创建实例时生效。

如果在实例化时存在 el 选项，则实例将立即进入编译过程，否则需要显式调用 vm.$mount()手动开启编译。

2. 模板

一个字符串模板作为 Vue 实例的标识使用，模板将会替换挂载的元素，挂载元素的内容都将被忽略，除非模板的内容有分发插槽。

如果值以#开始，则它将被用作选择符，并使用匹配元素的 innerHTML 作为模板。常用的技巧是以 <script type="x-template">包含模板。

出于安全考虑，应该只使用信任的 Vue 模板，避免使用其他人生成的内容作为模板。

3. render

render 函数是一种渲染函数，可以直接生成虚拟 DOM 节点，并告诉 Vue 如何将这些虚拟 DOM 节点渲染到实际 DOM 中。render 函数字符串模板的代替方案可充分发挥 JavaScript 的编程能力。

渲染函数接收一个 createElement()方法作为第一个参数来创建虚拟 DOM 节点。如果组件是一个函数组件，则渲染函数还会接收一个额外的 context 参数，以便为没有实例的函数组件提供上下文信息。

若 Vue 选项中的 render 函数存在，则 Vue()构造函数不会根据 template 选项或通过 el 选项指定的挂载元素中提取出的 HTML 模板编译渲染函数。

4. renderError

renderError 只在开发人员环境中工作。当 render 函数遭遇错误时，会提供另外一种渲染输出，其错误信息将会作为第二个参数传递到 renderError。

例如：

```
new Vue({
  render (h) {
    throw new Error('oops')
  },
```

```
    renderError (h, err) {
        return h('pre', { style: { color: 'red' }}, err.stack)
    }
}).$mount('#app')
```

8.6 Vue.js 的实例属性

实例属性是指 Vue 实例的属性，如 vm.$data 就是一个实例属性，用于获取实例中的数据对象。Vue 程序中直接通过"Vue 对象.属性"形式访问的是来自 data 或 computed 的属性。以下内容使用 vm 表示 Vue 对象，在 Vue 对象中，el、data 等键也称为属性，这些属性就是 Vue 的实例属性。

1. vm.$data

该属性用于返回当前 Vue 实例正在监视的数据对象，Vue 实例会代理其$data 对象上的所有属性。

2. vm.$el

该属性用于返回当前 Vue 实例使用的根 DOM 元素。

3. vm.$props

该属性用于接收上级组件传递的数据，Vue 实例代理了对其 props 对象属性的访问。

4. vm.$options

该属性用于返回当前 Vue 实例所使用的实例化选项。如果想要调用自定义选项，则需要用到该属性。

例如：
```
Var vm=new Vue({
    customOption: 'try',
    created: function () {
        console.log(this.$options.customOption)    //  'try'
    }
})
```

5. vm.$parent

如果当前实例存在，则该属性用于返回当前 vm 实例的父实例。

6. vm.$root

该属性用于返回当前组件树的根 Vue 实例，如果当前实例已经没有父实例，则将会返回它自己。

7. vm.$children

该属性用于返回当前实例的直接子组件，通过 this.$children 可以得到当前实例的所有子组件实例集合。需要注意的是，$children 并不保证顺序，也不是响应式的。如果尝试使用$children 来进行数据绑定，则要考虑使用一个数组配合 v-for 来生成子组件，并且使用数组作为真正的数据源。

8. vm.$attrs

vm.$attrs 用于获取组件的属性，但其获取的属性中不包括 class、style 以及被声明为 props 的属性。

8.7 Vue.js 的实例方法

Vue 提供了丰富的实例方法，这些方法可以在 Vue 实例上调用，用于生命周期管理、数据操作等。

1. vm.$watch(data,callback[,options])

除了使用数据选项中的 watch 方法，Vue 还可以使用实例的$watch()方法，该方法的返回值是一个取消观察的函数，用于停止触发回调。

【**编程训练**】

【**示例 8-10**】demo0810.html

创建网页 demo0810.html，在该网页中编写代码，应用 Vue 的$watch()方法输出与观察变量的新值与原值，并返回一个取消观察函数，停止触发回调。

```
<div id="app">
    <button @click="x++">x 加 1</button>
    <p>{{ message }}</p>
</div>
<script>
var vm = new Vue({
  el: '#app',
  data: {
    x: 1,
    message:"
  }
})
  var unwatch = vm.$watch('x', function(newVal, oldVal){
  if(newVal === 5){
   // 之后取消观察
   unwatch();
  }
  this.message = 'x 的原值为' + oldVal + ', x 的新值为' + newVal;
})
</script>
```

在上述代码中，当 x 的值更新为 5 时，触发 unwatch()，取消观察。单击"x 加 1"按钮时，x 的值仍然会变化，但是不再触发 watch 的回调函数。

2. vm.$set(target, propertyName/index, value)

该方法用于返回设置的值。

3. vm.$get(expression)

该方法用于为 Vue 实例传递一个表达式来获得结果，如果表达式抛出错误，则该错误会被截获并返回 undefined。

4. vm.$add(key, value)

该方法用于为 Vue 实例及其$data 对象添加一个顶层属性。由于 ES5 的限制，Vue 无法监测到对象中属性的增加或者删除，因此当需要动态增加/删除属性的时候，可以使用此方法或 vm.$delete()。

5. vm.$delete(target, propertyName/index)

该方法用于从对象或数组中删除指定的属性或元素。

6. vm.$eval(expression)

该方法用于对一个表达式求值，该表达式可以包含过滤器。

7. vm.$mount([elementOrSelector])

该方法用于返回 vm 实例自身，如果 Vue 实例在实例化时没有设置 el 选项，则它处于"未挂载"状态，没有关联的 DOM 元素。可以使用 vm.$mount()手动挂载一个未挂载的实例。

如果没有提供 elementOrSelector 参数，则模板将被渲染为文档之外的元素，并且必须使用原生 DOMAPI 把它插入文档中。

这个方法返回实例自身，因而可以链式调用其他实例方法。

例如：

```
var MyComponent = Vue.extend({
  template: '<div>Hello!</div>'
})
// 创建并挂载到 #app（会替换 #app）
new MyComponent().$mount('#app')
// 同上
new MyComponent({ el: '#app' })
// 或者，在文档之外渲染且随后挂载
var component = new MyComponent().$mount()
document.getElementById('app').appendChild(component.$el)
```

8. vm.$forceUpdate()

该方法用于迫使 Vue 实例重新渲染。注意，它仅仅影响实例本身和插入插槽内容的子组件，而不是所有子组件。

9. vm.$nextTick([callback])

该方法用于将回调延迟到下次 DOM 更新循环之后执行。可在修改数据之后立即使用它，并等待 DOM 更新。其作用与全局方法 Vue.nextTick() 一样，不同的是回调的 this 自动绑定到调用它的实例上。

例如：

```
new Vue({
  // ...
  methods: {
    // ...
    example: function () {
      // 修改数据
      this.message = 'changed'
      // DOM 还没有更新
      this.$nextTick(function () {
        // DOM 更新了
        // 'this' 绑定到当前实例上
        this.doSomethingElse()
      })
    }
  }
})
```

10. vm.$destroy()

该方法用于完全销毁一个实例，清理其与其他实例的连接，解绑其全部指令及事件监听器，触发 beforeDestroy 和 destroyed 的钩子。

在大多数场景中不应该调用这个方法，最好使用 v-if 和 v-for 指令以数据驱动的方式控制子组件的生命周期。

8.8 认知 MVVM 模式

8.8.1 什么是 MVVM

MVVM 是一种软件架构设计模式，也是一种简化用户界面的事件驱动编程方式。MVVM 源自经典的 MVC（Model-View-Controller，模型-视图-控制器）模式。当下流行的 MVVM 框架有 Vue、

AngularJS 等。

Vue 是一种比较典型的基于 MVVM 模式的前端框架，其中 M（Model）指数据层，V（View）指 DOM 层或用户界面，VM（ViewModel）指处理数据和界面的中间层，即 Vue。

8.8.2 为什么要使用 MVVM

MVVM 模式和 MVC 模式一样，主要目的是分离 View（视图）和 Model（模型），其具有以下优势。

（1）低耦合：View 可以独立于 Model 变化和修改，一个 ViewModel 可以绑定到不同的 View 上，当 View 变化的时候 Model 可以不变，当 Model 变化的时候 View 也可以不变。

（2）可复用：可以把一些视图逻辑放在一个 ViewModel 中，使更多 View 重用这段视图逻辑。

（3）独立开发：开发人员可以专注于业务逻辑和数据处理的开发，设计人员可以专注于页面设计或界面设计。

（4）可测试：软件界面向来是比较难以测试的，而现在测试代码可以针对 ViewModel 来编写，实现对软件界面的有效测试。

8.8.3 MVVM 的组成部分

MVVM 的组成如图 8-7 所示。

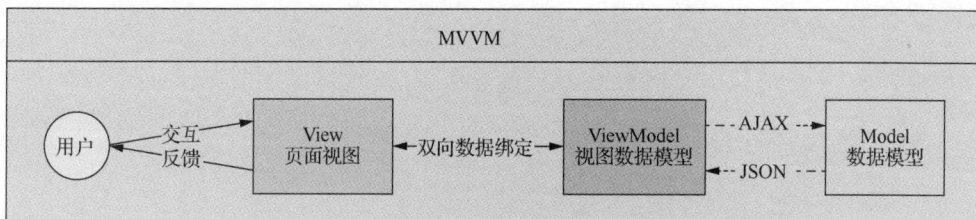

图 8-7　MVVM 的组成

如图 8-7 所示，MVVM 由 Model、View、ViewModel 这 3 部分构成，其中，Model 代表数据模型，也可以在 Model 中定义数据修改和操作的业务逻辑；View 代表 UI 组件，即页面视图，它负责将数据模型转换为 UI 展现出来；ViewModel 代表视图数据模型，它是一个同步 View 和 Model 的对象。

在 MVVM 模式下，View 和 Model 之间并没有直接联系，而是通过 ViewModel 进行交互。Model 和 ViewModel 之间的交互是双向的，因此 View 数据的变化会同步到 Model 中，而 Model 数据的变化也会立即反映到 View 上。

ViewModel 通过双向数据绑定把 View 和 Model 连接了起来，而 View 和 Model 之间的同步工作完全是自动的，无须人为干涉。因此，开发人员只需关注业务逻辑，不需要手动操作 DOM，也不需要关注数据状态的同步问题，复杂的数据状态维护工作完全由 MVVM 来统一完成。

MVVM 模式的实现方式与数据绑定如图 8-8 所示。

（1）View

View 层是视图层，也就是用户界面。前端主要由 HTML 和 CSS 来构建，为了更方便地展现 ViewModel 层或者 Model 层的数据，已经产生了各种各样的前后端模板语言，如 FreeMarker、Thymeleaf 等，各大 MVVM 框架（如 Vue.js、AngularJS、EJS 等）也都有用来构建用户界面的内置模板语言。

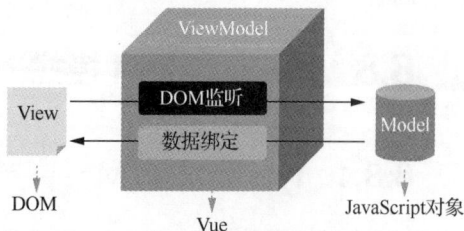

图 8-8　MVVM 模式的实现方式与数据绑定

（2）Model

Model 层是模型层，泛指后端进行的各种业务逻辑处理和数据操作，主要围绕数据库系统展开。实现 Model 层的难点主要在于需要和前端约定统一的接口规则。

（3）ViewModel

ViewModel 层是由前端开发人员组织、生成和维护的视图数据层。在这一层，前端开发人员对从后端获取的 Model 数据进行转换处理，做二次封装，以生成符合 View 层使用预期的视图数据模型。

MVVM 的核心是 ViewModel 层，负责转换 Model 中的数据对象来让数据变得更容易管理和使用，其主要作用如下。

① 向上与 View 层进行双向数据绑定。

② 向下与 Model 层通过接口请求进行数据交互。

需要注意的是，ViewModel 所封装出来的数据模型包括视图的状态和行为两部分，而 Model 层的数据模型只包含状态。

视图状态展示指页面上各个区域的显示内容和布局，包括数据展示、组件状态和样式设计等。视图行为（交互）指用户与页面进行交互时触发的各种事件和响应，包括页面加载时的初始化操作、用户单击、鼠标滚动等事件和处理逻辑。

视图状态和行为都封装在 ViewModel 层中，这样的封装使得 ViewModel 层可以完整地描述 View 层。由于实现了双向绑定，ViewModel 层的内容会实时展现在 View 层，前端开发人员再也不必低效又麻烦地通过操作 DOM 来更新视图。

对于开发人员来说，其只需要处理和维护 ViewModel 层、更新数据视图 MVVM 框架就会自动得到相应更新，真正实现事件驱动编程。

View 层展现的不是 Model 层的数据，而是 ViewModel 层的数据，由 ViewModel 层负责与 Model 层交互，这就完全解耦了 View 层和 Model 层，这个解耦操作是前后端分离方案实施的重要一环。

8.8.4　MVVM 模式的实现者

Vue 是一个 MVVM 模式中 ViewModel 层的实现者，核心是实现了 DOM 监听与数据绑定。

（1）Model 层：模型层，在 Vue 程序中表示 JavaScript 对象。

（2）View 层：视图层，在 Vue 程序中表示 DOM（HTML 操作的元素）。

（3）ViewModel 层：连接视图和数据的中间件，Vue 就是 MVVM 中的 ViewModel 层的实现者。

在 MVVM 模式中，是不允许 Model 层和 View 层直接通信的，只能通过 ViewModel 层来通信，而 ViewModel 层定义了一个"观察者"。ViewModel 层能够观察到数据的变化，并对 View 层对应的内容进行更新。ViewModel 层能够监听到 View 层的变化，并能够通知 Model 层发生改变。

📝 应用实践

【任务 8-1】 编写程序代码计算金额

【任务描述】

编写 HTML 代码实现以下功能。

（1）屏幕上分别显示单价、数量、金额的提示文本及其初始值。

（2）单击屏幕中的"+"按钮能增加数量，单击"−"按钮能减少数量，并且可以动态改变金额。

编写 JavaScript 代码实现以下功能。

（1）分别定义 price、number 变量，并分别为其赋初值为 30、0。

（2）定义 amount 计算属性，该属性用于返回单价和数量的乘积。

【**任务实施**】

在指定文件夹中创建网页文件 task0801.html，在该网页中实现指定功能的 HTML 代码如表 8-2 所示。

表 8-2　在网页 task0801.html 中实现指定功能的 HTML 代码

序号	程序代码
01	<div id="main">
02	<p>单价：{{ price }}</p>
03	<p>数量：{{ number }}</p>
04	<p>金额：{{ amount }}</p>
05	<div>
06	<button @click="number == 0 ? 0 : number--"> – </button>
07	<button @click="number++"> + </button>
08	</div>
09	</div>

在该网页中实现指定功能的 JavaScript 代码如表 8-3 所示。

表 8-3　在网页 task0801.html 中实现指定功能的 JavaScript 代码

序号	程序代码
01	<script>
02	var vm=new Vue({
03	el: "#main",
04	data: {
05	price: 30,
06	number: 0
07	},
08	computed: {
09	// 计算金额
10	amount(){
11	return this.price * this.number
12	}
13	}
14	})
15	</script>

网页 task0801.html 的初始效果如图 8-9 所示。

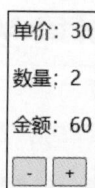

先连续两次单击"+"按钮，数量显示为 2，金额显示为 60，如图 8-10 所示；再单击一次"–"按钮，数量显示为 1，金额显示为 30，如图 8-11 所示。

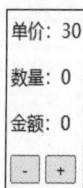

单价：30		单价：30		单价：30
数量：0		数量：2		数量：1
金额：0		金额：60		金额：30
- +		- +		- +

图 8-9　网页 task0801.html 的初始效果　　图 8-10　先连续两次单击"+"按钮的结果　　图 8-11　再单击一次"–"按钮的结果

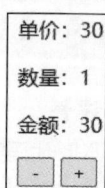

【任务 8-2】 反向输出字符串

【任务描述】

分别使用 computed 属性和 methods 方法实现字符串反向操作，且在页面中输出原始字符串和反向后的字符串。

【任务实施】

创建网页 task0802.html，在该网页中编写代码实现要求的功能，代码如表 8-4 所示。

表 8-4　网页 task0802.html 对应的代码

序号	程序代码
01	<div id="app">
02	<p>原始字符串 1: "{{ message }}"</p>
03	<p>应用 computed 反向字符串: "{{ reversedMsg }}"</p>
04	<p>原始字符串 2: "{{ text }}"</p>
05	<p>应用 methods 反向字符串: "{{ reversedText() }}"</p>
06	</div>
07	<script>
08	var vm = new Vue({
09	el: '#app',
10	data: {
11	message: 'happy',
12	text:'lucky'
13	},
14	computed: {
15	reversedMsg: function () {
16	return this.message.split('').reverse().join('')
17	}
18	},
19	methods: {
20	reversedText: function () {
21	return this.text.split('').reverse().join('')
22	}
23	}
24	})
25	</script>

HTML 代码的渲染结果如下。

```
<div id="app">
    <p>原始字符串 1: "happy"</p>
    <p>应用 computed 反向字符串: "yppah"</p>
    <p>原始字符串 2: "lucky"</p>
    <p>应用 methods 反向字符串: "ykcul"</p>
</div>
```

这里的 computed 声明了一个计算属性 reversedMsg，提供的函数将用作属性 vm.reversedMsg 的 getter。

在 Chrome 浏览器中浏览网页 task0802.html，打开浏览器控制台，切换到 "Console" 选项卡，在该控制台中执行以下命令。

```
console.log(vm.reversedMsg)    // 'yppah'
vm.message = '123'
console.log(vm.reversedMsg)    // '321'
```

vm.reversedMsg 的值始终取决于 vm.message 的值，可以像绑定普通属性一样在模板中绑定计算属性。当 vm.message 发生改变时，所有依赖于 vm.reversedMsg 的值都会更新。计算属性的方法 vm.reversedMsg 依赖于 vm.message 的值，vm.reversedMsg 本身并不能被赋值。

computed 属性是基于它的依赖进行缓存的，只有在它的相关依赖发生改变时才会重新求值。这就意味着只要 message 还没有发生改变，多次访问 reversedMsg 计算属性时会立即返回之前的计算结果，而不必再次执行函数。

相比而言，只要发生重新渲染，methods 方法的调用总会不断执行函数，不会缓存数据。

////【任务 8-3】 编写程序代码实现图片轮播

【任务描述】

编写 HTML 代码实现以下功能：屏幕上分别显示"上一张"按钮、图片、"下一张"按钮。
编写 JavaScript 代码实现以下功能。
（1）单击"下一张"按钮，切换至下一张图片。如果当前图片是最后一张图片，则切换至第一张图片。
（2）单击"上一张"按钮，切换至上一张图片。如果当前图片是第一张图片，则切换至最后一张图片。

【任务实施】

在指定文件夹中创建网页文件 task0803.html。
网页 task0803.html 中的 HTML 代码如表 8-5 所示。

表 8-5　网页 task0803.html 中的 HTML 代码

序号	程序代码
01	<div id="app">
02	<button @click="prevImg()">上一张</button>
03	<img :src="images[currentIndex].imgSrc" alt="" >
04	<button @click="nextImg()">下一张</button>
05	</div>

网页 task0803.html 中的 JavaScript 代码如表 8-6 所示。

表 8-6　网页 task0803.html 中的 JavaScript 代码

序号	程序代码
01	<script>
02	let vm = new Vue({
03	el:"#app",
04	data(){
05	return{
06	images:[
07	{ id:1,imgSrc:"img/t01.jpg" },
08	{ id:2,imgSrc:"img/t02.jpg" },
09	{ id:3,imgSrc:"img/t03.jpg" }
10	],
11	currentIndex:0　// 开始设置为 0
12	}
13	},
14	methods:{
15	nextImg(){
16	// console.log(e);

（续）

序号	程序代码
17	this.currentIndex++;
18	// 更改图片地址
19	if (this.currentIndex == 3){
20	this.currentIndex = 0;
21	}
22	},
23	prevImg() {
24	//console.log(e);
25	// 更改图片地址
26	if (this.currentIndex == 0){
27	this.currentIndex = 3;
28	}
29	this.currentIndex--;
30	},
31	},
32	})
33	</script>

网页 task0803.html 的初始效果如图 8-12 所示。

先单击"下一张"按钮，切换至下一张图片。如果当前图片是最后一张图片，则切换至第一张图片。

再单击"上一张"按钮，切换至上一张图片。如果当前图片是第一张图片，则切换至最后一张图片。

图 8-12　网页 task0803.html 的初始效果

📝 在线测试

扫描二维码，完成本模块的在线测试。

模块 8

在线测试

模块 9
Vue.js网页模板制作

09

Vue 使用了基于 HTML 的模板语法，允许开发人员声明式地将 DOM 绑定至底层 Vue 实例的数据。Vue 的所有模板都是合法的 HTML 代码，所以能被遵循规范的浏览器和 HTML 代码解析器解析。如果只使用 Vue 最基础的声明式渲染功能，则完全可以把 Vue 当作一个模板引擎来使用。在底层的实现上，Vue 将模板编译为虚拟 DOM 渲染函数。

Vue 允许开发人员采用简洁的模板语法来声明式地将数据渲染到 DOM 中。结合响应系统，在应用状态改变时，Vue 能够智能地计算出重新渲染组件的最小代价并将最小化的 DOM 操作变更应用到 DOM 操作上。一般地，模板内容包括文本内容和元素特性。

学习领会

9.1 Vue.js 的指令

9.1.1 指令概述

1. 什么是指令

Vue 中的指令（Directive）是带有 "v-" 前缀的特殊属性，指令（v-for 例外）的值预期是单个 JavaScript 表达式。指令的作用如下：当表达式的值改变时，将其产生的连带影响响应式地作用于 DOM。例如：

```
<p v-if="seen">现在你看到我了</p>
```

这里的 v-if 指令将根据表达式 seen 的值来插入或移除<p>元素。

2. 指令的参数

一些 Vue 指令能够接收一个 "参数"，在指令名称之后以冒号表示。例如，v-bind 指令可以用于响应式地更新 HTML 属性。

```
<a v-bind:href="url">...</a>
```

这里的 href 是参数，告知 v-bind 指令将该元素的 href 属性与表达式 url 的值绑定。

又如，v-on 指令用于监听 DOM 事件。

```
<a v-on:click="doSomething">...</a>
```

这里的参数是监听的事件名。

3. 动态参数

从 Vue 2.6.0 开始，可以用方括号括起来的 JavaScript 表达式作为一个指令的动态参数。

```
<a v-bind:[attributeName]="url">...</a>
```

这里的 attributeName 会被作为一个 JavaScript 表达式进行动态求值，求得的值将会作为最终的参数来使用。例如，如果 Vue 实例有一个 data property attributeName，其值为 href，那么这个指令将等价于 v-bind:href。

同样，可以使用动态参数为一个动态的事件名绑定处理函数。

例如：

```
<a v-on:[eventName]="doSomething">...</a>
```

在这个示例中，当 eventName 的值为 focus 时，v-on:[eventName]将等价于 v-on:focus。

4. 对动态参数值的约束

动态参数预期会求出一个字符串，异常情况下值为 null，这个特殊的 null 值可以被显式地用于移除绑定。任何其他非字符串类型的值都将会触发警告。

5. 对动态参数表达式的约束

动态参数表达式有一些语法约束，因为某些字符（如空格和引号）放在 HTML 属性名中是无效的。例如：

```
<!-- 这里会触发一个编译警告 -->
<a v-bind:['try' + bar]="value">... </a>
```

变通的方法是使用没有空格或引号的表达式，或使用计算属性替代这种复杂表达式。

在 DOM 中使用模板（直接在一个 HTML 文件中编写模板）时，还需要避免使用大写字符来命名键，因为浏览器会把属性名全部强制转换为小写形式。

```
<!--
在 DOM 中使用模板时，这段代码会被转换为 v-bind:[someattr]。

此时，除非实例中有一个名为 someAttr 的属性，否则代码不会工作。

-->
<a v-bind:[someAttr]="value"> ... </a>
```

6. 修饰符

修饰符（Modifier）是以半角句号"."指明的特殊后缀，用于指出一个指令应该以特殊方式绑定。例如，下述代码中的 prevent 修饰符告诉 v-on 指令对于触发的事件调用 event.preventDefault()。

```
<form v-on:submit.prevent="onSubmit">...</form>
```

9.1.2 常用的 Vue.js 指令

先分析以下示例代码，认识几个 Vue 指令。

【编程训练】

【示例 9-1】demo0901.html

代码如下。

```
<div id="app">
    <div v-text="message"></div>
    <div v-pre>{{ message }}</div>
    <div v-cloak>{{ message }}</div>
    <div v-once>第一次绑定的值：{{ message }}</div>
    <div v-text="info"></div>
    <div v-html="info"></div>
</div>
<script>
    var vm=new Vue({
        el: '#app',
        data: {
            message: '图书详情',
```

```
            info:'<h3>请登录</h3>'
            }
        })
</script>
```

对应的 HTML 代码被渲染如下。

```
<div id="app">
    <div>图书详情</div>
    <div>{{ message }}</div>
    <div>图书详情</div>
    <div>第一次绑定的值：图书详情</div>
    <div><h3>请登录</h3></div>
    <div>
        <h3>请登录</h3>
    </div>
</div>
```

下面对 Vue 中的常用指令进行介绍。

1. v-text

该指令用于更新元素的文本内容。如果要更新部分文本内容，则需要使用双花括号"{{ }}"方式插值。例如：

```
<span v-text="msg"></span>
<span>{{ msg }}</span>
```

2. v-html

该指令用于更新元素的 innerHTML。文本内容按普通 HTML 代码形式插入，而不会作为 Vue 模板进行编译。如果试图使用 v-html 组合模板，则可以重新考虑是否通过使用组件来替代。

在网站上动态渲染任意 HTML 代码是非常危险的，因为容易导致 XSS（Cross Site Scripting，跨站脚本）攻击。只能在可信内容上使用 v-html，不能将其用在用户提交的内容上。

【编程训练】

【示例 9-2】demo0902.html

代码如下。

```
<div id="app">
    <div v-html="info"></div>
    <div v-html="bookName"></div>
    <div v-html="publisher"></div>
    <div v-html="price"></div>
    <div v-html="number"></div>
    <div v-html="amount"></div>
</div>
<script>
  var vm=new Vue({
      el: '#app',
      data: {
          info: '<h3>图书详情</h3>',
          bookName: '<span>图书名称：HTML5+CSS3 移动 Web 开发实战</span>',
          publisher: '<span>出 版 社：人民邮电出版社</span>',
          price:'<span>价  格：￥58</span>',
          number:'<span>数  量：2</span>',
          amount:'<span>金  额：116 元</span>'
          }
      })
</script>
```

3. v-show

该指令用于根据表达式的值,切换元素的显示或隐藏 CSS 属性。当条件变化时,该指令会触发过渡效果。

4. v-on

该指令用于绑定事件监听器,事件类型由参数指定,参数可以是一个方法的名称或一个内联语句,如果没有修饰符,则可以省略。

v-on 用于普通元素时,只能监听原生 DOM 事件;用于自定义元素组件时,可以监听子组件触发的自定义事件。在监听原生 DOM 事件时,方法以事件为唯一的参数。如果使用内联语句,则可以通过事件参数访问原生 DOM 事件对象,如$event property: v-on:click="handle('ok', $event)"。

从 Vue 2.4.0 开始,v-on 同样支持不带参数绑定一个事件/监听器键值对的对象。注意,当使用对象语法时,是不支持任何修饰符的。

电子活页 9-1

扫描二维码查看【电子活页 9-1】中使用 v-on 的实例代码或者从本模块配套的教学资源中打开对应的文档查看相应内容。

v-on 的简写形式为"@"。

例如:

```
<!-- 完整语法 -->
<a v-on:click="doSomething">...</a>
<!--简写形式 -->
<a @click="doSomething">...</a>
<!-- 动态参数的简写形式(用于 Vue 10.6.0 及以上版本)-->
<a @[event]="doSomething"> ... </a>
```

"@"看起来可能与普通的 HTML 代码略有不同,但"@"对于属性名来说是合法字符,在所有支持 Vue 的浏览器中都能被正确地解析。此外,"@"不会出现在最终渲染的标签中。

5. v-bind

该指令用于动态地绑定一个或多个属性,或者将组件的 prop 绑定到表达式上。v-bind 用于单向数据绑定,而不用于双向数据绑定,即不能实现视图驱动数据变化。该指令在绑定 class 或 style 属性时,支持其他类型的值,如数组或对象。在绑定 prop 时,prop 必须在子组件中声明,可以使用修饰符指定不同的绑定类型。

没有参数时,可以绑定一个包含键值对的对象。注意,此时 class 和 style 绑定不支持数组和对象。

电子活页 9-2

扫描二维码查看【电子活页 9-2】中使用 v-bind 的实例代码或者从本模块配套的教学资源中打开对应的文档查看相应内容。

v-bind 可简写为":"。

例如:

```
<!-- 完整语法 -->
<a v-bind:href="url">...</a>
<!--简写形式 -->
<a :href="url">...</a>
<!-- 动态参数的简写形式(用于 Vue 10.6.0 及以上版本)-->
<a :[key]="url"> ... </a>
```

":"看起来可能与普通的 HTML 代码略有不同,但":"对于属性名来说是合法字符,在所有支持 Vue 的浏览器中都能被正确地解析。此外,":"不会出现在最终渲染的标签中。

【编程训练】

【示例 9-3】demo0903.html

代码如下。

```
<div id="app">
    <img v-bind:src="imgSrc1"   width="200px" alt=""/>
```

```
        <img :src="imgSrc2"  width="200px" alt=""/>
    </div>
    <script>
    var vm=new Vue({
        el: "#app",
        data: {
            imgSrc1:'t01.jpg',
            imgSrc2:'t02.jpg'
        }
    })
    </script>
```

6. v-model

该指令用于在表单的<input>、<textarea>、<select>元素或者组件 components 上创建双向数据绑定，双向数据绑定是数据驱动视图的结果。它会根据控件类型自动选取正确的方法来更新元素。v-model本质上不过是语法糖，它负责监听用户的输入事件以更新数据，并对一些极端场景进行特殊处理。

该指令可以使用以下修饰符。

（1）.lazy：可以替代在 input 元素上监听 change 事件，用于在输入框失去焦点时更新数据。

（2）.number：将字符串转换为有效的数字。

（3）.trim：过滤首尾空格。

7. v-slot

该指令用于提供具名插槽或需要接收 prop 的插槽，简写为#，可选参数为插槽名，默认值是 default。

8. v-pre

如果要跳过一个元素及其子元素的编译过程，只显示原始花括号及标识符，则可以使用 v-pre 指令。跳过大量没有指令的节点会加快编译，可以减少编译时间。该指令不需要表达式。

【编程训练】

【示例 9-4】demo0904.html

代码如下。

```
<div id="app" v-pre>{{ message }}</div>
<script>
    new Vue({
        el: '#app',
        data:{
            // 如果对 message 使用 v-pre 指令，则内容不会被表示为 "欢迎登录"，而是被当作普通 HTML 文本处理
            message:"欢迎登录"
        }
    })
</script>
```

浏览时，输出结果如下。

```
{{ message }}
```

9. v-cloak

这个指令会保持在元素上，直到关联的 Vue 实例结束编译并替换该指令，和 CSS 规则一起使用时，如[v-cloak] { display: none }，这个指令可以隐藏未编译的 Mustache 标签（用双花括号表示）直到实例准备完毕。该指令不需要表达式。

10. v-once

该指令表示只渲染元素和组件一次。在随后的重新渲染过程中，元素/组件及其所有的子节点都将被视为静态内容而跳过。这个指令可以用于优化、更新性能，不需要表达式。

9.2 模板内容渲染

9.2.1 模板动态插值

文本渲染最常见的形式是使用双花括号（{{ }}）语法来进行文本插值。下面的 msg 相当于一个变量或占位符，最终会表示为真正的文本内容。

```
<span>message: {{ msg }}</span>
```

插值对应的标签将会被替代为对应数据对象上 msg 属性的值。无论何时，只要绑定的数据对象的 msg 属性发生了改变，插值处的内容就会更新。

【编程训练】

【示例 9-5】demo0905.html

使用 HTML 代码编辑器 Dreamweaver 创建网页 demo0905.html，在该网页中编写代码，使用双花括号（{{ }}）语法来进行模板动态插值，输出文本内容"欢迎登录"，该网页的代码如下。

```
<!-- 定义唯一根元素<div> -->
<div id="app">
  <!--Vue 模板绑定数据的方法，使用两对花括号绑定 Vue 中数据对象的属性 -->
  {{ message }}
</div>
<!--创建 Vue 对象，并把数据绑定到上面创建好的<div>上-->
<script>
    var vm=new Vue({      // 创建 Vue 对象，这是 Vue 的核心对象
        el: '#app',        // el 属性：通过 el 与<div>元素绑定，#app 是 id 选择器
        data: {            // data 属性：Vue 对象中绑定的数据
            message: '<span>欢迎登录! <span>'      // message 是自定义的数据
            }
        })
</script>
```

9.2.2 使用 v-html 指令输出 HTML 代码

双花括号会将数据解释为普通文本，而非 HTML 代码。如果要输出真正的代码，则需要使用 v-html 指令，该指令用于更新元素的内部 HTML 代码。但不能使用 v-html 指令来复合局部模板，因为 Vue 不是基于字符串的模板引擎。反之，对于用户界面，组件更适合作为可重用和可组合的基本单位。

> **注意** 在网站上动态渲染任意 HTML 代码是非常危险的，因为容易导致 XSS 攻击。只对可信内容使用 HTML 插值，不要对用户提供的内容使用插值。

【编程训练】

【示例 9-6】demo0906.html

代码如下。

```
<div id="app" v-html="message"></div>
<script>
  var vm=new Vue({
    el: '#app',
    data:{
        message:"欢迎<i>李好</i>登录"
    }
  })
</script>
```

【编程训练】

【示例 9-7】demo0907.html

使用 HTML 代码编辑器 Dreamweaver 创建网页 demo0907.html，在该网页中编写代码，使用 v–html 指令输出指定内容，页面输出格式如下。

```
图书详情
图书名称：HTML5+CSS3 移动 Web 开发实战
出  版  社：人民邮电出版社
价    格：¥58
数    量：2
金    额：116元
```

扫描二维码查看【电子活页 9–3】中网页 demo0907.html 的代码或者从本模块配套的教学资源中打开对应的文档查看相应内容。

电子活页 9–3

9.2.3 表达式插值

前面各个示例中的模板都只绑定了简单的属性键值。实际上，对于所有的数据绑定，Vue 都提供了完全的 JavaScript 表达式支持。

例如：

```
{{ number + 1 }}
{{ ok ? 'YES' : 'NO' }}
{{ message.split('').reverse().join('') }}
```

这些表达式会在所属 Vue 实例的数据作用域下作为 JavaScript 表达式被解析。其有一个限制，即每个绑定都只能包含单个表达式，所以下面的示例都不会生效。

```
<!-- 这是语句，不是表达式 -->
{{ var a = 1 }}
<!-- 流程控制也不会生效，要使用三元表达式 -->
{{ if (ok) { return message } }}
```

【编程训练】

【示例 9-8】demo0908.html

使用 HTML 代码编辑器 Dreamweaver 创建网页 demo0908.html，在该网页中编写代码，使用双花括号语法实现表达式插值，输出数值和逆序字符串。

```
<div id="app">
    <p>{{ number + 1 }}</p>
    <p>{{ message.split('').reverse().join('') }}</p>
</div>
<script>
  new Vue({
    el: '#app',
    data:{
        number: 1,
        message: 'abc'
    }
  })
</script>
```

模板内容的渲染结果如下。

```
<div id="app">
    <p>2</p>
    <p>cba</p>
</div>
```

9.2.4 使用 v-text 指令实现模板插值的类似效果

实现模板插值类似效果的另一种方法是使用 v-text 指令，该指令用于更新元素的内部文本。如果要更新部分内部文本，则需要使用模板插值。

> **注意**　v-text 优先级高于模板插值的优先级。

【编程训练】

【示例 9-9】demo0909.html

使用 HTML 代码编辑器 Dreamweaver 创建网页 demo0909.html，在该网页中编写代码，使用 v-text 指令实现模板插值的类似效果，输出 "欢迎\<i\>安好\</i\>登录"。

```
<div id="app" v-text="message"></div>
<script>
var vm=new Vue({
  el: '#app',
  data:{
      message:"欢迎<i>安好</i>登录"
  }
})
</script>
```

渲染结果如下。

```
<div id="app">欢迎<i>安好</i>登录</div>
```

9.2.5 静态插值

一般的，模板插值是动态插值，即无论何时，只要绑定的数据对象的占位符内容发生了改变，插值处的内容就会更新。

例如：

```
<div id="app">{{ message }}</div>
<script>
var vm = new Vue({
  el: '#app',
  data:{
      'message': '测试内容'
  }
})
</script>
```

运行该程序，vm.message 的内容发生了改变，DOM 结构中的元素内容也相应更新。

如果要实现静态插值，即执行一次性插值，则数据改变时，插值处的内容不会更新，此时需要使用到 v-once 指令。通过使用 v-once 指令，限制只执行一次性插值，当数据改变时，插值处的内容不会更新。

例如：

```
<span v-once>这将不会改变：{{ msg }}</span>
```

【编程训练】

【示例 9-10】demo0910.html

使用 HTML 代码编辑器 Dreamweaver 创建网页 demo0910.html，在该网页中编写代码，使用 v-once 指令实现静态插值，静态输出 "欢迎登录"。

```
<div id="app" v-once>{{ message }}</div>
<script>
```

```
new Vue({
    el: '#app',
    data:{
        message:"欢迎登录"
    }
})
</script>
```

该程序运行时,如果将 vm.message 的值改变为 123,则 DOM 结构中元素的内容仍然是"欢迎登录"。

9.2.6 使用 v-bind 指令动态地绑定一个或多个特性

HTML 有多个全局属性(或称为特性),Vue 支持对特性的内容进行动态渲染。

进行特性渲染时不能使用双花括号语法,以下代码运行时,浏览器控制台中会显示错误提示信息。

```
<div id="app" title={{my-title}}></div>
<script>
var vm = new Vue({
    el: '#app',
    data:{
        'my-title': '测试内容'
    }
})
</script>
```

特性渲染应该使用 v-bind 指令实现,通过 v-bind 指令可以动态地绑定一个或多个特性。

【编程训练】

【示例 9-11】demo0911.html

使用 HTML 代码编辑器 Dreamweaver 创建网页 demo0911.html,在该网页中编写代码,使用 v-bind 指令动态地绑定多个特性,显示"注册"文本及相应的提示信息。

```
<body>
<div id="app" v-bind:style="style1" v-bind:title="message">注册</div>
<script>
    new Vue({
        el: '#app',
        data:{
            style1:'color:red; fontSize:24px',
            message:"单击"注册"按钮,打开注册页面进行注册"
        }
    })
</script>
```

这里的 title 是参数,告知 v-bind 指令将当前元素的 title 属性与表达式 message 的值绑定

浏览网页 demo0911.html 时,显示"注册"文本,鼠标指针指向"注册"文本时,显示相应的提示信息——"单击'注册'按钮,打开注册页面进行注册",如图 9-1 所示。

v-bind 指令的使用频率较高,可简写为如下形式。

```
注册
```
```
单击"注册"按钮,打开注册页面进行注册
```

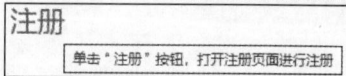

图 9-1 浏览网页 demo0911.html 时显示 "注册"文本及相应的提示信息

```
<div id="app" :style="style1" :title="message"></div>
```

v-bind 指令对结果为布尔值的属性也有效,如果结果被求值为 false,则该属性会被移除。

【编程训练】

【示例 9-12】demo0912.html

代码如下。

```
<button  id="app" :disabled="isDisabled">注册</button>
<script>
```

```
new Vue({
    el: '#app',
    data:{
        'isDisabled': true
    }
})
</script>
```

9.3 模板逻辑控制

对于一般的模板引擎来说，除了模板内容渲染，其功能还包括模板逻辑控制。常用的模板逻辑包括条件和循环。

9.3.1 模板条件渲染

Vue 中，依靠条件指令实现条件逻辑渲染，条件指令包括 v-if、v-else-if、v-else。

1. v-if

根据表达式的值有条件地对元素进行渲染。表达式的值为 true 时，将元素插入 DOM 中，对应的 HTML 部分内容会被渲染，否则对应元素从 DOM 中被移除。Vue 中的 v-if 指令类似于模板引擎的 if 条件语句，在条件发生变化产生切换行为时，元素及其数据绑定/组件被销毁并重建。

根据表达式的值渲染元素时，如果元素是<template>，则会将其内容作为条件块。当条件变化时，v-if 指令触发过渡效果。当 v-for 指令和 v-if 指令一起使用时，v-for 指令的优先级比 v-if 指令的更高。

【编程训练】

【示例 9-13】demo0913.html

使用 HTML 代码编辑器 Dreamweaver 创建网页 demo0913.html，在该网页中编写代码，使用 v-if 指令控制#app 元素的显示或隐藏。

```
<div id="app" v-if="show">
    {{ message }}
</div>
<script>
    var vm=new Vue({
        el: '#app',
        data: {
            message:'你好! plus 会员',
            show:true
        }
    })
</script>
```

上述代码中，如果 show 的值为 true，则对应#app 元素显示，否则将其从 DOM 中移除。

如果想切换多个元素，则可以把一个<template>元素当作包围元素，并在其上使用 v-if 指令。最终的渲染结果不会包含<template>元素。

【编程训练】

【示例 9-14】demo0914.html

使用 HTML 代码编辑器 Dreamweaver 创建网页 demo0914.html，在该网页中编写代码，使用一个<template>元素当作包围元素，并在其上使用 v-if 指令。根据变量 show 的布尔值控制标题与多个段落的显示或隐藏。

```
<div id="app">
    <template v-if="show">
```

```
            <h3>{{ title }}</h3>
            <p>Paragraph 1</p>
            <p>Paragraph 2</p>
        </template>
    </div>
    <script>
        var vm=new Vue({
            el: '#app',
            data: {
                show:true,
                title:'注册协议'
            }
        })
    </script>
```

2. v-else-if

该指令表示 v-if 的 "else if 块"，前一兄弟元素必须有 v-if 或 v-else-if，可以链式调用。

例如：

```
<div v-if="type === 'A'">A</div>
<div v-else-if="type === 'B'">B</div>
<div v-else-if="type === 'C'">C</div>
<div v-else> Not A/B/C</div>
```

3. v-else

该指令用于为 v-if 或者 v-else-if 添加 "else 块"，前一兄弟元素必须有 v-if 或 v-else-if，该指令不需要表达式。

例如：

```
<div v-if="Math.random() > 0.5">
    Now you see me
</div>
<div v-else>
    Now you don't
</div>
```

【编程训练】

【示例 9-15】demo0915.html

使用 HTML 代码编辑器 Dreamweaver 创建网页 demo0915.html，在该网页中编写代码，使用 v-if 指令和 v-else 指令实现条件渲染，根据变量 display 设置的布尔值输出不同内容，变量 display 的值为 true 时，对应输出 "你好！plus 会员"；为 false 时，对应输出 "你好，请登录"。

```
<div id="main">
    <p v-if="display">{{ info1 }}</p>
    <p v-else>{{ info2 }}</p>
</div>
<script>
    var vm=new Vue({
        el: '#main',
        data: {
            info1:'你好！plus 会员',
            info2:'你好，请登录',
            display:false
        }
    })
</script>
```

【编程训练】

【示例 9-16】demo0916.html

使用 HTML 代码编辑器 Dreamweaver 创建网页 demo0916.html，在该网页中编写代码，使用 v-if、v-else-if 和 v-else 指令实现条件渲染，根据变量 rank 的取值输出不同的内容：当变量 rank 的值为"vip"时，输出"你好！vip 会员"；当变量 rank 的值为"plus"时，输出"你好！plus 会员"；否则输出"你好！请登录"。

```html
<div id="main">
  <p v-if="rank==='vip'">你好！vip 会员</p>
  <p v-else-if="rank==='plus'">你好！plus 会员</p>
  <p v-else>你好！请登录</p>
</div>
<script>
  var vm=new Vue({
      el: '#main',
      data: {
          rank:'plus'
        }
      })
</script>
```

4. 元素复用

Vue 会尽可能高效地渲染元素，通常会复用已有元素而不是从头开始渲染。

【编程训练】

【示例 9-17】demo0917.html

使用 HTML 代码编辑器 Dreamweaver 创建网页 demo0917.html，在该网页中编写代码，使用 v-if 指令和 v-else 指令实现在"用户名登录方式"和"E-mail 登录方式"两种登录方式之间进行切换时，复用已有的输入框。

扫描二维码查看【电子活页 9-4】中网页 demo0917.html 的代码或者从本模块配套的教学资源中打开对应的文档查看相应内容。

电子活页 9-4

运行网页 demo0917.html 的代码，每次单击"切换登录方式"按钮进行切换操作时，输入框会被复用，不会被重新渲染。

5. key 属性的应用

Vue 提供了一种方式来声明"两个完全独立且不要复用的元素"，只需添加一个具有唯一值的 key 属性即可。

【编程训练】

【示例 9-18】demo0918.html

使用 HTML 代码编辑器 Dreamweaver 创建网页 demo0918.html，在该网页中编写代码，使用 key 属性声明"两个完全独立且不要复用的元素"，在"用户名登录方式"和"E-mail 登录方式"两种登录方式之间进行切换时，不再复用已有的输入框。

电子活页 9-5

扫描二维码查看【电子活页 9-5】中网页 demo0918.html 的代码或者从本模块配套的教学资源中打开对应的文档查看相应内容。

运行网页 demo0918.html 的代码，每次单击"切换登录方式"按钮进行切换操作时，输入框都将被重新渲染，不会被复用。

> **注意** <label>元素仍然会被高效地复用，因为其没有添加 key 属性。

6. 使用 v-show 指令实现元素显示或隐藏

使用 v-show 指令可以根据表达式的值，切换元素的 display 属性。当 v-show 被赋值为 true 时，元素显示；否则，元素被隐藏。

v-show 指令和 v-if 指令都有元素显示或隐藏的功能，但其原理并不相同。v-if 指令操作的是 DOM 元素，实现的元素显示或隐藏会将元素直接插入 DOM 或从 DOM 中移除；而 v-show 指令操作的是元素的 CSS 属性（即 display 属性），它只是通过元素的 display 来控制元素的显示或隐藏，而不会销毁和重建元素。

v-if 指令是"真正的"条件渲染，因为它确保了在切换过程中条件块内的事件监听器和子组件适当地被销毁及重建。v-if 指令是"惰性"的，如果在初始渲染时条件为假，则什么也不做，直到条件第一次变为真，才会开始渲染相应的 DOM 内容。

而 v-show 指令简单得多，不管初始条件是什么，元素总是会被渲染，并且只是简单地基于 CSS 的 display 属性进行切换。

一般来说，v-if 指令切换有更大的开销，而 v-show 指令的初始渲染开销更大。当组件中某块内容只会显示或隐藏，不会被再次改变显示状态时，使用 v-if 指令更加合适。当组件某块内容的显示或隐藏是可变化的时，使用 v-show 指令更加合理，例如，页面中有一个"toggle"按钮，单击按钮来控制某块区域的显示或隐藏。

如果要非常频繁地进行切换，则建议优先使用 v-show 指令；如果在运行时条件很少改变，则建议优先使用 v-if 指令。频繁操作 DOM 对性能影响很大，在有"toggle"按钮控制的情况下，如果使用 v-if 指令，则相当于频繁增加 DOM 和删除 DOM，所以此时使用 v-show 指令更加合适。

> **注意** v-show 不支持<template>语法，也不支持 v-else 指令。

【编程训练】

【示例 9-19】demo0919.html

使用 HTML 代码编辑器 Dreamweaver 创建网页 demo0919.html，在该网页中编写代码，使用 v-if 指令和 v-show 指令分别实现元素的显示或隐藏。使用 v-if 指令判断变量 rank 的值，如果大于 1，则输出"你好！plus 会员"；使用 v-show 指令判断变量 rank 的值，如果小于 1，则输出"欢迎登录"。

```
<div id="app">
    <p v-if="rank>1">你好！plus 会员</p>
    <p v-show="rank<1">欢迎登录</p>
</div>
<script>
    var vm=new Vue({
        el: '#app',
        data: {
            rank:2
        }
    })
</script>
```

上述代码中，如果 rank>1 成立，则使用了 v-if 指令的<p>元素显示；否则（即 rank<1）使用了 v-show 指令的<p>元素显示。当 rank=1 时，使用了 v-if 指令的<p>元素直接从 DOM 中移除，而使用了 v-show 指令的<p>元素的 display 属性值为 none。

9.3.2 循环渲染

在 Vue 中可以使用循环指令来动态生成多个相同类型的 DOM 元素或组件，以实现循环渲染。Vue

提供了以下 3 种常用的方法，分别是 v-for、v-for 结合 v-if 和 v-for 中应用 key。

1. v-for 的应用

v-for 指令基于源数据对元素或模板进行多次渲染，包含数组迭代、对象迭代和整数迭代等多种用法。此指令的值必须使用特定语法——alias in expression 为当前遍历的元素提供别名，形式如下。

```
<div v-for="item in items">
    {{ item.text }}
</div>
```

另外，可以为数组索引指定别名，或者用于对象的键，形式如下。

```
<div v-for="(item, index) in items"></div>
<div v-for="(val, key) in object"></div>
<div v-for="(val, name, index) in object"></div>
```

v-for 的默认行为会尝试原地修改元素而不是移动它们。要强制其重新排序元素，需要使用特殊属性 key 来提供排序提示。例如：

```
<div v-for="item in items" :key="item.id">
    {{ item.text }}
</div>
```

从 Vue 2.6 开始，v-for 也可以在实现了可迭代协议的值上使用，包括原生的 Map 和 Set。需要注意的是，Vue 2.x 目前并不支持可响应的 Map 和 Set 值，所以无法自动探测变更。

当 v-for 和 v-if 一起使用时，v-for 的优先级比 v-if 的更高。

（1）数组迭代

使用 v-for 指令根据数组的选项列表进行渲染时，v-for 指令的使用形式为"item in items"，其中 items 是源数据数组，item 是数组元素迭代的别名。

【编程训练】

【示例 9-20】demo0920.html

使用 HTML 代 码 编 辑 器 Dreamweaver 创 建 网 页 demo0920.html，在该网页中编写代码，使用 v-for 指令对数组的选项列表进行渲染，其输出结果如图 9-2 所示。

```
图书详情
• HTML5+CSS3移动Web开发实战
• 零基础学Python
• 数学之美
```

图 9-2　网页 demo0920.html 的输出结果

```
<div id="app">
    <h3>{{ info }}</h3>
    <ul>
        <li v-for="book in books">
            {{ book.bookName }}
        </li>
    </ul>
</div>
<script>
    var vm=new Vue({
        el: '#app',
        data: {
            info: '图书详情',
            books: [
                { bookName: 'HTML5+CSS3 移动 Web 开发实战' },
                { bookName: '零基础学 Python' },
                { bookName: '数学之美' }
            ]
        }
    })
</script>
```

也可以使用带有 v-for 的<template>标签渲染多个元素。

【编程训练】

【示例 9-21】demo0921.html

使用 HTML 代码编辑器 Dreamweaver 创建网页 demo0921.html，在该网页中编写代码，使用带有 v-for 的 <template> 标签渲染多个元素，其输出结果如图 9-3 所示。

扫描二维码查看【电子活页 9-6】中网页 demo0921.html 的代码或者从本模块配套的教学资源中打开对应的文档查看相应内容。

v-for 拥有对父作用域中属性的完全访问权限，v-for 支持以一个可选的参数为当前选项的索引。

- HTML5+CSS3移动Web开发实战
- 零基础学Python
- 数学之美

图 9-3 网页 demo0921.html 的输出结果

电子活页 9-6

【编程训练】

【示例 9-22】demo0922.html

代码如下。

```
<div id="app">
    <ul>
        <li v-for="(item,index) in items">
            {{ index+1 }}-{{ item.bookName }}
        </li>
    </ul>
</div>
<script>
    var vm=new Vue({
        el: '#app',
        data: {
            items: [
                { bookName: 'HTML5+CSS3 移动 Web 开发实战' },
                { bookName: '零基础学 Python' },
                { bookName: '数学之美' }
            ]
        }
    })
</script>
```

（2）对象迭代

可以使用 v-for 通过属性来迭代对象，第 1 个参数为属性值，第 2 个参数为键名，第 3 个参数为索引，如 v-for="(value , key , index) in books"。

【编程训练】

【示例 9-23】demo0923.html

使用 HTML 代码编辑器 Dreamweaver 创建网页 demo0923.html，在该网页中编写代码，使用 v-for 通过对象属性实现迭代，其输出结果如图 9-4 所示。

在网页 demo0923.html 中编写的代码如下。

图书详情
- 1-图书名称：HTML5+CSS3移动Web开发实战
- 2-出版社：人民邮电出版社
- 3-价格：58

图 9-4 网页 demo0923.html 的输出结果

```
<div id="app">
    <h3>{{ info }}</h3>
    <ul>
        <li v-for="(value , key , index) in books">
            {{ index+1 }}-{{ key }} : {{ value }}
        </li>
    </ul>
</div>
<script>
```

```
        var vm=new Vue({
            el: '#app',
            data: {
                info: '图书详情,
                books: {
                    图书名称: 'HTML5+CSS3 移动 Web 开发实战',
                    出版社: '人民邮电出版社',
                    价格: 58
                }
            }
        })
    </script>
```

也可以使用 of 替代 in，使用 of 的语法是最接近 JavaScript 迭代器的语法。

【编程训练】

【示例 9-24】demo0924.html

扫描二维码查看【电子活页 9-7】中网页 demo0924.html 的代码或者从本模块配套的教学资源中打开对应的文档查看相应内容。

（3）整数迭代

v-for 也可以实现整数迭代，在这种情况下，它将多次重复模板。

电子活页 9-7

> **注意**　整数迭代是从 1 开始，而不是从 0 开始的。

【编程训练】

【示例 9-25】demo0925.html

使用 HTML 代码编辑器 Dreamweaver 创建网页 demo0925.html，在该网页中编写代码，使用 v-for 实现整数迭代，其输出结果如图 9-5 所示。

1 2 3 4 5 6 7 8 9 10

图 9-5　网页 demo0925.html 的输出结果

```
<div id="app">
    <span v-for="num in 10">
        {{ num }}
    </span>
</div>
<script>
    var vm=new Vue({
        el: '#app'
    })
</script>
```

2. v-for 结合 v-if 的应用

除非必要，否则不要将 v-if 和 v-for 用在同一个元素上。因为当 v-for 和 v-if 处于同一节点时，v-for 的优先级比 v-if 的更高，这就意味着 v-for 每次进行迭代时都会执行一次 v-if，即 v-if 将重复运行于每个 v-for 循环中，这样会造成不必要的计算而影响程序性能，尤其是当只需要渲染很小一部分内容的时候。比较好的做法是直接在数据模型中对列表做好过滤，以减少在视图中执行 v-if 的次数。但是，当想对某些节点进行渲染时，这种优先级机制十分有用。

【编程训练】

【示例 9-26】demo0926.html

使用 HTML 代码编辑器 Dreamweaver 创建网页 demo0926.html，在该网页中编写代码，结合 v-for 和 v-if 输出部分列表选项，其输出结果如图 9-6 所示。

- one
- three

图 9-6　网页 demo0926.html 的输出结果

```
<ul id="app">
  <li v-for="item in items" v-if="item.isShow">
     {{ item.message }}
  </li>
</ul>
<script>
var example = new Vue({
    el: '#app',
    data: {
      items: [
        {isShow: true,message: 'one' },
        {isShow: false,message: 'two' },
        {isShow: true,message: 'three' }
      ]
    }
 })
</script>
```

如果要有条件地跳过循环执行命令，那么将 v-if 置于包装元素或<template>标签之上即可。

【编程训练】

【示例 9-27】demo0927.html

使用 HTML 代 码 编 辑 器 Dreamweaver 创 建 网 页 demo0927.html，在该网页中编写代码，将 v-if 置于<template>标签之上，使用 v-if 实现有条件地跳过循环的执行，其输出结果如图 9-7 所示。

- HTML5+CSS3移动Web开发实战
- 零基础学Python
- 数学之美

图 9-7　网页 demo0927.html 的输出结果

网页 demo0927.html 的代码如下。

```
<div id="main">
  <ul v-if="isShow">
     <template v-for="item in items">
         <li>{{ item.bookName }}</li>
     </template>
  </ul>
</div>
<script>
  var vm=new Vue({
     el: '#main',
     data: {
         isShow:true,
         items: [
             { bookName: 'HTML5+CSS3 移动 Web 开发实战' },
             { bookName: '零基础学 Python' },
             { bookName: '数学之美' }
         ]
     }
  })
</script>
```

3. v-for 中应用 key

当 Vue.js 使用 v-for 更新已渲染过的元素列表时，其默认使用"就地复用"策略。如果数据项的顺序被改变，则 Vue 将不会移动 DOM 元素来匹配数据项的顺序，而是简单复用此处的每个元素，并且确保它在特定索引下显示已被渲染过的每个元素。

这个默认的模式是高效的，但是只适用于不依赖子组件状态或临时 DOM 状态（如表单输入值）的列表渲染输出。

为了给 Vue 一个提示，以便它跟踪每个节点的身份，从而重用和重新排序现有元素，需要为每项提供一个唯一的 key 属性，key 是 Vue 识别节点的通用机制。理想的 key 属性值是每项都有唯一 id，key 属性的工作方式类似于普通的 HTML 属性，所以需要使用 v-bind 来绑定动态值。

例如：

```
<div v-for="item in items" :key="item.id">
  <!-- 内容 -->
</div>
```

建议尽可能使用 v-for 来提供 key，除非迭代 DOM 内容足够简单，或者要依赖于默认行为来获得性能提升。需要注意的是，key 并不会与 v-for 关联。

9.4　Vue.js 数组更新

Vue 为了增加列表渲染的功能，增加了一组更新数组的方法，且可以显示一个数组过滤或排序后的副本。

9.4.1　使用 Vue.js 的变异方法更新数组

Vue 包含一组更新数组的变异方法，它们将会触发视图更新，并且会改变被这些方法调用的原始数组。Vue 的变异方法如下。

（1）push()：接收任意数量的参数，把它们逐个添加到数组末尾，并返回修改后数组的长度。

（2）pop()：从数组末尾移除最后一项，减少数组的 length 值，并返回移除的项。

（3）shift()：移除数组中的第一项并返回该项，同时数组的长度减 1。

（4）unshift()：在数组前端添加任意项并返回新数组的长度。

（5）splice()：删除原数组的一部分项，并可以在被删除的位置添加新的数组项。

（6）sort()：调用每个数组项的 toString() 方法，得到字符串，并对得到的字符串进行排序，返回经过排序之后的数组。

（7）reverse()：用于反转数组的顺序，返回经过排序之后的有序数组。

【编程训练】

【示例 9-28】demo0928.html

使用 HTML 代码编辑器 Dreamweaver 创建网页 demo0928.html，在该网页中编写代码，使用 Vue 的变异方法更新数组。其初始效果如图 9-8 所示，单击各个按钮，按钮下方的数据项会依次发生变化。

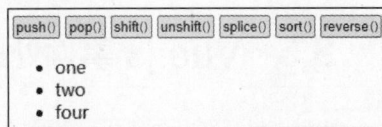

图 9-8　网页 demo0928.html 的初始效果

扫描二维码查看【电子活页 9-8】中网页 demo0928.html 的代码或者从本模块配套的教学资源中打开对应的文档查看相应内容。

电子活页 9-8

9.4.2　使用 Vue.js 的非变异方法更新数组

使用 Vue 的非变异方法更新数组时，不会改变原始数组，总会返回一个新数组。Vue 的非变异方法如下。

（1）concat()：先创建当前数组的一个副本，再将接收到的参数添加到这个副本的末尾，最后返回新构建的数组。

（2）slice()：基于当前数组中的一个或多个项创建一个新数组，接收一个或两个参数，即要返回项的起始位置和结束位置，最后返回新数组。

（3）map()：对数组的每一项运行给定函数，返回每次函数调用的结果组成的数组。

（4）filter()：对数组中的每一项运行给定函数，返回给定函数返回值为 true 的项组成的数组。

【编程训练】

【示例 9-29】demo0929.html

使用 HTML 代码编辑器 Dreamweaver 创建网页 demo0929.html，在该网页中编写代码，使用 Vue 的非变异方法更新数组。网页 demo0929.html 的初始效果如图 9-9 所示，单击各个按钮，按钮下方的数据项会发生变化。

扫描二维码查看【电子活页 9-9】中网页 demo0929.html 的代码或者从本模块配套的教学资源中打开对应的文档查看相应内容。

以上操作并不会导致 Vue 丢弃现有 DOM 并重新渲染整个列表，Vue 实现了一些智能启发式方法来最大化 DOM 元素重用，所以使用一个含有相同元素的数组替换原来的数组是非常高效的操作。

由于 JavaScript 的限制，Vue 不能检测数组的以下变动。

（1）利用索引直接设置一个项，如 vm.items[indexOfItem] = newValue。

以下两种方式都可以实现和 vm.items[indexOfItem]=newValue 相同的效果，同时将触发状态更新。

```
Vue.set(vm.items, indexOfItem, newValue)
vm.items.splice(indexOfItem, 1, newValue)
```

（2）修改数组的长度，如 vm.items.length = newLength。

为了解决这类问题，可以使用 splice()方法。

```
vm.items.splice(newLength)
```

9.4.3 数组的过滤或排序

有时，要显示一个数组的过滤或排序副本，而不实际改变或重置原始数据。在这种情况下，可以创建返回过滤或排序数组的计算属性。

在计算属性不适用的情况下（如在嵌套 v-for 循环中），可以使用 methods 方法。

9.5 Vue.js 事件处理

事件能够实现页面交互，使用 Vue 能够方便地实现事件处理功能。

浏览器中的事件都是以对象的形式存在的，标准 DOM 中规定事件对象必须作为唯一的参数传给事件处理函数，因此访问事件对象时通常会将事件对象作为参数。

所有的 Vue 事件处理方法和表达式都严格绑定在当前视图的 ViewModel 上，它不会导致维护方面出现困难。

9.5.1 事件监听

Vue 中可以通过 v-on 指令来绑定事件监听器，以监听 DOM 事件，并在事件触发时执行一些 JavaScript 代码，或者绑定事件处理方法。

图 9-9 网页 demo0929.html 的初始效果

电子活页 9-9

【编程训练】

【示例 9-30】demo0930.html

使用 HTML 代码编辑器 Dreamweaver 创建网页 demo0930.html，页面中有一个按钮，该按钮下方显示的是单击次数提示信息。通过 v-on 指令绑定事件监听器，每单击一次按钮，下方单击次数就增加 1。网页 demo0930.html 的初始效果如图 9-10 所示，单击 3 次按钮后，网页效果如图 9-11 所示。

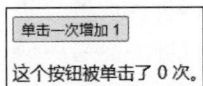

单击一次增加 1

这个按钮被单击了 0 次。

单击一次增加 1

这个按钮被单击了 3 次。

图 9-10　网页 demo0930.html 的初始效果　　　　图 9-11　单击 3 次按钮后的网页效果

```html
<div id="app">
    <button v-on:click="counter += 1">单击一次增加 1</button>
    <p>这个按钮被单击了 {{ counter }} 次。</p>
</div>
<script>
var vm = new Vue({
    el: '#app',
    data: {
        counter: 0
    }
})
</script>
```

许多事件处理逻辑有些复杂，直接把 JavaScript 代码写在 v-on 指令中有时并不可行，此时可以通过使用 v-on 指令调用一个自定义的方法实现。

【编程训练】

【示例 9-31】demo0931.html

代码如下。

```html
<div id="main">
    <!-- showInfo 是以下定义的方法名 -->
    <button v-on:click="showInfo('注册成功！')">提交</button>
</div>
<script>
    var vm=new Vue({
        el: "#main",
        data: {
            message: ''
        },
        // 在 methods 对象中定义方法
        methods: {
            showInfo : function (msg) {
                alert('提示信息: ' + msg)
            }
        }
    })
</script>
```

【编程训练】

【示例 9-32】demo0932.html

使用 HTML 代码编辑器 Dreamweaver 创建网页 demo0932.html，浏览该网页时，页面显示"提交"按钮，单击该按钮时会使用 v-on 指令调用自定义方法 showInfo，弹出提示信息为"提示信息: 用户名不能为空"的对话框，如图 9-12 所示。在图 9-12 所示对话框中单击"确定"按钮，弹出显示按钮的标识名称 BUTTON 的对话框，如图 9-13 所示。

此网页显示

提示信息：用户名不能为空

确定

此网页显示

BUTTON

确定

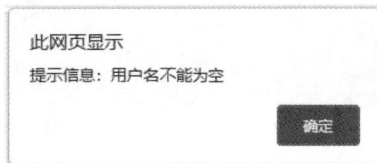

图 9-12　提示信息为"提示信息：用户名不能为空"的对话框　　图 9-13　显示按钮的标识名称 BUTTON 的对话框

扫描二维码查看【电子活页 9-10】中网页 demo0932.html 的代码或者从本模块配套的教学资源中打开对应的文档查看相应内容。

电子活页 9-10

【编程训练】

【示例 9-33】demo0933.html

使用 HTML 代码编辑器 Dreamweaver 创建网页 demo0933.html，浏览该网页时，页面只显示一个"提交"按钮，第 1 次单击该按钮时，使用 v-on 指令调用自定义方法 changeNum，按钮下方显示"这个按钮被单击了 1 次"，如图 9-14 所示。此后，单击按钮的次数改变，页面中输出的内容的次数也会同步变化，实现使用 v-on 指令调用自定义方法动态输出单击次数的功能。

单击

这个按钮被单击了1次

图 9-14　按钮下方显示"这个按钮被单击了 1 次"

在 demo0933.html 中编写的代码如下。

```
<div id="app">
    <button v-on:click="changeNum">单击</button>
    <p>{{ message }}</p>
</div>
<script>
var vm = new Vue({
  el: '#app',
  data:{
    counter:0,
    message:"
  },
  methods: {
    changeNum: function (event) {
      if (event) {
      this.message = '这个按钮被'+event.target.innerHTML + '了' +
                                    ++this.counter + '次';
      }
    }
  }
})
</script>
```

v-on 的简写形式为@，如@click="add"。

【编程训练】

【示例 9-34】demo0934.html

使用 HTML 代码编辑器 Dreamweaver 创建网页 demo0934.html，在该网页中编写代码，使用 v-on 指令调用事件处理方法 showInfo，在页面中输出"欢迎登录"；使用 v-on 简写形式@调用事件处理方法 add，在页面中输出购买数量。

扫描二维码查看【电子活页 9-11】中网页 demo0934.html 的代码或者从本模块配套的教学资源中打开对应的文档查看相应内容。

v-on 除了可以直接绑定到一个方法，还可以在触发事件时执行内联 JavaScript 语句。

电子活页 9-11

【编程训练】

【示例 9-35】demo0935.html

使用 HTML 代码编辑器 Dreamweaver 创建网页 demo0935.html，在该网页中编写代码，使用 v-on 指令调用内联 JavaScript 语句，在页面中显示用户名称。浏览网页时将显示两个按钮，若单击"显示用户 1 的名称"按钮，则在按钮下方输出"当前用户名为：admin"，如图 9-15 所示。若单击"显示用户 2 的名称"按钮，则在按钮下方输出"当前用户名为：江西"。

显示用户1的名称　显示用户2的名称

当前用户名为：admin

图 9-15　浏览网页时单击"显示用户 1 的名称"按钮后输出对应的用户名称

```
<div id="app">
  <button v-on:click="show('admin')">显示用户 1 的名称</button>
  <button v-on:click="show('江西')">显示用户 2 的名称</button>
   <p>{{ userName }}</p>
</div>
<script>
var vm = new Vue({
    el: '#app',
    data:{
      userName:''
    },
    methods: {
      show: function (name) {this.userName = '当前用户名为：'+name;}
    }
 })
</script>
```

有时也需要在内联语句处理器（用于执行在 v-on 指令中直接编写的 JavaScript 语句）中访问原生 DOM 事件，可以使用特殊变量 event 把原生 DOM 事件传入方法。

【编程训练】

【示例 9-36】demo0936.html

使用 HTML 代码编辑器 Dreamweaver 创建网页 demo0936.html，在该网页中编写代码，使用特殊变量 event 把原生 DOM 事件传入方法，在页面中显示用户名称。浏览网页时将显示两个按钮，若单击"显示用户 1 的名称"按钮，则在按钮下方输出"当前用户名为：admin"和"当前单击的按钮名称为：显示用户 1 的名称"，如图 9-16 所示。若单击"显示用户 2 的名称"按钮，则在按钮下方输出"当前用户名为：江西"和"当前单击的按钮名称为：显示用户 2 的名称"。

> 显示用户1的名称　显示用户2的名称
>
> 当前用户名为：admin
>
> 当前单击的按钮名称为：显示用户1的名称

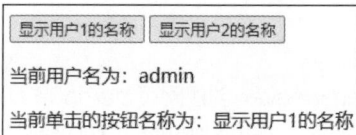

图9-16　浏览网页时单击"显示用户1的名称"按钮后输出对应的用户名称和单击的按钮名称

扫描二维码查看【电子活页 9-12】中网页 demo0936.html 的代码或者从本模块配套的教学资源中打开对应的文档查看相应内容。

电子活页 9-12

9.5.2　巧用事件修饰符

在事件处理程序中调用 event.preventDefault()或 event.stopPropagation() 是常见的操作。尽管可以使用 methods 方法轻松实现事件处理，但是 methods 方法只有纯粹的数据逻辑，而不会处理 DOM 事件细节。为了解决这个问题，Vue 为 v-on 提供了事件修饰符，使用点（.）表示的指令后缀来调用事件修饰符。事件修饰符是指自定义事件行为，配合 v-on 指令来使用，写在事件名称之后，使用"."符号连接，如"v-on:click.stop"表示阻止单击事件冒泡。

常用的事件修饰符如下。

（1）.stop：阻止事件冒泡。

（2）.prevent：阻止默认事件行为。

（3）.once：只触发事件一次。

（4）.capture：使用事件捕获模式。

（5）.self：只在当前元素本身触发。

常用事件修饰符的使用示例如下。

```
<!-- 阻止单击事件冒泡 -->
<a v-on:click.stop="doThis"></a>
<!-- 提交事件不再重载页面 -->
<form v-on:submit.prevent="onSubmit"></form>
<!-- 串联使用修饰符 -->
<a v-on:click.stop.prevent="doThat"></a>
<!-- 只有修饰符，作用是让表单的提交事件取消默认行为 -->
<form v-on:submit.prevent></form>
<!-- 添加事件监听器时使用事件捕获模式 -->
<div v-on:click.capture="doThis">...</div>
<!-- 只当事件在该元素本身触发时触发回调 -->
<div v-on:click.self="doThat">...</div>
<!-- 单击事件将只会触发一次 -->
<a v-on:click.once="doThis"></a>
```

> **注意**　使用修饰符时，顺序很重要，例如，使用@click.prevent.self 会阻止所有的单击事件，而使用@click.self.prevent 只会阻止当前元素上的单击事件。

1．.stop 修饰符

Vue 中默认的事件传递方式是冒泡，所以同一类型的事件会在元素内部和外部触发，有可能会造成事件的错误触发，因此需要使用.stop 修饰符阻止事件冒泡行为。

【编程训练】

【示例 9-37】demo0937.html

使用 HTML 代码编辑器 Dreamweaver 创建网页 demo0937.html，在该网页中编写代码，使用.stop 修饰符阻止事件冒泡。浏览网页时，初始状态会显示 3 个按钮："普通按钮""阻止冒泡"和"还原"。

（1）先单击"阻止冒泡"按钮，由于@click 后使用了.stop 修饰符阻止事件冒泡，按钮下方只输出"子级"内容。再单击"普通按钮"按钮，由于@click 指令没有阻止冒泡，按钮下方输出"子级 子级 父级"内容。最后单击"还原"按钮，返回初始状态，按钮下方显示的内容被清空。

（2）先单击"普通按钮"按钮，由于@click 指令没有阻止事件冒泡，按钮下方输出"子级 父级"内容。再单击"阻止冒泡"按钮，由于@click 后使用了.stop 修饰符实现阻止事件冒泡，按钮下方输出"子级 父级 子级"内容。最后单击"还原"按钮，返回初始状态，按钮下方显示的内容被清空。

扫描二维码查看【电子活页 9-13】中网页 demo0937.html 的代码或者从本模块配套的教学资源中打开对应的文档查看相应内容。

【电子活页 9-13】

2. .prevent 修饰符

HTML 标签具有自身特性，如<a>标签被单击时会自动跳转。在实际程序开发中，如果<a>标签的默认行为与事件发生冲突，则可以使用.prevent 修饰符来阻止<a>标签的默认行为。

【编程训练】

【示例 9-38】demo0938.html

使用 HTML 代码编辑器 Dreamweaver 创建网页 demo0938.html，浏览该网页时，单击"普通链接"超链接，能成功打开百度页面。由于"取消默认行为"超链接的@click 使用了.prevent 修饰符实现阻止默认事件行为，因此单击"取消默认行为"超链接不起作用，无法打开百度页面。

```html
<div id="app">
  <a href="http://www.baidu.com" target="_blank">普通链接</a>
  <a @click.prevent href="http://www.baidu.com" target="_blank">取消默认行为</a>
</div>
<script>
var example = new Vue({
    el: '#app'
  })
</script>
```

3. .once 修饰符

.once 修饰符用于阻止事件多次触发，只触发事件一次。

【编程训练】

【示例 9-39】demo0939.html

使用 HTML 代码编辑器 Dreamweaver 创建网页 demo0939.html，在该网页中编写代码，使用.once 修饰符实现只触发事件一次。浏览网页 demo0939.html，单击"普通按钮"按钮时，下方输出的单击次数同步发生变化；单击"触发一次"按钮时，下方输出的单击次数只改变一次，再次单击"触发一次"按钮时，下方输出的单击次数不再发生改变。

【电子活页 9-14】

扫描二维码查看【电子活页 9-14】中网页 demo0939.html 的代码或者从本模块配套的教学资源中打开对应的文档查看相应内容。

9.6 网页模板制作

在 Vue 中使用网页模板可以使代码更加模块化和易于维护，制作网页模板主要有以下 3 种方法。

1. 直接在构造器的 template 模板中编写代码制作网页模板

这种写法比较直观，适用于简单提示，不适用于编写大量代码。如果模板的 HTML 代码太多，则不建议这么写。

【编程训练】

【示例 9-40】demo0940.html

使用 HTML 代码编辑器 Dreamweaver 创建网页 demo0940.html，在该网页的构造器的 template 模板中编写代码制作网页模板，在页面中输出指定内容。

```
<div id="app">
</div>
<script type="text/javascript">
    var vm=new Vue({
        el: '#app',
        data: {
            info: '图书详情'
        },
        template:`<p style="color:red">{{ this.info }}</p>`
    });
</script>
```

这里需要注意的是模板的标识不是单引号和双引号，而是反引号。

2. 使用<template>标签编写代码制作网页模板

在 HTML 代码中为<template>标签指定一个 id，并在构造器中使用 template:'#id'形式嵌入对应的网页内容。这种方式适用于编写大量代码，直接挂载后即可使用。

【编程训练】

【示例 9-41】demo0941.html

使用 HTML 代码编辑器 Dreamweaver 创建网页 demo0941.html，在该网页中使用<template>标签编写代码制作网页模板。

```
<div id="app">
  <template id="demo">
      <p style="color:red">{{ info }}</p>
  </template>
</div>
<script type="text/javascript">
    var vm=new Vue({
        el: '#app',
        data: {
            info: '图书详情'
        },
        template:'#demo'
    });
</script>
```

3. 使用<script>标签编写代码制作网页模板

在<script>标签中指定一个 id，并在构造器中使用 template:'#id'形式嵌入对应的网页内容。<script>标签的类型是 x-template。这种制作网页模板的方法可以让模板文件从外部引入网页。

【编程训练】

【示例 9-42】demo0942.html

使用 HTML 代码编辑器 Dreamweaver 创建网页 demo0942.html，在该网页中使用<script>标签编写代码制作页面模板，并在<script>标签中指定一个 id，在构造器中使用 template:'#id'形式嵌入对应的网页内容。

```
<div id="main">
</div>
```

```
<script type="x-template" id="demo">
   <p style="color:red">{{ info }}</p>
</script>
<script type="text/javascript">
   var vm=new Vue({
       el: '#main',
       data: {
           info: '图书详情'
           },
       template:'#demo'
   });
</script>
```

9.7 鼠标修饰符与键值修饰符

9.7.1 鼠标修饰符

以下鼠标修饰符会限制处理程序监听特定的鼠标按键。

（1）.left：左键。

（2）.right：右键

（3）.middle：中键。

【编程训练】

【示例 9-43】demo0943.html

使用 HTML 代码编辑器 Dreamweaver 创建网页 demo0943.html，在该网页中编写代码，实现分别以左、中、右键进行单击，按钮名称同步发生变化，即使用鼠标修饰符实现按钮名称随单击的按键发生变化。

电子活页 9-15

扫描二维码查看【电子活页 9-15】中网页 demo0943.html 的代码或者从本模块配套的教学资源中打开对应的文档查看相应内容。

9.7.2 键值修饰符

键盘事件由用户按下或释放键盘上的键触发，与键相关的事件有 keydown、keypress、keyup。

（1）keydown 事件：该事件在按键时触发。

（2）keypress 事件：该事件在按有值的键时触发，即按【Ctrl】键、【Alt】键、【Shift】键、Windows 键盘上的【Windows】键等无值的键时，该事件不会触发。对于有值的键，按键时先触发 keydown 事件，再触发 keypress 事件。

（3）keyup 事件：该事件在释放键时触发。

如果一直按着某个键不释放，则会连续触发键盘事件，触发的顺序如下。

keydown 事件→keypress 事件（重复触发这两个事件）→keyup 事件。

因此，具体监听哪个事件需要根据实际情况来确定，大多数情况下，监听 keyup 事件比较合适，这样可以避免重复触发。

在监听键盘事件时，Vue 允许为 v-on 添加键值修饰符使代码更加简洁和易读，不需要再检查键盘事件对应的内码。

例如：

```
<!-- 只有在 keyCode 是 13 时才调用 vm.submit() -->
<input v-on:keyup.13="submit">
```

要记住所有的内码比较困难，所以 Vue 为常用的键提供了别名。

（1）.enter：【Enter】键。

（2）.tab：【Tab】键。

（3）.delete：捕获【Delete】和【BackSpace】键。

（4）.esc：【Esc】键。

（5）.space：【Enter】键。

（6）.up：【↑】键。

（7）.down：【↓】键。

（8）.left：【←】键。

（9）.right：【→】键。

还可以通过全局 config.keyCodes 对象自定义键值修饰符别名。

例如：

```
// 可以使用 v-on:keyup.a
Vue.config.keyCodes.a = 65
```

【编程训练】

【示例 9-44】demo0944.html

使用 HTML 代码编辑器 Dreamweaver 创建网页 demo0944.html，在该网页中编写代码，对一个输入框绑定 keyup 事件，并使用 ctrl+c 修饰符，表示按【Ctrl】+【C】组合键的时候会弹出提示信息对话框，显示"复制成功"提示信息。

```
<div id="app">
    <input type="text" @keyup.ctrl.exact.c="show('复制成功')">
</div>
<script>
  let vm = new Vue({
     el:"#app",
     methods:{
        show(message){
          alert(message);
        }
     }
  })
</script>
```

其中，exact 修饰符的作用如下：在指定的组合键中，按且只按某个指定键时才会执行绑定操作，即要严格按【Ctrl】+【C】组合键才会触发事件。

9.7.3 其他修饰符

可以使用以下修饰符开启鼠标或键盘事件监听，以在按键被按下时触发响应。

（1）.ctrl。

（2）.alt。

（3）.shift。

（4）.meta。

例如：

```
<!-- 【Alt】+【C】组合键-->
<input @keyup.alt.67="clear">
<!-- 【Ctrl】键+单击-->
<div @click.ctrl="doSomething">Do something</div>
```

应用实践

【任务 9-1】 使用带有 v-for 指令的<template>标签来渲染多个元素

【任务描述】

（1）编写 JavaScript 代码

要实现的功能如下：在 Vue 的 data 区域中定义一个图书数组 books，同时为数组赋初值，该数组中包含多本图书的数据，即 ID、图书名称、出版社名称和价格。

（2）编写 HTML 代码

要实现的功能如下：在 HTML 视图区域中，使用 v-for="value in books"指令来渲染多个元素（这里为表格中的行），循环显示图书数据，value 代表数组的一个元素，这里是一个对象，代表图书的 ID、图书名称、出版社名称和价格。对象内容的值使用小数点 "." 加上属性名称进行访问，如 value.bookID、value.bookName、value.publisher、value.price。

【任务实施】

在指定文件夹中创建 task0901.html 文件，在该文件中编写代码，实现要求的功能。

扫描二维码查看【电子活页 9-16】中网页 task0901.html 的代码或者从本模块配套的教学资源中打开对应的文档查看相应内容。

代码解读见代码中的注释内容。

网页 task0901.html 的浏览效果如图 9-17 所示。

电子活页 9-16

图书详情

ID	图书名称	出版社名称	价格
1	HTML5+CSS3移动Web开发实战	人民邮电出版社	58
2	零基础学Python（全彩版）	吉林大学出版社	79.8
3	数学之美	人民邮电出版社	49

图 9-17　网页 task0901.html 的浏览效果

【任务 9-2】 使用 v-for 指令循环显示嵌套的对象

【任务描述】

（1）编写 JavaScript 代码

要实现的功能如下：在 Vue 的 data 区域中定义一个图书数组 books，同时为数组赋初值。该数组中包含多个出版社出版的图书数据，即出版社名称和出版的图书，每个出版社出版了多本图书，即该图书数组的元素中包含嵌套对象。

（2）编写 HTML 代码

要实现的功能如下：在 HTML 视图区域中，使用 v-for 指令和 v-if 指令循环显示嵌套的对象，在循环显示对象中的每个元素时，判断元素是否为对象，如果元素是对象，则循环显示该对象的元素内容。如果元素不是对象，为普通的值，则直接显示其内容。

电子活页 9-17

【任务实施】

在指定文件夹中创建 task0902.html 文件，在该文件中编写代码，实现要求的功能。

扫描二维码查看【电子活页 9-17】中网页 task0902.html 的代码或者从本模块配套的教学资源中打开对应的文档查看相应内容。

代码解读见代码中的注释内容。

网页 task0902.html 的浏览效果如图 9-18 所示。

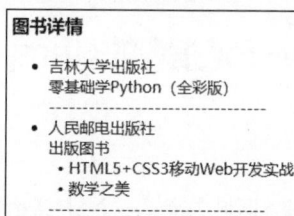

图书详情

- 吉林大学出版社
  零基础学Python（全彩版）

- 人民邮电出版社
  出版图书
  • HTML5+CSS3移动Web开发实战
  • 数学之美

图 9-18　网页 task0902.html 的浏览效果

在线测试

扫描二维码，完成本模块的在线测试。

模块 9

在线测试

模块 10
Vue.js数据绑定与样式绑定

10

Vue 可以实现双向数据绑定（通过 MVVM 模式），即当数据发生变化的时候，视图也随着发生变化，当视图发生变化的时候，数据也会随着同步变化，这也是 Vue 的精髓之处。值得注意的是，我们所说的双向数据绑定，一定是对于用户界面控件来说的，非用户界面控件不会涉及双向数据绑定。

class 与 style 是 HTML 元素的属性，用于设置元素的样式，可以用 v-bind 来设置样式属性。

📝 学习领会

10.1 Vue.js 表单控件的数据绑定

在 Web 应用程序开发过程中，表单控件是重要的页面组成元素，它能实现与服务器的各种交互功能。Vue 也为各种表单控件的控制提供了相应的方法。v-model 指令用来将表单元素的值与数据模型进行绑定，使用起来比较方便。

可以使用 v-model 指令对表单元素创建双向数据绑定，v-model 会根据元素类型自动选取正确的方法来更新元素。v-model 本质上不过是语法糖，它负责监听用户的输入事件以更新数据。

> **注意** v-model 会忽略所有表单元素的 value、checked、selected 特性的初始值，因为它会选择 Vue 实例数据作为具体的值。所以应该通过 JavaScript 组件的 data 选项声明初始值。

10.1.1 输入框的数据绑定

输入框主要包括单行输入框和多行输入框。

单行输入框通常称为文本框，使用 HTML 的\<input>标签，type 属性为 text，使用 v-model 指令可以将它的值与数据模型中指定的属性进行绑定。对于不同的表单控件，v-model 指令会使用不同的属性和事件，其针对文本框控件使用的是 value 属性、name 属性和 input 事件，这样就会在用户输入的过程中随时同步所输入的内容。输入内容较多时，通常使用多行输入框，只需要使用\<textarea>\</textarea>标签即可。

【编程训练】
【示例 10-1】demo1001.html
使用 HTML 代码编辑器 Dreamweaver 创建网页 demo1001.html，在该网页中编写代码，使用 v-model 指令实现 input 和 textarea 控件的双向数据绑定，在页面上输出 input 和 textarea 控件中输入的数据，并与输入框中的数据同步变化。在 Chrome 浏览器中浏览网页 demo1001.html 的初始结果如图 10-1 所示。

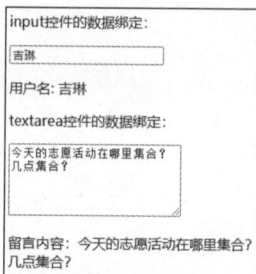

图10-1 在 Chrome 浏览器中浏览网页 demo1001.html 的初始结果

```
<div id="app">
  <p>input 控件的数据绑定: </p>
  <input type="text" v-model="inputName" placeholder="请输入用户名……">
  <p>用户名: {{ inputName }}</p>
  <p>textarea 控件的数据绑定: </p>
  <textarea cols="25" rows="5" placeholder="请留言……"
        v-model="infoText"></textarea>
  <p style="white-space: pre-line">留言内容: {{ infoText }}</p>
</div>
<script>
  var vm=new Vue({
    el: "#app",
    data: {
      inputName: '吉琳',
      infoText:'今天的志愿活动在哪里集合? \r\n 几点集合? '
    }
  })
</script>
```

浏览网页 demo1001.html 时，在页面的输入框中删除默认的数据或输入新的数据，页面中的输出内容会同步变化。打开 Chrome 浏览器的控制台，在控制台提示符 ">" 后分别输入以下代码 (且按【Enter】键)：

```
vm.inputName='李斯'
vm.infoText='志愿活动成功开展'
```

可以发现输入框中的数据和页面中的输出内容同步发生了变化，如图 10-2 所示。

图10-2 通过浏览器控制台更新数据后，输入框中的数据和页面中的输出内容同步发生了变化

> **注意** 在文本区域 (`<textarea></textarea>`) 中插值并不会生效，可以使用 v-model 指令来显示和绑定数据。

实际上 v-model 是:value 和 input 事件的语法糖，如以下代码所示。

```
<div id="app">
  <input type="text" :value="inputName"  placeholder="请输入用户名……"
        @input="inputName=$event.target.value">
```

```
    <p>用户名: {{ inputName }}</p>
</div>
<script>
    var vm=new Vue({
        el: "#app",
        data: {
            inputName: "
        }
    })
</script>
```

10.1.2　复选框的数据绑定

复选框的 type 属性为 checkbox，适用于在一组选项中选中一个或多个选项的场景。

单个复选框可绑定一个布尔值，多个复选框可绑定到同一个数组。

【编程训练】

【示例 10-2】demo1002.html

使用 HTML 代码编辑器 Dreamweaver 创建网页 demo1002.html，在该网页中编写代码，使用 v-model 指令实现 checkbox 控件（复选框）的双向数据绑定。浏览网页 demo1002.html 时勾选复选框的效果如图 10-3 所示。

图 10-3　浏览网页 demo1002.html 时勾选复选框的效果

扫描二维码查看【电子活页 10-1】中网页 demo1002.html 的代码或者从本模块配套的教学资源中打开对应的文档查看相应内容。

在浏览器的控制台中通过赋值方式（如 vm.checked=false）也可以改变复选框的选择状态，对应的复选框会取消选中状态。

电子活页 10-1

10.1.3　单选按钮的数据绑定

单选按钮使用 HTML 的<input>标签，type 属性为 radio，适用于在多个选项中只能选中其中一个的场景。

使用 v-model 指令也能实现单选按钮的双向数据绑定。在 Vue 中绑定单选按钮的方法是先将一组单选按钮的 value 属性分别设置好，再使用 v-model 指令将其绑定到同一个变量上。

【编程训练】

【示例 10-3】demo1003.html

使用 HTML 代码编辑器 Dreamweaver 创建网页 demo1003.html，在该网页中编写代码，使用 v-model 指令实现单选按钮的双向数据绑定。浏览网页 demo1003.html 时选中单选按钮的效果如图 10-4 所示。

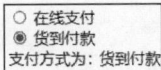

图 10-4　浏览网页 demo1003.html 时选中单选按钮的效果

```
<div id="app">
    <input type="radio" id="onlinePayment" value="在线支付"
                                    v-model="picked">
    <label for="onlinePayment">在线支付</label>
```

```
    <br>
    <input type="radio" id="cashOnDelivery" value="货到付款"
                                        v-model="picked">
    <label for="cashOnDelivery">货到付款</label>
    <br>
    <span>支付方式为：{{ picked }}</span>
</div>
<script>
    var vm=new Vue({
        el: "#app",
        data: {
            picked:'在线支付'
        }
    })
</script>
```

10.1.4　选择列表的数据绑定

选择列表也称为下拉列表框，用于从多个选项中选中一个选项。下拉列表框常态下处于隐藏状态，展开以后可以展示多个选项，因此通常用于选项比较多时。

使用 v-model 指令也能实现选择列表的双向数据绑定，选择（select）列表分为单选列表和多选列表两种类型。需要注意的是，下拉列表框中的第 1 项最好设置为"请选择"。如果表单中下拉列表框中的选项是必选项，则可以将"请选择"选项设置为禁用，使用户无法选中这一项。使用<select>标签也可以实现多选的效果，方法是给它设置 multiple 属性，这样显示在网页中的是一个列表框，而不是下拉列表框，在列表框中进行选择时，如果按住【Ctrl】键，则可以实现单个多选，如果按住【Shift】键，则可以实现连续选择多个选项。

1. 使用 v-model 指令实现单选列表的数据绑定

【编程训练】

【示例 10-4】demo1004.html

使用 HTML 代码编辑器 Dreamweaver 创建网页 demo1004.html，在该网页中编写代码，使用 v-model 指令实现单选列表的双向数据绑定。浏览网页 demo1004.html 时，在下拉列表框中有多个选项供选择，选中"湖南"选项的效果如图 10-5 所示。

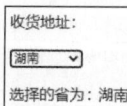

图 10-5　浏览网页 demo1004.html 时选中"湖南"选项的效果

```
<div id="app">
  <p>收货地址：</p>
  <select v-model="selected" name="province">
      <option value="">请选择省</option>
      <option value="湖南">湖南</option>
      <option value="湖北">湖北</option>
      <option value="江西">江西</option>
      <option value="四川">四川</option>
      <option value="贵州">贵州</option>
  </select>
  <p>选择的省为：{{ selected }}</p>
</div>
<script>
```

```
        var vm=new Vue({
            el: "#app",
            data: {
                selected: "
            }
        })
</script>
```

2. 使用 v-model 指令实现多选列表的数据绑定

【编程训练】

【示例 10-5】demo1005.html

使用 HTML 代码编辑器 Dreamweaver 创建网页 demo1005.html，在该网页中编写代码，使用 v-model 指令实现多选列表的双向数据绑定。浏览网页 demo1005.html 时，在下拉列表框中有多个选项供选择，选中"湖南"和"江西"两个选项的效果如图 10-6 所示。

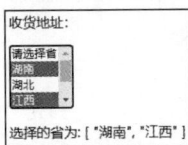

图 10-6　浏览网页 demo1005.html 时选中"湖南"和"江西"两个选项的效果

```
<div id="app">
    <p>收货地址： </p>
    <select v-model="selected" name="province" multiple>
        <option value="">请选择省</option>
        <option value="湖南">湖南</option>
        <option value="湖北">湖北</option>
        <option value="江西">江西</option>
        <option value="四川">四川</option>
        <option value="贵州">贵州</option>
    </select>
    <p>选择的省为： {{ selected }}</p>
</div>
<script>
    var vm=new Vue({
        el: "#app",
        data: {
            selected: []
        }
    })
</script>
```

3. 使用 v-model 结合 v-for 指令渲染动态选项

【编程训练】

【示例 10-6】demo1006.html

使用 HTML 代码编辑器 Dreamweaver 创建网页 demo1006.html，在该网页中编写代码，使用 v-model 结合 v-for 指令渲染动态选项。在浏览器中浏览该网页时，用户等级的初始选择状态如图 10-7 所示。

图 10-7　网页 demo1006.html 中用户等级的初始选择状态

在下拉列表框中选择"二级用户"选项时，对应的用户等级显示为"B"；在下拉列表框中选择"三级用户"选项时，对应的用户等级显示为"C"。

扫描二维码查看【电子活页 10-2】中网页 demo1006.html 的代码或者从本模块配套的教学资源中打开对应的文档查看相应内容。

电子活页 10-2

10.2 绑定 value

对于单选按钮、选择列表，v-model 绑定的 value 通常是静态字符串；对于复选框，如果只有一个复选框，则 v-model 绑定的 value 是一个布尔值，如果有多个复选框，则 v-model 绑定的 value 是一个数组。

例如：

```html
<!-- 当选中时, picked 为字符串"货到付款" -->
<input type="radio" v-model="picked" value="货到付款">
<!-- toggle 为 true 或 false -->
<input type="checkbox" v-model="toggle">
<!-- 当选中时, selected 为字符串"湖南" -->
<select v-model="selected">
  <option value="湖南">湖南</option>
</select>
```

如果要绑定 value 到 Vue 实例的一个动态属性上，则可以用 v-bind 实现，且这个属性的值可以不是字符串。

10.2.1 复选框绑定 value

【编程训练】

【示例 10-7】demo1007.html

使用 HTML 代码编辑器 Dreamweaver 创建网页 demo1007.html，在该网页中编写代码，使用 v-model 指令实现复选框绑定 value。浏览网页 demo1007.html 时的初始状态如图 10-8 所示，复选框的选中与未选中状态如图 10-9 所示。

货到付款 □

图 10-8　浏览网页 demo1007.html 时的初始状态

货到付款 ☑ true　　　货到付款 □ false

图 10-9　浏览网页 demo1007.html 时复选框的选中与未选中状态

```html
<div id="app">
  <label for="checkbox1">货到付款</label>
  <input type="checkbox" id="checkbox1" v-model="toggle"
         :true-value="t" :false-value="f">
  <span>{{ toggle }}</span>
</div>
<script>
  var vm=new Vue({
      el: "#app",
      data: {
          toggle:'',
          t:true,
          f:false
      }
    })
</script>
```

10.2.2　单选按钮绑定 value

【编程训练】

【示例 10-8】demo1008.html

使用 HTML 代码编辑器 Dreamweaver 创建网页 demo1008.html，在该网页中编写代码，使用 v-model 指令实现单选按钮绑定 value。浏览网页 demo1008.html 时的初始状态如图 10-10 所示，单选按钮的选中状态如图 10-11 所示。

图 10-10　浏览网页 demo1008.html 时的初始状态

图 10-11　浏览网页 demo1008.html 时单选按钮的选中状态

```
<div id="app">
  <label for="radio1">货到付款</label>
  <input type="radio" id="radio1" v-model="pick" :value="t">
  <span>{{ pick }}</span>
</div>
<script>
  var vm=new Vue({
    el: "#app",
    data: {
      pick:",
        t:true
      }
  })
</script>
```

10.2.3　选择列表绑定 value

【编程训练】

【示例 10-9】demo1009.html

使用 HTML 代码编辑器 Dreamweaver 创建网页 demo1009.html，在该网页中编写代码，使用 v-model 指令实现选择列表绑定 value。浏览网页 demo1009.html 时，在下拉列表框中有多个选项供选择，选中"湖南"选项的效果如图 10-12 所示。

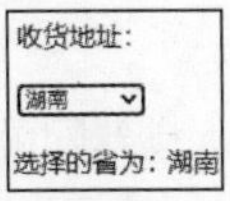

图 10-12　浏览网页 demo1009.html 时选中"湖南"选项的效果

```
<div id="app">
  <p>收货地址: </p>
  <select v-model="selected" name="province">
    <option :value="{ site:" }">请选择省</option>
    <option :value="{ site:'湖南' }">湖南</option>
    <option :value="{ site:'湖北' }">湖北</option>
    <option :value="{ site:'江西' }">江西</option>
    <option :value="{ site:'贵州' }">贵州</option>
  </select>
  <p>选择的省为: {{ selected.site }}</p>
```

```
  </div>
  <script>
    var vm=new Vue({
        el: "#app",
        data: {
            selected: "
          }
      })
  </script>
```

10.3 在 v-model 指令中巧用修饰符

v-model 指令有 3 个可以选用的修饰符：.lazy、.number 及.trim。

（1）.lazy

该修饰符用于取代 input 监听 change 事件，当进行双向数据绑定时，只有光标离开输入框后，才更新对应的变量。

例如：<input type="text" v=model.lazy="password">。

（2）.number

该修饰符用于自动将用户输入的字符串转换为数值。

例如：<input type="text" v-model.number="age">。

（3）.trim

该修饰符用于自动过滤输入内容的首尾空白字符。

例如：<input type="text" v-model.trim="userName">。

10.3.1 巧用.lazy 修饰符

在默认情况下，v-model 在每次 input 事件触发后都会对输入框中的数据进行同步。如果需要转变为在 change 事件中同步数据，则可以添加一个修饰符.lazy。添加.lazy 修饰符可以改为在 change 事件触发后进行同步，这样只有在输入框失去焦点后才会改变对应的模型属性的值，因此称之为"惰性"绑定。

例如：

```
<!-- 在 change 事件而不是 input 事件中更新 -->
<input v-model.lazy="msg" >
<p>文本内容：{{ msg }}</p>
```

光标移出输入框后，<p></p>之间的文本内容才会发生变化，与输入框同步数据。

【编程训练】

【示例 10-10】demo1010.html

使用 HTML 代码编辑器 Dreamweaver 创建网页 demo1010.html，在该网页中编写代码，在 v-model 指令中使用修饰符.lazy，实现 v-model 在 change 事件中同步输入框中的数据。浏览网页 demo1010.html 时，先在输入框中输入数据，等到光标移出输入框后，输入框外的用户名才会发生变化，与输入框同步数据。

```
<div id="app">
  <p>input 控件操作：</p>
  <input type="text" v-model.lazy="inputName"
                placeholder="请输入用户名……">
  <p>用户名：{{ inputName }}</p>
</div>
<script>
  var vm=new Vue({
```

```
        el: "#app",
        data: {
            inputName: "
        }
    })
</script>
```

10.3.2 巧用 .number 修饰符

如果想自动将用户在表单控件中的输入值转换为数值，则可以添加一个修饰符 .number 为 v-model 处理输入值。例如：

```
<input v-model.number="age" type="number">
```

通常情况下，HTML 中 <input> 标签的值总会返回字符串，使用 .number 修饰符以后，会自动将其转换为数值再赋予数据模型。如果输入的值无法被 parseFloat() 解析，即其转换结果为 NaN，则会返回原始的值。.number 修饰符很实用，因为在 type="number" 时输入的值总是会返回字符串。

电子活页 10-3

【编程训练】

【示例 10-11】demo1011.html

扫描二维码查看【电子活页 10-3】中网页 demo1011.html 的代码或者从本模块配套的教学资源中打开对应的文档查看相应内容。

10.3.3 巧用 .trim 修饰符

如果需要自动过滤用户在表单控件中输入的首尾空白字符，则可以为 v-model 添加 .trim 修饰符，对输入的空白字符进行过滤。例如：

```
<input v-model.trim="inputName">
```

【编程训练】

【示例 10-12】demo1012.html

代码如下。

```
<div id="app">
    <input type="text" v-model.trim="inputName"
                    placeholder="请输入用户名……">
    <p>用户名：{{ inputName }}</p>
</div>
<script>
    var vm=new Vue({
        el: "#app",
        data: {
            inputName: "
        }
    })
</script>
```

10.4 绑定 class 属性

数据绑定的一个常见功能是操作元素的 class 列表及其内联样式，因为它们都是 HTML 元素的属性，可以用 v-bind 来设置样式属性。在 v-bind 用于 class 和 style 时，Vue 专门增强了 v-bind 指令，表达式的结果除了可以是字符串，还可以是对象或数组。

绑定 class 属性包括对象方式、数组方式、三元表达式方式和组件方式。

10.4.1 以对象方式绑定 class 属性

以对象方式绑定 class 属性的方法是使用 v-bind 指令,设定对象的属性名为 class 的名称,属性值为 true 或者 false。当使用 v-bind:class 指令将一个对象绑定到 class 属性时,如果该对象的某个属性值为 true,则对应的类名会被添加到 HTML 元素上;否则不会被添加。

1. 为 v-bind:class 绑定一个对象

可以为 v-bind:class 绑定一个对象,从而动态地切换 class。

语法格式如下。

```
v-bind:class='{ 样式名: 条件 }'
```

"条件"控制着是否在 class 列表中增加该"样式名",只有"条件"满足时,class 列表中才会增加该"样式名"。"条件"可以定义在 data 中,或者以 computed 计算属性的方式生成。

例如:

```
<div v-bind:class="{ active: isActive }"></div>
```

这里的 active 的更新将取决于数据属性 isActive 是否为 true。当 isActive 为 true 时,active 的样式就会被加载;当 isActive 为 false 时,active 的样式不会被加载。

【编程训练】

【示例 10-13】demo1013.html

使用 HTML 代码编辑器 Dreamweaver 创建网页 demo1013.html,在该网页中编写代码,使用 v-bind 指令实现为 class 绑定一个对象,从而动态地切换 class。至于输出的文本内容是否应用指定的样式 style1,取决于数据属性 isActive 是否为 true。

```
<div id="app">
  <div v-bind:class="{'style1': isActive}">
      {{ info }}
  </div>
</div>
<script>
  var vm=new Vue({
      el: '#app',
      data: {
          info:'请登录',
          isActive: true
      }
  })
</script>
```

其中,类 style1 的属性设置如下。

```
<style>
  .style1 {
    font-size: 24px;
    font-weight: bold;
    color:purple;
  }
</style>
```

实际上,以对象方式绑定 class 属性的时候,不一定要使用内联方式,可以将 class 属性通过 v-bind 指令绑定到一个变量,还可以将其绑定到计算属性或者方法上。

2. 在对象中传入多个属性

可以在对象中传入多个属性来动态切换多个 class,v-bind:class 指令可以与普通的 class 属性共存。

例如:

```
<div class="static"  :class="{ active: isActive, 'text-danger': hasError }">
</div>
```

当 isActive 或者 hasError 变化时，class 列表将相应更新。

【编程训练】

【示例 10-14】demo1014.html

使用 HTML 代码编辑器 Dreamweaver 创建网页 demo1014.html，在该网页中编写代码，使用 v-bind:class 指令与普通 class 属性共同灵活设置样式，实现在对象中传入多个属性来动态切换多个 class。

在网页 demo1014.html 中编写的代码如下。

```
<div id="app" class="style1"
     v-bind:class="{ color1: isActive, 'text-danger': hasError }">请登录
</div>
<script>
var vm = new Vue({
  el: '#app',
  data:{
        isActive:true,
        hasError:false
  }
})
</script>
```

其中，类 style1、color1 和 text-danger 的属性设置如下。

```
<style>
  .style1 {
    font-size: 24px;
    font-weight: bold;
    }
  .color1{
    color:blue;
    }
  .text-danger {
    color: red;
    font-size: 24px;
    }
</style>
```

在浏览器中浏览网页时，HTML 代码被渲染为

```
<div id="app" class="style1 color1"></div>
```

当 isActive 或者 hasError 变化时，class 列表将相应更新。例如，如果 hasError 的值变为 true，则 class 列表将变为"style1 color1 text-danger "。

3. 为 v-bind:class 直接绑定 data 中的一个对象

也可以为 v-bind:class 直接绑定 data 中的一个对象。

【编程训练】

【示例 10-15】demo1015.html

扫描二维码查看【电子活页 10-4】中网页 demo1015.html 的代码或者从本模块配套的教学资源中打开对应的文档查看相应内容。

电子活页 10-4

也可以为 v-bind:class 绑定返回对象的计算属性。

【编程训练】

【示例 10-16】demo1016.html

使用 HTML 代码编辑器 Dreamweaver 创建网页 demo1016.html，在该网页中编写代码，为 v-bind:class 绑定对象的 classObject 计算属性。classObject 计算属性包括 3 个数据的返回值，分别为 base:true、active:this.isActive && !this.error.value、'text-danger': this.error.value && this.error.type === 'fatal'。

```
<div id="main">
    <div v-bind:class="classObject">
        {{ info }}
    </div>
</div>
<script>
    var vm=new Vue({
        el: '#main',
        data: {
            info:'请登录',
            isActive:true,
            error:{
                value:false,
                type:'fatal'
            }
        },
        computed:{
            classObject: function(){
                return{
                    base:true,
                    active: this.isActive && !this.error.value,
                    'text-danger': this.error.value &&
                                    this.error.type === 'fatal'
                }
            }
        }
    })
</script>
```

上述代码中，this.isActive 的值为 true，!this.error.value 的值为 true，所以 active 的值为 true；this.error.value 的值为 false，this.error.type 的值为'fatal'，即 this.error.type === 'fatal'的值为 true，因此'text-danger'的值为 false。最终网页中的文本内容的样式由 base 和 active 共同决定。

10.4.2　以数组方式绑定 class 属性

Vue 还可以利用数组方式绑定 class 属性，可以把一个数组传给 v-bind:class，以应用一个 class 列表。在数组中，将每个元素的值设为样式对应的字符串即可，数组元素也可以是变量、计算属性或者调用方法的结果。

语法格式如下。

```
v-bind:class='[别名 1, 别名 2]'
data: {别名 1: '样式名 1', 别名 2: '样式名 2'
}
```

例如：

```
<div:class="[activeClass, errorClass]"></div>
data: {activeClass: 'active',errorClass: 'text-danger'
}
```

代码被渲染为

```
<div class="active text-danger"></div>
```

【编程训练】

【示例 10-17】demo1017.html

代码如下。

```
<div id="app" :class="[activeClass, errorClass]">欢迎登录</div>
<script>
```

```
var app = new Vue({
    el: '#app',
    data: {
        activeClass: 'style1',
        errorClass: 'style2'
    }
})
</script>
```

其中，类 style1、style2 的属性设置如下。

```
<style>
    .style1 {
        font-size: 20px;
        font-weight: bold;
    }
    .style2 {
        color: blue;
    }
</style>
```

10.4.3　以三元表达式方式绑定 class 属性

如果要根据条件切换列表中的 class，则可以用三元表达式绑定 class 属性。
语法格式如下。

```
v-bind:class="条件 ? "样式 1" : "样式 2""
```

例如：

```
<div :class="isActive ? 'oneStyle' : 'twoStyle'"></div>
<div id="app" :class="[isActive ? activeClass : '', errorClass]"></div>
```

但当有多个条件时这样写有些烦琐，可以在数组中使用对象绑定，例如：

```
<div id="app" :class="[{ active: isActive }, errorClass]"></div>
```

这样写将始终添加 errorClass，但是只有在 isActive 为 true 时才添加 activeClass。

10.4.4　以组件方式绑定 class 属性

当在一个定制组件上用到 class 属性时，组件中的类将被添加到根元素上，且已经存在的类不会被覆盖。

【编程训练】
【示例 10-18】demo1018.html
代码如下。

```
<div id="app" class="test">
    <my-component class="style1 style2"></my-component>
</div>
<script>
Vue.component('my-component', {
    template: '<p class="style3 style4">欢迎登录</p>'
})
var app = new Vue({
    el: '#app'
})
</script>
```

HTML 代码最终将被渲染为

```
<div id="app" class="test">
    <p class="style3 style4 style1 style2">欢迎登录</p >
</div>
```

以组件方式绑定 class 属性时，组件中的类也会被添加到根元素上，且不会覆盖已有的类。
例如：

```
<div id="app" class="test">
    <my-component :class="{ active: isActive }"></my-component>
</div>
<script>
Vue.component('my-component', {
    template: '<p class=" style3 style4">欢迎登录</p>'
})
var app = new Vue({
    el: '#app',
    data:{
        isActive:true
    }
})
</script>
```

HTML 代码最终将被渲染为

```
<div id="app" class="test">
    <p class="style3 style4 active ">欢迎登录</p >
</div>
```

10.5 绑定 style

在某些场景中，需要动态确定元素的 style 属性值，使用 Vue 可以方便地实现这一功能。

10.5.1 使用 v-bind:style 直接设置样式

v-bind:style 的作用十分直观，绑定内联样式的对象看起来很像 CSS 对象，其实它是一个 JavaScript 对象。CSS 属性可以用驼峰格式或者短横分隔（配合引号）命名法命名。
语法格式如下。

```
v-bind:style="{ 样式名 1: 样式值 1, 样式名 2: 样式值 2 }"
```

例如：

```
<div :style="{ color: activeColor, fontSize: fontSize + 'px' }"></div>
// ...
data: {activeColor: 'red', fontSize: 12
}
```

【编程训练】
【示例 10-19】demo1019.html
使用 HTML 代码编辑器 Dreamweaver 创建网页 demo1019.html，在该网页中编写代码，使用 v-bind:style 直接设置文本内容的样式——颜色为 blue，文字大小为 24px。

```
<div id="app" :style="{ color: activeColor, fontSize: size + 'px' }">
    欢迎登录
</div>
<script>
    var vm=new Vue({
        el: '#app',
        data: {
            activeColor: 'blue',
            size: 24
        }
    })
</script>
```

HTML 代码将被渲染为

```
<div id="app" :style="{ color:blue ; fontSize:24px; }">欢迎登录</div>
```

10.5.2　使用 v-bind:style 绑定样式对象

使用 v-bind:style 直接绑定一个样式对象的作用更好，能使模板更清晰。

语法格式如下。

```
<div v-bind:style="styleObject"></div>
```

例如：

```
data: {styleObject: {color: 'red', fontSize: '14px'}
}
```

当然，它也可以结合计算属性来使用。

【编程训练】

【示例 10-20】demo1020.html

代码如下。

```
<div id="app" :style="objStyle">欢迎登录</div>
<script>
    var vm=new Vue({
        el: '#app',
        data: {
            objStyle: {
                color: 'blue',
                fontSize: '24px'
            }
        }
    })
</script>
```

实际上，在以对象方式绑定 style 属性的时候，也可以将 style 属性通过 v-bind 指令绑定到变量上。

10.5.3　使用 v-bind:style 绑定样式数组

使用 v-bind:style 绑定样式数组，可以方便地实现将多个样式对象应用到同一个元素上。在数组中，元素可以是对象或者变量。

语法格式如下。

```
v-bind:style="[样式对象 1，样式对象 2]"
```

例如：

```
<div :style="[baseStyles, overridingStyles]"></div>
```

电子活页 10-5

【编程训练】

【示例 10-21】demo1021.html

扫描二维码查看【电子活页 10-5】中网页 demo1021.html 的代码或者从本模块配套的教学资源中打开对应的文档查看相应内容。

10.5.4　使用三元表达式动态绑定 style

使用三元表达式动态绑定 style 可以根据条件切换不同内联样式，常用于根据数据状态实时改变样式的情况。

语法格式如下。

```
v-bind:style="{ 样式名: 条件 ? 样式值 1: 样式值 2 }"
```

例如：

```
<div :style="{ color: isTruthy ? 'red' : 'blue' }"></div>
```

10.5.5 使用 v-bind:style 绑定多重值

可以为 style 绑定的属性提供一个包含多个值的数组，常用于提供多个带前缀的值，例如：

```
<div :style="{ display: ['-webkit-box', '-ms-flexbox', 'flex'] }"></div>
```

这样写只会渲染数组中最后一个被浏览器支持的值。在本例中，如果浏览器支持不带浏览器前缀的弹性盒（flexbox），那么只会渲染 display: flex。

10.5.6 Vue.js 对浏览器前缀的处理

当 v-bind:style 使用需要特定前缀的 CSS 属性（如 transform）时，Vue 会自动监测相应属性并为其添加相应的浏览器前缀。

10.6 定义与使用过滤器

Vue 允许自定义过滤器，其可用于一些常见的文本格式化。

10.6.1 过滤器的基本用法

过滤器可以用于两个地方：模板插值和 v-bind 表达式。过滤器应该被添加在 JavaScript 表达式的尾部，由管道符"|"指示。

例如：

```
{{ message | capitalize }}
<div v-bind:id="rawId | formatId"></div>
```

过滤器的设计目的是转换文本。如果为了在其他指令中实现更复杂的数据转换，则应该使用计算属性。

10.6.2 串联使用的过滤器

语法格式如下。

```
{{ message | filterA | filterB }}
```

【编程训练】

【示例 10-22】demo1022.html

代码如下。

```
<div id="app">
    <p>{{ message }}</p>
    <p>{{ message | filterA | filterB }}</p>
</div>
<script>
    var vm=new Vue({
        el: '#app',
        data: {
            message: 'welcome to login'
            },
        filters: {
        filterA: function (value) {
            return value.split("").reverse().join("")
            },
```

```
        filterB: function(value){
            return value.length
        }
    }
  })
</script>
```

HTML 代码将被渲染为

```
<div id="app">
  <p>welcome to login</p>
  <p>16</p>
</div>
```

在这个示例中，filterA 拥有单个参数，它会接收 message 的值，并调用 filterB，且 filterA 的处理结果将会作为 filterB 的单个参数传入。

10.6.3 以带参数的 JavaScript 函数使用过滤器

由于过滤器是 JavaScript 函数，因此可以接收参数，例如：

```
{{ message | filterA('arg1', arg2) }}
```

这里，filterA()是一个拥有 3 个参数的函数。message 的值将会作为第一个参数传入，字符串'arg1'将作为第二个参数传给 filterA()，表达式 arg2 的值将作为第三个参数传给 filterA()。

【编程训练】
【示例 10-23】demo1023.html
扫描二维码查看【电子活页 10-6】中网页 demo1023.html 的代码或者从本模块配套的教学资源中打开对应的文档查看相应内容。

电子活页 10-6

HTML 代码将被渲染为
```
<div id="app">welcome to login</div>
```

10.6.4 在 v-bind 表达式中使用过滤器

在 v-bind 表达式中也可以使用过滤器，格式为"data | filter"。

【编程训练】
【示例 10-24】demo1024.html
扫描二维码查看【电子活页 10-7】中网页 demo1024.html 的代码或者从本模块配套的教学资源中打开对应的文档查看相应内容。

电子活页 10-7

HTML 代码将被渲染为
```
<div id="app" :class="Big"> welcome </div>
```

应用实践

【任务 10-1】 编写程序实现英寸与毫米之间的单位换算

【任务描述】
编写程序代码实现英寸与毫米之间的单位换算，具体要求如下。
（1）通过监听来实现英寸与毫米之间的单位换算，即输入英寸数值后自动换算为对应的毫米值，输入毫米数值后自动换算成对应的英寸值。

（2）在 HTML 中，将变量 inch 双向绑定到"英寸数值"对应的<input>标签，将变量 millimeter 双向绑定到"毫米数值"对应的<input>标签。这样，当输入框中的数值发生改变时，就会触发监听。

【任务实施】

在本模块的文件夹中创建网页文件 task1001.html，在该文件中实现英寸与毫米之间的单位换算功能，具体代码如表 10-1 和【电子活页 10-8】所示。

表 10-1　网页 task1001.html 对应的 HTML 代码

序号	程序代码
01	<div id="main">
02	<!-- 将变量 inch 双向绑定到"英寸数值"对应的<input>标签-->
03	英寸数值：<input type = "text" v-model = "inch">
04	<!--将变量 millimeter 双向绑定到"毫米数值"对应的<input>标签-->
05	毫米数值：<input type = "text" v-model = "millimeter">
06	</div>
07	<p id="info"></p>

扫描二维码查看【电子活页 10-8】中网页 task1001.html 的 JavaScript 代码或者从本模块配套的教学资源中打开对应的文档查看相应内容。

电子活页 10-8

网页 task1001.html 的初始效果如图 10-13 所示。

英寸数值：[0]　毫米数值：[0]

图 10-13　网页 task1001.html 的初始效果

在"英寸数值"对应的输入框中输入数值"2"，在"毫米数值"对应的输入框中会自动显示数值"50.8"，如图 10-14 所示。

英寸数值：[2]　毫米数值：[50.8]

图 10-14　网页 task1001.html 中显示 2 英寸自动换算为 50.8 毫米

网页 task1001.html 经测试实现了要求的功能。

【任务 10-2】 编写程序代码实现图片自动播放与单击播放功能

【任务描述】

编写程序代码实现图片自动播放与单击播放功能，具体要求如下。

（1）图片能实现自动播放。

（2）图片右下角会显示字符<、数字序号、字符>，单击"<"按钮可播放上一张图片，单击">"按钮可播放下一张图片，单击数字序号可显示对应序号的图片。

（3）使用 class 绑定，将当前播放图片的数字序号的颜色自动设置为#ff6700，使之与其他数字序号的颜色不同，凸显当前图片的数字序号。

【任务实施】

在本模块的文件夹中创建一个子文件夹"img"，将图片文件复制到子文件夹 img 中。在本模块的文件夹中创建文件 task1002.html，在该文件中实现图片播放功能。具体代码如表 10-2、【电子活页 10-9】和【电子活页 10-10】所示。

表 10-2　网页 task1002.html 对应的 HTML 代码

序号	程序代码
01	<div id="app" >
02	<div class="banner">
03	<div class="item">
04	<img :src="dataList[currentIndex]">
05	</div>
06	<div class="page" v-if="this.dataList.length > 1">
07	<ul>
08	<li @click="gotoPage(prevIndex)"><</li>
09	<li v-for="(item,index) in dataList"
10	@click="gotoPage(index)"
11	:class="{'current':currentIndex == index}">{{ index+1 }}</li>
12	<li @click="gotoPage(nextIndex)">></li>
13	</ul>
14	</div>
15	</div>
16	</div>

　　扫描二维码查看【电子活页 10-9】中网页 task1002.html 的 JavaScript 代码或者从本模块配套的教学资源中打开对应的文档查看相应内容。

　　扫描二维码查看【电子活页 10-10】中网页 task1002.html 的 CSS 样式代码或者从本模块配套的教学资源中打开对应的文档查看相应内容。

　　网页 task1002.html 的初始效果如图 10-15 所示。

图 10-15　网页 task1002.html 的初始效果

网页 task1002.html 经测试实现了要求的功能。

【任务 10-3】 编写程序代码实现图片自动缩放与图片播放功能

【任务描述】

编写程序代码实现图片自动缩放与图片播放功能，具体要求如下。

（1）播放的图片能同时缩放至相同尺寸，使用 style 绑定实现图片缩放功能。

（2）图片能自动播放。

（3）图片下边中部会显示轮廓口圆形的数字序号，单击数字序号可显示对应序号的图片。

（4）图片左、右两侧的中部显示"<""＞"，单击"<"按钮可播放上一张图片，单击"＞"按钮可播放下一张图片。

（5）使用 class 绑定，将当前播放图片的数字序号的颜色自动设置为#fff，将背景颜色设置为 rgba(51,122,183,0.8)，使其呈现效果与其他数字序号截然不同，从而凸显当前图片的数字序号。

【任务实施】

在本模块的文件夹中创建文件 task1003.html，在该文件中实现图片自动缩放与图片播放功能。

1. 编写 HTML 代码实现要求的功能

扫描二维码查看【电子活页 10-11】中网页 task1003.html 的 HTML 代码或者从本模块配套的教学资源中打开对应的文档查看相应内容。

2. 编写 JavaScript 代码实现要求的功能

扫描二维码查看【电子活页 10-12】中网页 task1003.html 的 JavaScript 代码或者从本模块配套的教学资源中打开对应的文档查看相应内容。

电子活页 10-11 电子活页 10-12

电子活页 10-13

3. 编写 CSS 样式代码实现要求的功能

扫描二维码查看【电子活页 10-13】中网页 task1003.html 的 CSS 样式代码或者从本模块配套的教学资源中打开对应的文档查看相应内容。

网页 task1003.html 的初始效果如图 10-16 所示。

图 10-16　网页 task1003.html 的初始效果

网页 task1003.html 经测试实现了要求的功能。

在线测试

扫描二维码，完成本模块的在线测试。

模块 10

在线测试

模块 11
Vue.js项目创建与运行

11

任何一个项目的构建都离不开项目构建工具和统一的管理标准，在项目开发和维护过程中，用户需要了解安装包的相应工具和配置文件，以有效地进行项目的迭代和版本的更新，为项目提供基本的运行环境。

webpack 作为目前流行的项目打包工具，被广泛用于项目的构建和开发过程中。而在 Vue 项目中，webpack 同样具有举足轻重的作用，如打包压缩、异步加载、模块化管理等。

Vue CLI 是 Vue 官方提供的用于快速构建单页应用的命令行工具，可用于快速搭建大型单页应用。该工具集成了 webpack 环境及其主要依赖，如 webpack、npm、node.js、babel、vue、vue-router。使用它对项目进行搭建、打包、维护管理等都非常方便、快捷。使用该工具只需几分钟便可建立并启动一个带热加载、保存时静态检查以及可用于生产环境的构建配置的 Vue 项目。

Vue CLI 也是用于初始化 Vue 项目的脚手架工具。很多人可能经常会听到"脚手架"3 个字，无论是前端的还是后端的，其实它在生活中是为了保证各施工过程顺利进行而搭设的工作平台。因此，作为一个工作平台，前端的脚手架可以理解为能够帮助用户快速构建前端项目的一个工具或平台。目前很多主流的前端框架提供了各自的脚手架工具，以帮助开发人员快速构建自己的项目。

Vue CLI 具有以下几大优点。

① Vue CLI 拥有一套成熟的 Vue 项目架构，会随着 Vue 版本的更迭而更新。

② Vue CLI 提供了一套本地热加载的测试服务器。

③ Vue CLI 集成了一套打包的方案，可以使用 webpack 或 Browserify 等构建工具。

④ Vue CLI 大大降低了 webpack 的使用难度，支持热加载，有 webpack-dev-server 的支持，相当于启动了一台请求服务器，为用户搭建了一个测试环境，使用户只关注开发即可。

学习领会

11.1 创建基于 webpack 模板的 Vue.js 项目

在创建一个 Vue 项目之前，先要确保本地计算机安装了长期支持版的 Node.js 环境以及包管理工具 npm，在命令提示符窗口中执行以下命令。

```
# 查看 Node.js 版本
node -v
# 查看 npm 版本
npm -v
```

如果成功显示版本号，则说明本地计算机具备了 Node.js 的运行环境，可以使用 npm 来安装用于管理新建项目的依赖。如果没有版本号或报错，则需要到 Node.js 官网下载 Node.js 并进行安装，当安装完 Node.js 后便可以开始进行后续的构建工作了。

在创建项目之前应先完成 Vue CLI 的全局安装，使用以下命令可全局安装@vue/cli-init。

```
npm i -g @vue/cli   // 或者 npm install -g @vue/cli
npm i -g @vue/cli-init
```

> **注意**　应在全局模式下安装 Vue CLI。

【编程训练】

【示例 11-1】创建基于 webpack 模板的 Vue 项目 01-vue-project

扫描二维码查看【电子活页 11-1】中项目 01-vue-project 的组成结构或者从本模块配套的教学资源中打开对应的文档查看相应内容。

电子活页 11-1

1. 打开命令提示符窗口与更改当前文件

打开 Windows 计算机的命令提示符窗口，在该窗口中使用 cd 命令改变当前文件夹为创建 Vue 项目的文件夹。

2. 输入创建基于 webpack 模板的 Vue 项目的命令

在命令提示符窗口中执行以下命令，创建基于 webpack 模板的 Vue 项目。

```
vue init webpack 01-vue-project
```

上述命令中，01-vue-project 表示 Vue 项目的名称，可以根据实际情况自定义项目名称，项目名称不要使用大写字母。创建 Vue 项目后，在当前文件夹下会新建 01-vue-project 文件夹。

> **说明**　命令中的 webpack 表示项目的模板，目前可用的模板如下。
> ① webpack：全功能的 webpack+vueify，提供热加载、静态检测、单元测试等功能。
> ② webpack-simple：一个简易的 webpack+vueify，以便于快速开始创建项目。
> ③ browserify：全功能的 Browserify+vueify，提供热加载、静态检测、单元测试等功能。
> ④ browserify-simple：一个简易的 Browserify+vueify，以便于快速开始创建项目。

3. 输入或选择配置选项

开始执行创建项目的命令，首先显示"downloading template"提示信息，模板下载完成后，有以下多个配置选项需要进行选择。

（1）输入项目名称。在提示信息"? Project name (01-vue-project)"后面输入自定义的项目名称，如果使用默认名称（如 01-vue-project），则可直接按【Enter】键。

（2）输入项目描述。在提示信息"? Project description (A Vue.js project)"后面输入项目描述内容，如果使用默认内容（A Vue.js project），则可直接按【Enter】键。

（3）输入项目创建者姓名。在提示信息"? Author"后面输入项目创建者姓名，如果不需要（即创建者姓名为空），则可直接按【Enter】键。

（4）选择构建方式。提示信息"? Vue build"后有以下两个选项。

```
> Runtime + Compiler: recommended for most users
  Runtime-only: about 6KB lighter min+gzip, but templates (or any Vue-specific HTML) are ONLY
allowed in .vue files – render functions are required elsewhere
```

按【↑】键或【↓】键进行选择，按【Enter】键即选定，这里推荐使用选项 1，它适合大多数用户使用。

（5）选择是否安装 Vue 的路由插件。如果需要安装 Vue 的路由插件，则可在提示信息"? Install vue-router? (Y/n)"后输入字母"Y"，否则输入字母"n"。建议选择"Y"，并按【Enter】键。

（6）选择是否使用 ESLint 检测代码。ESLint 是一种用于检查语法规则和代码风格的工具，可以用来保证写出语法正确、风格统一的代码。这里建议选择"n"，并按【Enter】键。因为选择"Y"后，当对项目进行调试时，控制台会有很多警告信息，提示格式不规范，但其实这并不影响项目的功能。

在提示信息"? Use ESLint to lint your code? (Y/n)"后面输入字母"n"。

（7）选择是否安装单元测试。建议在提示信息"? Set up unit tests (Y/n)"后面输入字母"n"，并按【Enter】键。

（8）选择是否安装 E2E 测试框架 Nightwatch。E2E 就是 End To End，也就是所谓的"用户真实场景"。这里建议在提示信息"? Setup e2e tests with Nightwatch? (Y/n)"后面输入字母"n"，并按【Enter】键。

（9）确定项目创建后是否要运行"npm install"。

这里有以下 3 个选项。

```
? Should we run `npm install` for you after the project has been created? (recommended) (Use arrow keys)
> Yes, use NPM
  Yes, use Yarn
  No, I will handle that myself
```

按【↑】键或【↓】键选择，按【Enter】键即选定，这里建议选择"Yes,use NPM"，并按【Enter】键。

（10）浏览创建项目过程中完整的选项结果

创建项目过程中完整的选项结果如下。

```
? Project name 01-vue-project
? Project description A Vue.js project
? Author
? Vue build standalone
? Install vue-router? Y
? Use ESLint to lint your code? n
? Set up unit tests n
? Setup e2e tests with Nightwatch? n
? Should we run `npm install` for you after the project has been created? (recommended) npm
```

4. 下载与安装项目依赖

各个选项的选择或确认完成后，开始下载与安装项目依赖，所需的依赖下载与安装完成后，命令提示符窗口中会出现以下提示信息。

```
# Project initialization finished!
# ========================
To get started:
  cd 01-vue-project
  npm run dev
```

5. 运行新创建的项目 01-vue-project

在命令提示符窗口中执行 cd 01-vue-project 命令更改当前文件夹为 01-vue-project，执行以下命令，开始运行新创建的项目 01-vue-project。

```
npm run dev
```

以上代码的作用是运行 package.json 文件中 scripts 位置 dev 指代的代码。

```
webpack-dev-server --inline --progress --config build/webpack.dev.conf.js
```

执行上述命令后，如果项目启动成功，则会看到以下提示信息。

```
DONE   Compiled successfully in 1813ms
  |   Your application is running here: http://localhost:8080
```
上述信息表示当前项目已经启动，可以在浏览器中通过 http://localhost:8080 访问当前项目。

6. 在浏览器中浏览项目 01-vue-project 的运行结果

打开浏览器，在其地址栏中输入网址 http://localhost:8080/，按【Enter】键，可以看到如图 11-1 所示的页面内容，表示项目成功启动。

此时，按【Ctrl】+【C】组合键可以终止项目的运行。

7. 使用 npm run build 命令打包项目 01-vue-project

修改项目文件夹下 config 文件夹中的 index.js 文件中的 build 节点，修改后的代码如下。

```
assetsPublicPath: './'
```
使用以下命令部署项目。

```
npm run build
```
命令执行完成后，命令提示符窗口中会输出以下提示信息。

```
Build complete.
   Tip: built files are meant to be served over an HTTP server.
   Opening index.html over file:// won't work.
```
项目部署完成后，会生成一个 dist 文件夹，它就是部署后打包好的项目文件夹。

dist 文件夹中入口文件 index.html 的运行结果如图 11-1 所示。

图 11-1　项目 01-vue-project 的运行结果

11.2　使用 vue create 命令创建 Vue 2.x 项目

使用 vue create 命令创建 Vue 2.x 项目之前下载并安装好 Vue CLI，执行以下命令创建 Vue 2.x 项目。

```
vue create <项目名称>      //项目名称不支持驼峰命名规则（含大写字母）
```
【编程训练】

【示例 11-2】使用 vue create 命令创建 Vue 2.x 项目 02-vue-project

扫描二维码查看【电子活页 11-2】中项目 02-vue-project 的组成结构或者从本模块配套的教学资源中打开对应的文档查看相应内容。

电子活页 11-2

1. 输入创建 Vue 2.x 项目的命令

在命令提示符窗口中输入以下命令创建 Vue 2.x 项目。

```
vue create 02-vue-project
```
2. 输入或选择配置选项

创建 Vue 2.x 项目的命令输入完毕后，按【Enter】键，开始执行上述命令，此时会出现一系列选项，可以根据自己的需要进行选择。如果只想构建一个基础的 Vue 项目，那么可以使用 Babel、Router、Vuex、CSS Pre-processors，最后选择自己喜欢的包管理工具（npm 或 yarn）即可。

电子活页 11-3

扫描二维码查看【电子活页 11-3】中创建项目 02-vue-project 的过程中输入或选择配置选项的具体操作过程，或者从本模块配套的教学资源中打开对应的文档查看相应内容。

在创建项目的过程中，完整的配置选项如下。

```
Vue cli v4.5.14
? Please pick a preset: Manually select features
```

? Check the features needed for your project: Choose Vue version, Babel, Router, CSS Pre-processors, Linter
? Choose a version of Vue.js that you want to start the project with 2.x
? Use history mode for router? (Requires proper server setup for index fallback in production) No
? Pick a CSS pre-processor (PostCSS, Autoprefixer and CSS Modules are supported by default): Sass/SCSS (with dart-sass)
? Pick a linter / formatter config: Standard
? Pick additional lint features: Lint on save
? Where do you prefer placing config for Babel, ESLint, etc.? In dedicated config files
? Save this as a preset for future projects? No

3. 下载与安装依赖

电子活页 11-4

创建项目的各个选项选择完成后，开始下载与安装项目依赖。

扫描二维码查看【电子活页 11-4】中项目 02-vue-project 创建完成时命令提示符窗口输出的信息或者从本模块配套的教学资源中打开对应的文档查看相应内容。

此时，可以断定 Vue 2.x 项目的依赖已成功安装完成。

4. 启动项目 02-vue-project

在命令提示符窗口中执行以下命令更改当前文件夹。

```
cd 02-vue-project
```

在命令提示符窗口中执行以下命令启动项目。

```
npm run serve
```

启动项目时会出现以下提示信息。

```
 INFO   Starting development server...
98% after emitting CopyPlugin
 DONE   Compiled successfully in 2869ms
 App running at:
 - Local:    http://localhost:8080/
 - Network: http://×××.×××.×××.×××:8080/
 Note that the development build is not optimized.
 To create a production build, run npm run build.
```

5. 在浏览器中浏览项目 02-vue-project 的运行结果

打开浏览器，在其地址栏中输入 http://localhost:8080/，按【Enter】键，即可看到如图 11-2 所示的运行结果，表示项目成功启动。

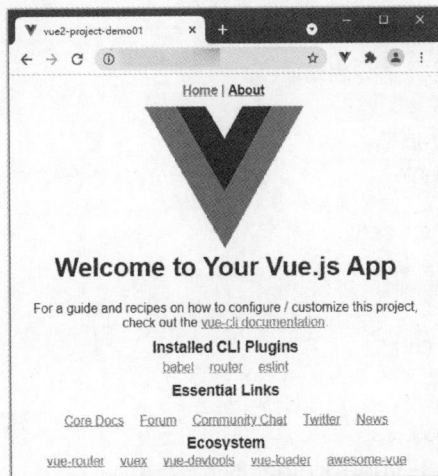

图 11-2 项目 02-vue-project 的运行结果

11.3　使用 vue create 命令创建 Vue 3.x 项目

本节主要介绍 Vue 3.x 项目的创建及其组成结构和配置，在正式创建项目之前应先完成 Vue CLI 脚手架工具的安装。脚手架工具可以直接生成一个项目的整体架构，帮助开发人员搭建 Vue 的基础。

【编程训练】

【示例 11-3】使用 vue create 命令创建 Vue 3.x 项目 03-vue-project

项目 03-vue-project 的组成结构如图 11-3 所示。

1. 输入创建 Vue 3.x 项目的命令

在命令提示符窗口中输入以下命令创建 Vue 3.x 项目：

```
vue create 03-vue-project
```

2. 输入或选择配置选项

创建 Vue 3.x 项目的命令输入完毕后，按【Enter】键，开始执行上述命令，首先出现的提示信息如下。

```
Vue cli v4.5.14
? Please pick a preset: (Use arrow keys)
  Default ([Vue 2] babel, eslint)
> Default (Vue 3) ([Vue 3] babel, eslint)
  Manually select features
```

图 11-3　项目 03-vue-project 的组成结构

按【↓】键移动光标，这里选择 "Default (Vue 3) ([Vue 3] babel, eslint)" 选项，即提供 Babel 和 ESlint 支持，按【Enter】键即选定，提示信息如下。

```
? Please pick a preset: Default (Vue 3) ([Vue 3] babel, eslint)
```

3. 下载与安装依赖

因为选择了 Vue 3 的默认配置，所以直接开始下载与安装依赖，命令提示符窗口输出以下信息。

```
📄  Generating README.md...
🎉  Successfully created project 03-vue-project.
👉  Get started with the following commands:
 $ cd 03-vue-project
 $ npm run serve
```

此时，可以断定 Vue 3.x 项目的依赖已成功安装。

4. 启动项目 03-vue-project

在命令提示符窗口中执行以下命令更改当前文件夹。

```
cd 03-vue-project
```

在命令提示符窗口中执行以下命令启动项目。

```
npm run serve
```

启动项目时会出现以下提示信息。

```
> 03-vue-project@0.1.0 serve
> vue-cli-service serve
  INFO  Starting development server...
98% after emitting CopyPlugin
 DONE  Compiled successfully in 2098ms
  App running at:
  - Local:    http://localhost:8080/
  - Network: http://×××.×××.×××.×××:8080/
  Note that the development build is not optimized.
  To create a production build, run npm run build.
```

5. 在浏览器中浏览项目 03-vue-project 的运行结果

打开浏览器，在其地址栏中输入 http://localhost:8080/，按【Enter】键即可看到运行结果。

11.4 认知 Vue.js 项目的组成结构与自定义配置

CLI 服务（@vue/cli-service）是一个开发环境依赖，是针对绝大部分应用优化过的内部 webpack 配置。在一个 Vue 项目中，@vue/cli-service 模块提供了一个名为 vue-cli-service 的命令。

11.4.1 认知基于 Vue CLI 2.x 的项目的组成结构

vue init 是 Vue CLI 2.x 的初始化方式，可以使用 GitHub 上的一些模板来初始化项目，webpack 是官方推荐的标准模板。基于 Vue CLI 2.x 创建的 Vue 项目向 Vue CLI 3.x 迁移时，只需要把 static 目录复制到 public 目录下，以旧项目的 src 目录覆盖 Vue CLI 3.x 的 src 目录即可（如果修改了配置，则可以查看相应文档，以 Vue CLI 3.x 的方法进行配置）。

使用 webpack 创建项目的格式如下。

```
vue init webpack <项目名称>
```

11.1 节使用 vue init webpack 命令创建了基于 Vue CLI 2.x 的项目 01-vue-project，该项目的组成结构及功能说明如下。

```
项目文件夹
├---node_modules        # 存放依赖的文件夹，用于引入第三方模块/包
├--- src                # 源代码文件夹
│    ├---assets         # 存放组件中的静态资源
│    ├---components     # 存放一些公共组件
│    ├---router         # 存放所有路由组件
│    ├---App.vue        # 应用根主组件
│    └---main.js        # 应用入口
├--- static             # 存放图片等静态资源
├--- .babelrc
├--- .editorconfig
├--- .gitignore
├--- .postcssrc.js
├--- index.html
├--- package.json       # 记录项目基本信息、依赖配置信息等
├--- package-lock.json  # 用于记录当前状态下实际安装包的具体来源和版本号等
└--- README.md          # 描述说明项目的文件
```

package-lock.json 文件可以保证其他用户在使用 npm install 命令安装项目依赖时，能够安装与原始开发环境中相同的依赖版本。

11.4.2 认知基于 Vue CLI 2.x 的 package.json 文件

扫描二维码查看【电子活页 11-5】中项目 02-vue-project 下 package.json 文件的代码或者从本模块配套的教学资源中打开对应的文档查看相应内容。

电子活页 11-5

可以看到 package.json 文件是由一系列键值对构成的 JSON 对象，每一个键值对都有其相应的作用，例如，对于 scripts 命令的配置，在终端执行用于运行项目的 npm run serve 命令，其实是执行了 scripts 配置下的 serve 项命令

vue-cli-service serve，用户可以在 scripts 下修改或添加相应的项目命令。而 dependencies 和 devDependencies 分别为项目生产环境和开发环境的依赖配置，即类似@vue/cli-service 这样只用于项目开发时的包可以放在 devDependencies 下，但类似 vue-router 这样结合在项目上线代码中的包应该放在 dependencies 下。

package.json 中的 scripts 字段指定了 vue-cli-service 相关命令，其有以下 3 个选项。

（1）serve

在命令提示符窗口中执行 npm run serve 命令，会启动一台开发环境服务器（基于 webpack-dev-server），修改组件代码后，会自动进行热加载。

（2）build

在命令提示符窗口中执行 npm run build 命令后会在项目文件夹下自动创建一个 dist 子文件夹，项目打包后的文件都位于该文件夹中，JS 文件打包后会自动生成.js 文件和.map 文件。.js 文件是经过压缩、加密的，如果运行时报错，则输出的错误信息将无法准确定位出错代码。.map 文件比较大，其代码未加密，可以准确地输出出错代码的位置。

（3）lint

使用 ESlint 可以检查并修复不规范的代码，例如，如果 main.js 文件中包含多个多余的空格，则执行 npm run lint 命令后，可自动地去除多余空格。

11.4.3　基于 Vue CLI 2.x 的项目的自定义配置

前面使用 Vue CLI 2.x 自动生成了项目，但这往往满足不了实际项目开发的需求。vue.config.js 是一个可选的配置文件，如果项目的根文件夹中存在这个文件，那么它会被@vue/cli-service 自动加载。也可以使用 package.json 中的 vue 字段来自定义配置，但是注意这种写法需要严格遵循 JSON 格式。

先创建一个 vue.config.js 文件，这个文件应该导出一个包含选项的对象，代码如下。

```
module.exports = {
    // 选项
}
```

常用的配置代码如下。

```
module.exports = {
    // 选项
    devServer: {
        port: 8081,          // 端口号，如果该端口被占用，则端口号会自动加 1
        host: "localhost",   // 主机名，127.0.0.1
        https: false,        // 协议
        open: true           // 启动服务时自动打开浏览器
    },
    // lintOnSave 的默认设置值为 true，警告信息会被输出到命令提示符窗口中，但代码编译不会失败
    lintOnSave: false,        // lintOnSave 设置为 false 时，不输出警告信息
    outputDir: "dist",        // 打包之后文件所在的文件夹，默认值为 dist
    // 静态资源打包之后的存放路径（相对于 outputDir 指定的路径），默认值为 assetsDir: "assets",
    // index.html 页面打包之后所在的文件夹（相对于 outputDir 指定的路径）
    indexPath: "out/index.html",   // 默认值为 index.html
    productionSourceMap: false,  // 打包时不会生成.map 文件，以加快打包速度
    filenameHashing: false,      // 打包时，静态文件不会生成 hash 值
}
```

再在命令提示符窗口中执行以下命令部署项目。

```
npm run build
```

该命令执行过程中，会输出以下提示信息。

```
> 02-vue-project@0.1.0 build
> vue-cli-service build
|  Building for production...
  DONE   Compiled successfully in 5625ms
  File                              Size          Gzipped
  dist\js\chunk-vendors.6702858b.js  124.70 KiB    44.14 KiB
  dist\js\app.845e835c.js           6.09 KiB      2.22 KiB
  dist\js\about.e53b89e3.js         0.44 KiB      0.31 KiB
  dist\css\app.2f20bce4.css         0.42 KiB      0.26 KiB
  Images and other types of assets omitted.
  DONE   Build complete. The dist directory is ready to be deployed.
  INFO   Check out deployment instructions at
         https://cli.vuejs.org/guide/deployment.html
```

11.4.4　认知基于 Vue CLI 3.x 的项目的组成结构

vue create 命令是 Vue CLI 3.x 的初始化方式，目前模板是固定的，模板选项可自由配置，其创建的是基于 Vue CLI 3.x 的项目，该项目与基于 Vue CLI 2.x 的项目的组成结构不同，配置方法也不同，项目创建格式如下。

```
vue create <项目名称>
```

11.3 节使用 vue create 命令创建了基于 Vue CLI 3.x 的项目 03-vue-project，该项目的组成结构及功能说明如下。

```
项目文件夹
├---node_modules        # 存放依赖的文件夹，用于引入第三方模块/包
├--- public             # 存放不会变动的静态文件
|    ├---index.html     # 主页面文件
|    ├---favicon.ico    # 在浏览器上显示的图标
├--- src                # 源代码文件夹
|    ├---assets         # 存放组件中的静态资源
|    ├---components      # 存放一些公共组件
|    ├---views          # 存放所有路由组件
|    ├---App.vue        # 应用根主组件
|    └---main.js        # 应用入口
├--- .browserslistrc    # 指定了项目可兼容的目标浏览器范围
├--- .eslintrc.js       # ESlint 相关配置
├--- .gitignore         # Git 版本管理忽略的配置
├--- babel.config.js    # Babel 的配置，即 ES6 语法编译配置
├--- package-lock.json  # 用于记录当前状态下实际安装包的具体来源和版本号等
├--- package.json       # 记录项目基本信息、依赖配置信息等
└--- README.md          # 描述说明项目的文件
```

文件夹 public 与 src/assets 的主要区别在于，public 文件夹中的文件不会被 webpack 打包处理，会原样复制到项目文件打包后所在的 dist 文件夹中。

实际创建项目时，由于所选择的依赖不同，最后生成的文件夹结构也会有所差异。

基于 Vue CLI 3.x 创建的项目和基于 Vue CLI 2.x 创建的项目有区别，但基本用法相差不大。

扫描二维码查看【电子活页 11-6】中基于 Vue CLI 3.x 创建的项目和基于 Vue CLI 2.x 创建的项目的主要区别或者从本模块配套的教学资源中打开对应的文档查看相应内容。

电子活页 11-6

Vue CLI 2.x 升级到 Vue CLI 3.x 之后，减少了很多配置文件，将所有的配置选项都"浓缩"到了 vue.config.js 文件中，所以学懂并会用 vue.config.js 文件很重要。

Vue CLI 3.x 提供的 vue.config.js 文件的配置选项说明如下。

（1）baseUrl

11.3 节中通过 Vue CLI 3.x 成功创建了项目，并在浏览器地址栏中访问网址 http://localhost:8080/看到了项目主页面。如果现在想要访问项目主页面的 URL 中一个二级文件夹，如 http://localhost:8080/vue/，则需要在 vue.config.js 文件中配置 baseUrl 选项，代码如下。

```
// vue.config.js
module.exports = {
    ...
    baseUrl: 'vue',
    ...
}
```

其改变的是 webpack 配置文件中 output 的 publicPath 选项，此时重启终端并再次打开页面，主页面的 URL 就会变成带二级文件夹的形式了。

（2）outputDir

如果想将构建好的文件打包输出到 output 文件夹（默认是 dist 文件夹）下，则可以在 vue.config.js 文件中配置以下代码。

```
module.exports = {
    ...
    outputDir: 'output',
    ....
}
```

使用 yarn build 命令进行打包输出，可以发现项目根文件夹中会创建 output 文件夹，这其实改变了 webpack 配置中 output 下的 path 选项，修改了文件的输出路径。

（3）productionSourceMap

该选项用于设置是否为生产环境开启 source map。一般而言，为了在生产环境下快速定位错误信息，会开启 source map，此时要在 vue.config.js 文件中配置以下代码。

```
module.exports = {
    ...
    productionSourceMap: true,
    ...
}
```

该配置会修改 webpack 中 devtool 选项的值为 source-map。开启 source map 后，打包输出的文件中会包含 JS 文件对应的.map 文件。

（4）devServer

vue.config.js 还提供了 devServer 选项，用于配置 webpack-dev-server 的行为，以便对本地服务器进行相应配置。在命令提示符窗口中使用 yarn serve 对应的命令 vue-cli-service serve，其作用是基于 webpack-dev-server 开启一台本地服务器，其常用配置参数对应的代码如下。

```
module.exports = {
    ...
    devServer: {
        open: true,        // 是否自动打开浏览器页面
        host: '0.0.0.0',   // 指定使用一台主机。默认是 localhost
        port: 8080,        // 端口号
        https: false,      // 使用 HTTPS 提供服务
        proxy: null,       // 不使用代理配置，所有请求转发到服务器
        // 提供在服务器内部的其他中间件执行之前执行自定义中间件的功能
        before: app => {
            // app 是一个 Express 实例
        }
    }
}
```

```
        ...
}
```

当然，除了以上参数，其支持 webpack-dev-server 中的所有选项，如 historyApiFallback 用于
重写路由、progress 用于将运行进度输出到控制台等。

前面讲解了 vue.config.js 文件中一些常用的配置选项，具体的配置实现需要结合实际项目进行。

babel.config.js 与.babelrc 或 package.json 中的 babel 字段不同，这个配置文件不会使用基于文
件位置的方案，而是使用项目根文件夹下的所有文件，包括 node_modules 内部的依赖。Vue 官方推
荐在 Vue 项目中始终使用 babel.config.js 取代其他文件。

应用实践

【任务 11-1】 基于 Node.js+Vue.js+MySQL 实现前后端分离的登录与注册功能

【任务描述】

创建基于 Node.js+Vue.js+MySQL 的项目 case01-login-register，该项目用于实现前后端分离
的登录与注册功能。

项目 case01-login-register 的前端程序成功启动后，打开浏览器，在其地址栏中输入网址
http://localhost:8080/，按【Enter】键，即可看到注册页面。分别在文本框中输入用户名、邮箱与
密码，如图 11-4 所示，单击"注册"按钮，此时如果弹出"注册成功"提示信息对话框，则表示
注册成功。

在注册页面中单击左侧的"登录"按钮，打开登录页面，分别在文本框中输入邮箱和密码，如图 11-5
所示。单击"登录"按钮，此时如果弹出"登录成功"提示信息对话框，则表示登录成功。

图 11-4　注册页面

图 11-5　登录页面

【任务实施】

1. 创建 Vue 项目 case01-login-register

在命令提示符窗口中输入以下命令创建 Vue 项目。

```
vue create case01-login-register
```

创建项目 case01-login-register 时选项的选择结果如下。

```
Vue cli v4.5.14
? Please pick a preset: Manually select features
? Check the features needed for your project: Choose Vue version, Babel, Router, CSS
Pre-processors, Linter
? Choose a version of Vue.js that you want to start the project with 2.x
? Use history mode for router? (Requires proper server setup for index fallback in production) Yes
? Pick a CSS pre-processor (PostCSS, Autoprefixer and CSS Modules are supported by default):
```

```
Sass/SCSS (with dart-sass)
    ? Pick a linter / formatter config: Prettier
    ? Pick additional lint features: Lint on save
    ? Where do you prefer placing config for Babel, ESLint, etc.? In dedicated config files
    ? Save this as a preset for future projects? No
```

2. 完善项目的文件夹结构

在项目文件夹 case01-login-register 中创建下级文件夹 service，在 service 文件夹中创建下级文件 api 和 db。

扫描二维码查看【电子活页 11-7】中项目 case01-login-register 完整的文件夹结构或者从本模块配套的教学资源中打开对应的文档查看相应内容。

电子活页 11-7

3. 创建数据库与数据表

在 MySQL 的工作界面中创建一个数据库 logindb，在该数据库中创建数据表 user，数据表 user 的结构信息如表 11-1 所示。

表 11-1　数据表 user 的结构信息

字段名称	字段类型	字段长度
username	varchar	20
password	varchar	20
email	varchar	30
repeatpwd	varchar	20
id	bigint	0

设置 id 字段为主键，且默认为"自动递增"。

数据表 user 的记录数据如表 11-2 所示。

表 11-2　数据表 user 的记录数据

username	password	email	repeatpwd	id
admin	123456	admin@163.com	123456	1
chengong	123456	chengong@163.com	123456	2
李明	123456	liming_123456@163.com	123456	3

4. 项目环境准备

基于 Vue CLI 脚手架创建项目，需要安装 Node.js 和全局安装 Vue CLI。

在当前文件夹 case01-login-register\service 下执行以下命令，分别安装 MySQL、Express、art-template express-art-template、cors。

```
npm install mysql
npm install express --save
npm install art-template express-art-template --save
npm install cors --save
```

5. 创建文件与编写代码实现后端功能

（1）创建 app.js 文件与编写代码

在文件夹 service 中创建文件 app.js，在该文件中编写代码。

扫描二维码查看【电子活页 11-8】中文件夹 service 中文件 app.js 的代码或者从本模块配套的教学资源中打开对应的文档查看相应内容。

电子活页 11-8

（2）创建 userApi.js 文件与编写代码

在文件夹 service\api 中创建文件 userApi.js，在该文件中编写代码。

扫描二维码查看【电子活页 11-9】中文件夹 service\api 下文件 userApi.js 的代码或者从本模块配套的教学资源中打开对应的文档查看相应内容。

电子活页 11-9

（3）创建 db.js 文件与编写代码

在文件夹 service\db 中创建文件 db.js，在该文件中编写代码。

```
module.exports = {
    mysql: {
        host: 'localhost',
        user: 'root',
        password: '123456',
        port: '3306',
        database: 'logindb'
    }
}
```

（4）创建 sqlMap.js 文件与编写代码

在文件夹 service\db 中创建文件 sqlMap.js，在该文件中编写代码。

```
var sqlMap = {
    user: {
        add: 'insert into user (username, email, password) values (?,?,?)',
        select: 'select * from user'
    }
}
module.exports = sqlMap;
```

6. 创建文件与编写代码实现前端功能

电子活页 11-10

（1）完善 package.json 文件的代码

对文件夹 case01-login-register 下的文件 package.json 中的代码进行完善。

扫描二维码查看【电子活页 11-10】中文件夹 case01-login-register 下文件 package.json 的代码或者从本模块配套的教学资源中打开对应的文档查看相应内容。

（2）完善 index.html 文件的代码

对文件夹 public 下的文件 index.html 中的代码进行完善，结果如下。

```html
<!DOCTYPE html>
<html lang="en">
  <head>
    <meta charset="utf-8">
    <meta http-equiv="X-UA-Compatible" content="IE=edge">
    <meta name="viewport" content="width=device-width,initial-scale=1.0">
    <link rel="icon" href="<%= BASE_URL %>favicon.ico">
    <title><%= htmlWebpackPlugin.options.title %></title>
  </head>
  <body>
    <div id="app"></div>
    <!-- built files will be auto injected -->
  </body>
</html>
```

（3）完善 main.js 文件的代码

对文件夹 src 下的文件 main.js 中的代码进行完善，结果如下。

```js
import Vue from 'vue'
import axios from 'axios'
import App from './App.vue'
import router from './router'
```

```
import '../public/reset.css'
Vue.prototype.$axios = axios
Vue.config.productionTip = false
new Vue({
    router,
    render: h => h(App)
}).$mount('#app')
```

（4）完善 App.vue 文件的代码

对文件夹 src 下的文件 App.vue 中的代码进行完善，结果如下。

```
<template>
  <div id="app">
    <router-view></router-view>
  </div>
</template>
<style scoped="scoped">
    #app{
        width: 100vw;
        height: 100vh;
        background-color: #f5f5f5;
    }
</style>
```

（5）完善 index.js 文件的代码

对文件夹 src\router 下的文件 index.js 中的代码进行完善，结果如下。

```
import Vue from 'vue'
import VueRouter from 'vue-router'
import loginRegister from '../views/loginRegister.vue'
Vue.use(VueRouter)
const routes = [
    {
        path:'/',
        name:'login',
        component: loginRegister
    }
]
const router = new VueRouter({
    mode: 'history',
    base: process.env.BASE_URL,
    routes
})
export default router
```

（6）创建 loginRegister.vue 文件与编写代码

在文件夹 src\views 中创建文件 loginRegister.vue，在该文件中编写模板代码。

扫描二维码查看【电子活页 11-11】中文件夹 views 下文件 loginRegister.vue 的模板代码或者从本模块配套的教学资源中打开对应的文档查看相应内容。

在文件 loginRegister.vue 中编写 JavaScript 代码实现要求的功能。

扫描二维码查看【电子活页 11-12】中文件夹 views 下

电子活页 11-11

电子活页 11-12

文件 loginRegister.vue 的 JavaScript 代码或者从本模块配套的教学资源中打开对应的文档查看相应内容。

7. 启动项目与浏览运行结果

在当前文件夹 case01-login-register\service 下执行以下命令，启动项目的后端程序。

```
node app.js
```

命令提示符窗口中将显示后端成功启动的相关提示信息。

在当前文件夹 case01-login-register 下执行以下命令，启动项目的前端程序。

```
npm run serve
```

命令提示符窗口中将输出以下提示信息，表示项目的前端程序启动成功。

```
DONE   Compiled successfully in 1725ms
    App running at:
    – Local:    http://localhost:8080/
    – Network: http://×××.×××.×××.×××:8080/
```

项目 case01-login-register 前端程序启动成功后，打开浏览器，在其地址栏中输入网址 http://localhost:8080/，按【Enter】键，即可看到注册页面。在注册页面中单击左侧的"登录"按钮，打开登录页面。

经测试，项目实现了要求的全部功能。

在线测试

扫描二维码，完成本模块的在线测试。

模块 11

在线测试

模块 12
Vue.js组件构建与应用

12

程序开发框架通常会提供代码复用机制，Vue 就是通过它的组件来实现局部复用的。

Vue 作为一个轻量级前端框架，其核心功能是组件化开发。Vue 通常应用脚手架工具 Vue CLI 来开发和管理组件。在 Vue 中，单文件组件是用一个文件封装组件的模板、脚本和样式的组件。用户在引用单文件组件时，只需将组件引入并注册即可使用。

组件（Component）是 Vue 最强大的功能之一，组件可以扩展 HTML 元素，封装可重用的代码。根据项目需求，可抽象出一些组件。用户可根据自己的需要，使用不同的组件来拼接页面。这种开发模式使前端页面易于扩展，减少了重复编写代码，提高了开发效率，且灵活性高。由于每个组件都拥有自己的作用域，组件之间独立工作互不影响，因此降低了代码之间的耦合程度，使项目更易于维护和管理。

学习领会

12.1 组件基础

在 Vue 中，一个组件本质上是一个拥有预定义选项的 Vue 实例，主要以页面结构的形式存在，不同的组件具有不同的基本交互功能，可以根据业务逻辑实现较复杂的功能。组件是一个自定义元素（或称为模块），包括所需的模板、逻辑和样式。在 HTML 模板中，组件以标签的形式存在，起到占位符的作用。通过 Vue 的声明式渲染，占位符将会被替换为实际的内容。

12.1.1 初识组件定义

组件是可复用的 Vue 实例，且有一个名称。以下是一个简单的组件示例。

【编程训练】

【示例 12-1】demo1201.html

使用 HTML 代码编辑器 Dreamweaver 创建网页 demo1201.html，在该网页中编写代码，定义与使用一个名为 button-counter 的组件，该组件的主要功能是记录与输出单击按钮的次数。

（1）定义一个名为 button-counter 的组件

定义一个名为 button-counter 的组件的代码如下。

```
// Vue.component()表示注册组件的 API，参数 button-counter 为组件名称
// 组件名称与页面中的标签<button-counter>对应
// 组件名称可以使用驼峰格式，这里也可设置为 buttonCounter
Vue.component('button-counter', {
    // 组件中的数据必须是一个函数，通过返回值来返回初始数据
    data: function () {
```

```
      return {
        count: 0
      }
    },
    // 表示组件的模板
    template: '<button v-on:click="count++">单击了{{ count }} 次</button>'
  })
```

（2）将组件 button-counter 作为自定义元素来使用

在 HTML 代码中将组件 button-counter 作为自定义元素来使用，代码如下。

```
<div id="app">
    <button-counter></button-counter>
</div>
```

（3）创建根实例

通过 new Vue()创建 Vue 根实例，代码如下。

```
var vm=new Vue({
    el: '#app'
  })
```

（4）浏览网页 demo1201.html

浏览网页 demo1201.html，初始状态的按钮为 单击了0次 ，单击 1 次后按钮变为 单击了1次 。

因为组件是可复用的 Vue 实例，所以它们与 new Vue()接收相同的选项，如 data、computed、watch、methods 以及生命周期钩子等，仅有的例外是像 el 这样根实例特有的选项。

1. 复用组件

组件的可复用性很强，可以将组件进行任意次数的复用，即一次定义，多次使用。

【编程训练】

【示例 12-2】demo1202.html

创建网页文件 demo1202.html，该文件中自定义组件 button-counter 的代码与网页文件 demo1201.html 中的相同，在网页 demo1202.html 中对自定义的组件 button-counter 进行复用。代码如下。

```
<div id="app">
    <button-counter></button-counter>
    <button-counter></button-counter>
    <button-counter></button-counter>
</div>
<script>
    // 定义一个名为 button-counter 的组件
    Vue.component('button-counter', {
        data: function () {
            return {
                count: 0
            }
        },
        template: '<button v-on:click="count++">单击了{{ count }} 次</button>'
    })
    // 创建根实例
    var vm=new Vue({
        el: '#app'
    })
</script>
```

网页 demo1202.html 的初始状态如图 12-1 所示。

在网页 demo1202.html 的初始状态中，单击左侧的按钮 1 次，单击中间的按钮 2 次，单击右侧的按钮 3 次后，结果如图 12-2 所示。

单击了0次 单击了0次 单击了0次   单击了1次 单击了2次 单击了3次

图 12-1 网页 demo1202.html 的初始状态   图 12-2 单击网页 demo1202.html 中的按钮不同次数的结果

这里共使用了 3 个 button-counter 组件，每个组件都会各自独立维护自己的 count 值，因为每复用一次组件，就会有一个它的新实例被创建。单击某一个按钮时，它的 count 值会进行累加。不同的按钮有不同的 count 值，它们各自统计自己被单击的次数。

2. data 必须是一个函数

一般而言，在 Vue 实例或 Vue 组件对象中，通过 data 来传递数据。

当定义 button-counter 组件时，可以发现它的 data 并不是像以下代码这样直接提供了一个对象。

```
data: {
  count: 0
}
```

一个组件的 data 选项必须是一个函数，因此每个组件都会返回全新的 data 对象，每个 button-counter 都有自己的内部状态。

```
data: function () {
  return {
    count: 0
  }
}
```

如果 Vue 没有这条规则，则单击一个按钮有可能会影响到其他所有实例。

【编程训练】

【示例 12-3】demo1203.html

创建网页 demo1203.html，在该网页中定义一个 Vue 应用，其中包含一个自定义组件<app-component>，功能是显示一个按钮；当该按钮被单击时 count 值递增。

在网页 demo1203.html 中编写的代码如下。

```
<div id="app">
  <app-component></app-component>
  <app-component></app-component>
  <app-component></app-component>
</div>
<script>
  Vue.component('app-component', {
      template: '<button v-on:click="counter += 1">{{ counter }}
              </button>',
      data:function(){
          return { counter: 0 };
      }
  })
  // 创建根实例
  new Vue({
    el: '#app'
  })
</script>
```

在以下示例中单击 3 个组件按钮之一，其他两个组件按钮会同步改变 count 值。

电子活页 12-1

【编程训练】

【示例 12-4】demo1204.html

扫描二维码查看【电子活页 12-1】中网页 demo1204.html 的代码或者从本模块配套的教学资源中打开对应的文档查看相应内容。

12.1.2　组件的组织

通常一个应用会以一棵嵌套的组件树（Component Tree）的形式来组织，组件树示意如图 12-3 所示。

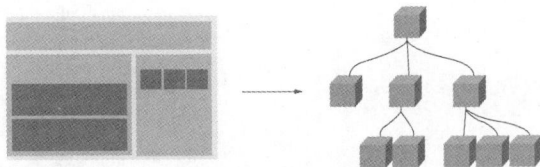

图12-3　组件树示意

例如，可能会有页眉、侧边栏、内容区等组件，每个组件又包含其他的诸如导航超链接之类的组件。

为了能在模板中使用，这些组件必须先注册以便 Vue 能够识别它们。这里有两种组件的注册类型：全局注册和局部注册。这里的组件是通过 Vue.component()进行全局注册的，形式如下。

```
Vue.component('component-name', {
    // 选项
})
```

全局注册的组件可以用于其被注册之后的任何新创建的 Vue 根实例中。

尽管在 Vue 中渲染 HTML 代码的速度很快，但是当组件中包含大量静态内容时，可以考虑使用 v-once 指令将渲染结果缓存起来。例如：

```
Vue.component('app-component', {
    template: '<div v-once>内容</div>'
})
```

12.1.3　嵌套限制

并不是所有的元素都可以嵌套模板，因为会受到 HTML 元素嵌套规则的限制，如<ul></ul>、<ol></ol>、<table></table>、<select></select>限制了包围的元素，而如<option>这样的元素只能出现在某些其他元素内部。

在自定义组件中使用这些受限制的元素可能会导致出现一些问题，例如：

```
<table id="app">
  <app-row>...</app-row>
</table>
```

此时，自定义组件 app-row 被认为是无效的，因此在渲染的时候会导致出错。

解决这个问题的方案是使用 is 属性。

【编程训练】

【示例 12-5】demo1205.html

在网页 demo1205.html 中编写的代码如下。

```
<table id="app">
  <tr is="app-row"></tr>
</table>
<script>
 // 注册
var header = {
    template: '<div class="hd">表格列标题</div>'
  };
// 创建实例
new Vue({
```

215

```
    el: '#app',
    components: {
        'app-row': header
      }
    })
</script>
```

HTML 代码将被渲染为

```
<table id="app">
  <tbody>
    <div is="hd">表格列标题</div>
  </tbody>
</table>
```

12.1.4　根元素

Vue 强制要求每一个 Vue 实例（组件本质上就是 Vue 实例）都需要有一个根元素，否则运行时会报错。例如，这里给出以下代码。

```
<div id="example">
  <app-component></app-component>
</div>
<script>
// 注册
Vue.component('app-component', {
    template: `
        <p>第一段内容</p>
        <p>第二段内容</p>
        `,
})
// 创建根实例
new Vue({
    el: '#example'
})
</script>
```

上述代码需要改写如下，以添加根元素<div></div>。

```
<script>
// 注册
Vue.component('app-component', {
    template: `
        <div>
            <p>第一段内容</p>
            <p>第二段内容</p>
        </div>
        `,
})
// 创建根实例
new Vue({
    el: '#example'
})
</script>
```

12.1.5　原生事件

有时候，可能想在某个组件的根元素上监听一个原生事件，这通过直接使用 v-bind 指令是不能实现的。

例如：

```
<div id="example">
  <app-component @click="numChange"></app-component>
  <p>{{ number }}</p>
</div>

<script>
  Vue.component('app-component', {
      template: '<button>单击按钮</button>',
    })
    var vm=new Vue({
      el: '#example',
      data:{
        number:0
      },
      methods:{
        numChange(){
          this.number++;
        }
      }
    })
</script>
```

此时，使用.native 修饰 v-on 指令即可实现在组件的根元素上监听一个原生事件。

电子活页 12-2

【编程训练】

【示例 12-6】demo1206.html

扫描二维码查看【电子活页 12-2】中网页 demo1206.html 的代码或者从本模块配套的教学资源中打开对应的文档查看相应内容。

12.2 组件注册与使用

12.2.1 组件命名

当注册一个组件的时候，需要为其命名。分析以下代码。

```
Vue.component('component-name', { /* ... */ })
```

组件名就是 Vue.component()的第一个参数 component-name。

组件的命名规范依赖于组件的作用，当直接在 DOM 中使用一个组件的时候，推荐遵循 W3C 规范中的自定义组件名规范（字母全小写且必须包含一个连字符），这会帮助用户避免组件名和当前以及未来的 HTML 元素名相冲突。

1. 基础组件命名

应用特定样式和约定的基础组件（也就是展示类的、无逻辑的或无状态的组件）时，应该全部以一个特定的前缀开头，如 Base、App 或 V，而不使用 My、Vue 之类的前缀。

这样做有以下几个好处。

（1）当用户在编辑器中对组件以字母顺序排序时，所应用的基础组件会全部列在一起，这样更易于识别。

（2）组件名应尽量由多个单词组合而成，这样做可以避免在为简单组件命名时随意选择前缀，如选择 MyButton、VueButton 之类的前缀，从而使组件名更具备描述性。

2. 组件名的字母大小写

定义组件名的方式有以下两种。

（1）使用首字母大写命名方式

```
Vue.component('ComponentName', { /* ... */ })
```

使用首字母大写命名方式定义一个组件后，在引用这个组件时，这两种命名方式都可以使用。也就是说，<component-name>和<ComponentName>都是可接受的。注意，尽管如此，直接在 DOM（即非字符串的模板）中引用该组件时只有短横线连接命名方式才是有效的。

（2）使用短横线连接命名方式

```
Vue.component('component-name', { /* ... */ })
```

当使用短横线连接命名方式定义一个组件时，必须在引用这个组件时使用短横线连接命名方式，例如，<component-name>、<countter-nav>。

代码编辑器提供的自动补全功能能够对首字母大写的组件名进行自动补全，这使得用户能够在 JavaScript 代码和模板中尽可能一致地使用引用组件的方式。然而，混用组件命名方式有的时候会导致字母大小写不敏感的文件系统出现问题，因此，使用短横线连接命名方式可以在一定程度上缓解这种问题。

12.2.2 全局注册

全局注册的组件可以在多个 Vue 实例中使用，该全局组件可以用在任何新创建的 Vue 根实例的模板中。

注册一个全局组件的语法格式如下。

```
Vue.component(ComponentName, {
    Options     // 选项
})
```

调用 Vue.component()方法时需要传入两个参数，第一个参数为组件名称，第二个参数为配置选项，也可以为构造组件时定义的变量名。

> **注意**　要确保在初始化根实例之前注册了组件。

【编程训练】

【示例 12-7】demo1207.html

代码如下。

```
<div id="app">
  <app-component></app-component>
</div>
<script>
  // 注册
  Vue.component('app-component', {
      template: '<div>全局注册组件</div>'
  })
  // 创建根实例
  var vm=new Vue({
      el: '#app'
  })
</script>
```

前面所介绍的全局注册形式是一种直接注册的方法，即注册语法糖。

也可以先使用 extend()方法定义一个变量。

【编程训练】

【示例 12-8】demo1208.html

代码如下。

```
var appCom = Vue.extend({
    template: '<div>这是组件</div>'
    });
```

使用全局注册方法创建 app-component 组件。

```
Vue.component('app-component' , appCom)
```

其中，app-component 为自定义组件的名称，appCom 对应的就是前面构建的组件变量。

如果使用<template>及<script>标签构建组件，则第二个参数为其 id 值，例如：

```
Vue.component('app-component',{
    template: '#appCom'
})
```

12.2.3 局部注册

全局注册有时候是不够理想的。例如，如果使用一个类似 webpack 的构建系统，则全局注册所有的组件意味着即便已经不再使用某个组件了，它仍然会被包含在最终的构建结果中。

在这种情况下，可以通过一个普通的 JavaScript 对象来定义组件。

```
var ComponentA = { /* ... */ }
var ComponentB = { /* ... */ }
```

在 components 选项中定义想要使用的组件。

```
var vm=new Vue({
  el: '#app',
  components: {
    'component-a': ComponentA,
    'component-b': ComponentB
  }
})
```

对于 components 对象中的每个属性来说，其属性名是组件的名称，其属性值是组件的选项对象。

> **注意** 局部注册的组件只能在注册该组件的实例中使用，在其子组件中不可用。

1. 普通局部注册

【编程训练】

【示例 12-9】demo1209.html

代码如下。

```
<div id="app">
  <app-component></app-component>
</div>
<script>
  var appCom = {
      template: '<div>局部注册组件</div>'
  };
  // 创建根实例
  var vm=new Vue({
      el: '#app',
      components: {
```

```
            // app-component 将只在父模板中可用
            'app-component': appCom
        }
    })
</script>
```

2. 注册语法糖

【编程训练】

【示例 12-10】demo1210.html

代码如下。

```
<div id="app">
    <app-component></app-component>
</div>
<script>
    // 创建根实例
    var vm=new Vue({
        el: '#app',
        components: {
            // app-component 将只在父模板中可用
            'app-component': {
                template: '<div>这是局部注册组件</div>'
            }
        }
    })
</script>
```

12.2.4 使用组件

组件成功注册后，可以通过以下方式来使用组件。

```
<div>
    /*使用组件*/
    <ComponentName ></ComponentName>
</div>
```

12.3 组件构建

12.3.1 使用 extend()方法构建组件

调用 extend()方法全局注册一个名为 app-component 的组件，其基本过程如下。

【编程训练】

【示例 12-11】demo1211.html

使用 extend()方法构建组件的过程如下。

（1）定义变量 appCom

```
var appCom = Vue.extend({
    template: '<div>这是组件</div>'
})
```

其中，template 表示定义模板的标签，模板的内容需写在该标签下。

（2）构建组件 app-component

```
// 构建名为 app-component 的组件
Vue.component('app-component', appCom);
```

（3）定义 Vue 实例

```
var app = new Vue({
    el: '#app'
})
```

（4）使用组件

```
<div id="app">
    <app-component></app-component>
</div>
```

12.3.2　使用<template>标签构建组件

模板代码通常写在 HTML 结构中，这样可以改善程序员的开发体验，提高开发效率。Vue 提供的<template>标签用于定义结构的模板，可以在该标签中编写 HTML 代码，并通过 id 值将其绑定到<template>属性上。

使用<template>标签构建组件时，需在<template>标签上添加 id 属性，用于以后的组件构建。

【编程训练】

【示例 12-12】demo1212.html

代码如下。

```
<div id="app">
    <app-component></app-component>
</div>
<template id="content">
    <div>欢迎登录</div>
</template>
<script>
    // 创建根实例
    var vm=new Vue({
        el: '#app',
        components: {
            'app-component': {
                template: '#content'
            }
        }
    })
</script>
```

12.3.3　使用<script>标签构建组件

使用<script>标签构建组件时，同样需添加 id 属性，同时要添加 type="text/x-template"，这是为了告诉浏览器不执行<script>标签中的代码。

对于自定义组件 app-component，可以使用以下代码对其进行引用。

```
<div id="app">
    <app-component></app-component>
</div>
```

【编程训练】

【示例 12-13】demo1213.html

局部注册组件 app-component 的示例代码如下。

```
<script type="text/x-template" id="content">
    <p>欢迎登录</p>
</script>
```

```
<script>
var vm=new Vue({
    el: '#app',
    components: {
        'app-component': {
            template: '#content'
        }
    }
})
</script>
```

全局注册组件 app-component 的示例代码如下。

```
<script type="text/x-template" id="content">
    <p>欢迎登录</p>
</script>
Vue.component('app-component' , {
    template: '#content'
})
```

上述代码等价于以下代码。

```
Vue.component('app-component' , {
    template: '<p>欢迎登录</p>'
})
```

【编程训练】

【示例 12-14】demo1214.html

电子活页 12-3

创建网页 demo1214.html，在该网页中编写代码，使用 components 选项注册组件，实现组件树的效果。

扫描二维码查看【电子活页 12-3】中网页 demo1214.html 的代码或者从本模块配套的教学资源中打开对应的文档查看相应内容。

HTML 代码将被渲染为

```
<div id="app">
    <div class="main">
        <p>标题</p>
        <p>正文内容</p>
    </div>
</div>
```

对于大型应用来说，有必要将整个应用程序划分为多个组件，以便于管理。一般的组件应用模板如下。

```
<div id="app">
    <app-nav></app-nav>
    <app-view>
        <app-sidenum></app-sidenum>
        <app-content></app-content>
    </app-view>
</div>
```

12.3.4　构建父子组件

1. 使用全局注册方式构建父子组件

【编程训练】

【示例 12-15】demo1215.html

使用全局注册方式构建父子组件的过程如下。

（1）构建子组件

```
// 构建子组件 child
var childNode = Vue.extend({
    template: '<div>这是子组件</div>'
  })
// 注册名为 child 的组件
Vue.component('child',childNode)
```

（2）构建父组件

```
// 构建父组件 parent，在其中嵌套 child 组件
var parentNode = Vue.extend({
    template: '<div>这是父组件<child></child></div>'
  })
Vue.component('parent',parentNode);
```

（3）定义 Vue 实例

```
var vm=new Vue({
    el: '#app'
})
```

（4）使用父组件

```
<div id="app">
    <parent></parent>
</div>
```

2. 使用局部注册方式构建父子组件

【编程训练】

【示例 12-16】demo1216.html

使用局部注册方式构建父子组件的过程如下。

（1）构建子组件

```
var childNode = Vue.extend({
    template: '<div>这是子组件</div>'
  })
```

（2）构建父组件

在父组件中局部注册子组件。

```
var parentNode = Vue.extend({
    template: '<div>这是父组件<child></child></div>',
    components:{
        'child':childNode
    }
})
```

（3）定义 Vue 实例

在 Vue 实例中局部注册父组件。

```
var vm=new Vue({
    el: '#app',
    components: {
        'parent': parentNode
    }
  })
```

（4）使用父组件

```
<div id="app">
    <parent></parent>
</div>
```

12.4 Vue.js 组件选项 props

组件接收的选项大部分与 Vue 实例接收的选项一样，而组件选项 props 是非常重要的选项。在 Vue 中，父子组件的关系可以总结为 Props Down 和 Events Up。父组件通过 Props 向下传递数据给子组件，子组件通过 Events 给父组件发送信息。父子组件之间的数据传递如图 12-4 所示。

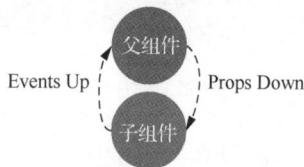

图 12-4　父子组件之间的数据传递

12.4.1 父子组件

在一个优秀的接口中尽可能将父子组件解耦是很重要的，这保证了每个组件可以在相对隔离的环境中运行，也大幅提高了组件的可维护性和可重用性。

先介绍两种父子组件的错误写法。

下面这种写法是错误的，因为当子组件注册到父组件时，Vue 会编译好父组件的模板，模板的内容已经决定了父组件将要渲染的 HTML 内容。

```
<div id="example">
    <parent>
        <child></child>
        <child></child>
    </parent>
</div>
```

<parent>...</parent>运行时，它的一些子标签只会被当作普通的 HTML 代码来运行，<child></child>不是标准的 HTML 标签，会被浏览器直接忽略。

在父组件之外使用子组件也是错误的。

```
<div id="example">
    <parent></parent>
    <child></child>
</div>
```

正确写法如示例 12-17 所示。

【编程训练】

【示例 12-17】demo1217.html

扫描二维码查看【电子活页 12-4】中网页 demo1217.html 的代码或者从本模块配套的教学资源中打开对应的文档查看相应内容。

电子活页 12-4

HTML 代码将被渲染为

```
<div id="app">
    <div>
        <div>这是子组件</div>
    </div>
</div>
```

12.4.2 静态 props

组件实例的作用域是孤立的，这意味着不能（也不应该）在子组件的模板内直接引用父组件的数据。要让子组件使用父组件的数据，需要通过子组件的 props 选项实现。

使用 props 传递数据包括静态和动态两种形式，本节先介绍静态 props。

子组件要显式地使用 props 选项声明它期待获得的数据。例如：

```
var childNode = {
    template: '<div>{{ para }}</div>',
    props:['para']
}
```

静态 props 通过为子组件在父组件中的占位符添加特性的方式来达到传值的目的。

【编程训练】

【示例 12-18】demo1218.html

扫描二维码查看【电子活页 12-5】中网页 demo1218.html 的代码或者从本模块配套的教学资源中打开对应的文档查看相应内容。

电子活页 12-5

HTML 代码将被渲染为

```
<div id="app">
    <div>
        <div>abc</div>
        <div>123</div>
    </div>
</div>
```

12.4.3　props 属性声明和模板中的组件命名约定

HTML 中的属性名是字母大小写不敏感的，所以浏览器会把所有大写字符解释为小写字符。这意味着当使用 DOM 中的模板时，驼峰格式的 props 属性名需要使用其等价的短横线连接格式替代。

```
Vue.component('blog-post', {
    // 在 JavaScript 中是驼峰格式
    props: ['postTitle'],
    template: '<p>{{ postTitle }}</p>'
})
<!-- 在 HTML 中是短横线连接格式-->
<blog-post post-title="hello"></blog-post>
```

如果使用字符串模板，那么这个限制就不存在了。

对于 props 声明的属性来说，在父级 HTML 模板中，属性名需要使用短横线连接格式。

例如：

```
var parentNode = {
    template: `
    <div>
        <child app-para="abc"></child>
        <child app-para="123"></child>
    </div>`,
    components: {
        'child': childNode
    }
};
```

声明子级 props 属性时，使用小驼峰格式或者短横线连接格式都可以；而当子级模板使用从父级模板传来的变量时，需要使用对应的小驼峰格式。

例如：

```
var childNode = {
    template: '<div>{{ appPara }}</div>',
    props:['appPara']
}
var childNode = {
    template: '<div>{{ appPara }}</div>',
    props:['app-para']
}
```

12.4.4 动态props

在模板中，当要动态地绑定父组件的数据到子级模板的 props 中时，与绑定任何普通的 HTML 特性类似，可使用 v-bind 指令实现。每当父组件的数据变化时，该变化会传递给子组件。

【编程训练】

【示例 12-19】demo1219.html

扫描二维码查看【电子活页 12-6】中网页 demo1219.html 的代码或者从本模块配套的教学资源中打开对应的文档查看相应内容。

电子活页 12-6

HTML 代码将被渲染为

```html
<div id="app">
    <div>
        <div>abc</div>
        <div>123</div>
    </div>
</div>
```

12.5 组件之间的通信

在 Vue 中，组件之间的通信有父子组件之间的通信、兄弟组件之间的通信、先辈组件与后代组件之间的通信等。

父组件通过 props 选项把数据传递给子组件，子组件的 props 选项能够接收来自父组件的数据。借助 props 选项可以实现从上到下的单向数据流传递，父组件的 props 更新会向下流动到子组件中，但是子组件的 props 更新不会向上流动到父组件中。父子组件之间的数据传递相当于河中的流水，只能从上游流往下游，不能逆流，这正是 Vue 的设计理念之一——单向数据流。而 props 可以理解为管道与管道之间的衔接口，这样水才能向下流。

$emit 能够实现子组件向父组件传递数据，子组件使用$emit 触发父组件中定义的事件，子组件的数据信息通过参数传递，在父组件中使用 v-on 或@自定义事件对子组件通过$emit 触发的事件进行监听即可。

【编程训练】

【示例 12-20】demo1220.html

创建网页 demo1220.html，在该网页中编写代码，创建父子组件，子组件的 props 选项接收来自父组件的数据，实现父组件向子组件的数据传递。

扫描二维码查看【电子活页 12-7】中网页 demo1220.html 的代码或者从本模块配套的教学资源中打开对应的文档查看相应内容。

电子活页 12-7

页面中渲染出的 HTML 代码如下。

```html
<div id="app">
    <div>这是父组件传来的数据</div>
</div>
```

子组件的 props 选项接收来自父组件的字符串数据"这是父组件传来的数据"，变量 content 的默认值"这是子组件的数据"被父组件传来的字符串覆盖。

12.5.1 父组件向子组件传递数据

父组件向子组件传递数据是主要的数据传递形式，该功能可以通过组件的属性和插槽实现。

父组件传递数据到子组件时使用了 props 选项，并且这种传递是单向的，只能由父组件传到子组件。这里为示例 12-20 中的父组件增加一个数据，并将其传递到子组件中渲染显示，如果父组件需要传递多个数据给子组件，则依次增加相应数据即可。

【编程训练】

【示例 12-21】 demo1221.html

实现过程与代码如下。

（1）在父组件中增加 msg，并将其绑定到子组件上。

代码如下。

```
var parentNode = Vue.extend({
    template: '<div>这是父组件<child :pdata=msg></child></div>',
    data(){
        return{
            msg:'这是父组件传给子组件的数据：123'
        }
    },
    components:{
        'child':childNode
    }
});
```

<child :pdata=msg></child>中的:pdata 是 v-bind:pdata 的简写形式，pdata 是自定义的要传递数据的名称，子组件也用该名称获取数据，msg 是父组件中数据的名称。

（2）在子组件中通过 props 获取数据，并将其渲染出来。

代码如下。

```
var childNode = Vue.extend({
    template: '<div><p>这是子组件</p> {{ pdata }}</div>',
    props:['pdata']
});
```

由于父组件传递数据到子组件是单向的，因此父组件中的数据发生变化时，子组件中的数据会自动更新，但子组件不可以直接修改通过 props 获取到的父组件中的数据。

（3）创建根实例。

代码如下。

```
var vm=new Vue({
    el: '#app',
    components: {
        'parent': parentNode
    }
})
```

12.5.2 子组件向父组件传递数据

在 Vue 中，如果子组件需要向父组件传递数据，则需要使用事件机制来实现，即从上向下通过属性传递数据，从下向上通过事件传递数据。

子组件向父组件传递数据时，需要通过$emit()方法向父组件暴露一个事件，父组件使用 v-on 或@自定义事件进行监听。父组件在处理这个事件的方法中获取子组件传来的数据。

在子组件中，可以通过以下方式监听事件。

```
v-on:click="$emit('funcName', a)"
```

如果需要传递多个参数，则可以使用以下方式。

```
v-on:click="$emit('funcName',{a, b...})"
```

父组件中通过自定义事件来监听子组件的事件，例如，对于自定义事件 childlistener，可以通过以下方式在父组件中进行监听。

```
v-on:childlistener="parentMethod($event)"
```

$event 就是子组件传过来的参数，如果子组件传过来的是一个参数，则$event 等于该参数；如果子组件传过来的是一个对象，则$event 为该对象，可以通过对象的方式获取对应的参数，如$event.a、$event.b 等。

【编程训练】

【示例 12-22】demo1222.html

实现过程与代码如下。

（1）构建子组件

代码如下。

```
var childNode = Vue.extend({
    template: '<div><button @click="change">单击给父组件传值</button>
            </div>',
    methods:{
        change: function(){
            this.$emit('posttoparent', 10)
        }
    }
});
```

子组件按钮绑定了一个 click 事件，单击按钮后执行 change 方法，该方法通过$emit()触发事件，事件名为 posttoparent，并且带了一个参数 10。

（2）构建父组件

代码如下。

```
var parentNode = Vue.extend({
    template: '<div><child v-on:posttoparent="getfromchild"></child>
                子组件传递给父组件的值为：{{ datafromchild }}</div>',
    data(){
        return{
            datafromchild:''
        }
    },
    components:{
        'child':childNode
    },
    methods: {
        getfromchild: function(val){
            this.datafromchild = val
        }
    }
});
```

父组件通过 v-on 指令接收事件，格式如下。

```
v-on:事件名="父组件方法"
```

父组件将接收到的参数赋值给 datafromchild。

（3）创建根实例

代码如下。

```
var vm=new Vue({
    el: '#app',
    components: {
        'parent': parentNode
    }
})
```

12.5.3 兄弟组件之间通信

兄弟组件之间通信是使用$emit()方法实现的，但原生 Vue 需要新建一个空的 Vue 实例来当作兄弟组件的"桥梁"。

【编程训练】

【示例 12-23】 demo1223.html

扫描二维码查看【电子活页 12-8】中网页 demo1223.html 的代码或者从本模块配套的教学资源中打开对应的文档查看相应内容。

12.6 Vue.js 插槽应用

12.6.1 插槽概述

1. 什么是插槽

插槽（Slot）是 Vue 为组件的封装者提供的工具。允许开发人员在封装组件时，把不确定的、希望由用户指定的部分定义为插槽，如图 12-5 所示。可以把插槽当作组件封装期间为用户预留的内容的占位符。

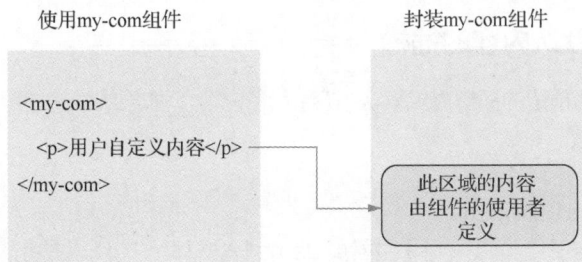

图 12-5　插槽

2. 插槽的基本用法

插槽是子组件中提供给父组件使用的一个占位符，封装组件时，可以通过<slot>元素定义插槽，从而为用户预留内容占位符。父组件可以在这个占位符中填充任何模板代码，填充的内容会替换子组件的<slot></slot>标签。

3. 默认丢弃父组件的内容

一般的，如果子组件模板没有预留插槽，则父组件的内容将会被丢弃。

【编程训练】

【示例 12-24】 demo1224.html

扫描二维码查看【电子活页 12-9】中网页 demo1224.html 的代码或者从本模块配套的教学资源中打开对应的文档查看相应内容。

HTML 代码的渲染结果如下，<child>所包含的<p>测试内容</p>被丢弃。

```
<div id="app">
    <div class="parent">
        <p>父组件</p>
        <div class="child">
            <p>子组件</p>
```

```
        </div>
    </div>
</div>
```

12.6.2 匿名插槽

当子组件模板只有一个没有属性的插槽时，父组件的整个内容片段将插入插槽所在的 DOM 位置，并替换<slot></slot>标签本身。

【编程训练】

【示例 12-25】demo1225.html

扫描二维码查看【电子活页 12-10】中网页 demo1225.html 的代码或者从本模块配套的教学资源中打开对应的文档查看相应内容。

电子活页 12-10

HTML 代码的渲染结果如下。

```
<div id="app">
    <div class="parent">
        <p>父组件</p>
        <div class="child">
            <p>子组件</p>
            <p>测试内容</p>
        </div>
    </div>
</div>
```

12.6.3 提供默认内容的插槽

封装组件时，可以为预留的插槽提供默认内容（后备内容），如果组件的使用者没有为插槽提供任何内容，则默认内容会生效。

【编程训练】

【示例 12-26】demo1226.html

扫描二维码查看【电子活页 12-11】中网页 demo1226.html 的代码或者从本模块配套的教学资源中打开对应的文档查看相应内容。

电子活页 12-11

以上代码中，当插槽存在默认值，且父元素在<child></child>元素中没有插入内容时，父组件中将显示默认值。

HTML 代码的渲染结果如下。

```
<div id="app">
    <div class="parent">
        <p>父组件</p>
        <div class="child">
            <p>子组件</p>
            <p>这是默认值</p>
        </div>
    </div>
</div>
```

如果插槽存在默认值，并且父元素在<child></child>元素中存在插入内容，则父组件中将显示设置值。

【编程训练】

【示例 12-27】demo1227.html

扫描二维码查看【电子活页 12-12】中网页 demo1227.html 的代码或者从本模块配套的教学资源中打开对应的文档查看相应内容。

电子活页 12-12

HTML 代码的渲染结果如下。

```html
<div id="app">
    <div class="parent">
        <p>父组件</p>
        <div class="child">
            <p>子组件</p>
            <p>这是设置值</p>
        </div>
    </div>
</div>
```

12.6.4 具名插槽

1. 插槽的具名方式

有时可能需要多个插槽，如，假设有一个带有以下模板的基本布局组件。

```html
<div class="container">
  <header>
    <!-- 我们希望把页眉放在这里 -->
  </header>
  <main>
    <!-- 我们希望把主要内容放在这里 -->
  </main>
  <footer>
    <!-- 我们希望把页脚放在这里 -->
  </footer>
</div>
```

对于这样的情况，<slot>元素有一个特殊的属性 name，这个属性可以用来定义多个插槽，可以为每个插槽指定不同的名称。这种带有具体名称的插槽叫作"具名插槽"。例如：

```html
<div class="container">
  <header>
    <slot name="header"></slot>
  </header>
  <main>
    <slot></slot>
  </main>
  <footer>
    <slot name="footer"></slot>
  </footer>
</div>
```

其中，有一个没有指定名称的插槽，它带有隐含的名称"default"。

【编程训练】

【示例 12-28】demo1228.html

扫描二维码查看【电子活页 12-13】中网页 demo1228.html 的代码或者从本模块配套的教学资源中打开对应的文档查看相应内容。

电子活页 12-13

2. 混用具名插槽与默认值

插槽可以使用 name 属性来配置如何分发内容，多个插槽可以有不同的名称。具名插槽将匹配父组件的内容片段中有对应 slot 属性的元素，对于父组件中没有对应 slot 属性的元素，可取其默认值。

📝 **应用实践**

【任务12】 在自定义组件中利用 Vue.js 的 transition 属性 实现图片轮播功能

【任务描述】

（1）创建组件 slideShow.vue，在该组件中编写代码，新建实现图片轮播功能的页面模块和方法。

（2）创建父组件 index.vue，在该组件中引用组件 slideShow.vue，并在父组件 index.vue 中设置图片路径和标题。

（3）在文件 main.js 中引用父组件 index.vue，并在网页 index.html 中展示图片轮播效果。

【任务实施】

1. 准备项目环境

创建 Vue 项目之前下载并安装好长期支持版的 Node.js。

（1）安装 Vue CLI

在创建项目之前应先完成 Vue CLI 的全局安装，使用以下命令可全局安装 Vue CLI。

```
npm i -g @vue/cli/或者 npm install -g @vue/cli
```

安装完之后，在 package.json 文件中查看是否安装成功。

（2）准备图片文件

将图片文件 01.jpg、02.jpg、03.jpg、04.jpg、05.jpg 复制到文件夹 src\assets 中。

2. 开始创建 Vue 项目

在命令提示符窗口中执行以下命令创建 Vue 项目。

```
vue init webpack case01-imageCarousel
```

> **说明** Vue 项目的创建已在模块 11 中详细介绍过，这里只使用 vue init webpack 命令创建 Vue 项目。

3. 创建组件 slideShow.vue

在文件夹 components 中新建组件 slideShow.vue。

（1）编写组件 slideShow.vue 的网页模板代码

组件 slideShow.vue 的网页模板代码如下。

```
<template>
  <div class="slide-show" @mouseover="clearInv" @mouseout="runInv">
    <div class="slide-img">
      <a :href="slides[nowIndex].href">
        <transition name="slide-trans">  // 使用动画
          <img v-if="isShow" :src="slides[nowIndex].src">
        </transition>
        <transition name="slide-trans-old">
          <img v-if="!isShow" :src="slides[nowIndex].src">
        </transition>
      </a>
    </div>
    <h2>{{ slides[nowIndex].title }}</h2>
```

```
      <ul class="slide-pages">
        <li @click="goto(prevIndex)">&lt;</li>
        <li v-for="(item, index) in slides"
            @click="goto(index)" >
          <a :class="{on: index === nowIndex}">{{ index + 1 }}</a>
        </li>
        <li @click="goto(nextIndex)">&gt;</li>
      </ul>
    </div>
  </template>
```

（2）编写组件 slideShow.vue 的 JavaScript 代码

扫描二维码查看【电子活页 12-14】中组件 slideShow.vue 的 JavaScript 代码或者从本模块配套的教学资源中打开对应的文档查看相应内容。

（3）编写组件 slideShow.vue 的 CSS 样式定义代码

扫描二维码查看【电子活页 12-15】中组件 slideShow.vue 的 CSS 样式定义代码或者从本模块配套的教学资源中打开对应的文档查看相应内容。

电子活页 12-14　电子活页 12-15

4. 创建组件 index.vue

在文件夹 src 中新建组件 index.vue，在该组件中引用组件 slideShow.vue。

扫描二维码查看【电子活页 12-16】中组件 index.vue 的代码或者从本模块配套的教学资源中打开对应的文档查看相应内容。

电子活页 12-16

5. 完善 main.js 文件的代码

在 main.js 中引入自定义组件 index.vue，实现代码如下。

```
import IndexPage from './index'
```

main.js 文件的完整代码如下。

```
import Vue from 'vue'
import VueResource from 'vue-resource'
import IndexPage from './index'
Vue.use(VueResource)
Vue.config.productionTip = false
new Vue({
  el: '#app',
  template: '<IndexPage/>',
  components: { IndexPage }
})
```

6. 完善 index.html 文件的代码

index.html 文件的代码如下。

```
<!DOCTYPE html>
<html>
  <head>
    <meta charset="utf-8">
    <title>图片轮播</title>
  </head>
  <body>
    <div id="app"></div>
    <!-- built files will be auto injected -->
  </body>
</html>
```

7. 运行项目 case01-imageCarousel

在命令提示符窗口中执行以下命令，运行项目 case01-imageCarousel。

```
npm run dev
```

出现以下提示信息时，表示项目启动成功。

```
DONE   Compiled successfully in 1629ms
> Listening at http://localhost:8080
```

打开浏览器，在其地址栏中输入网址 http://localhost:8080，按【Enter】键，页面展示效果如图 12-6 所示。

图 12-6　项目 case01-imageCarousel 的页面展示效果

✎ 在线测试

扫描二维码，完成本模块的在线测试。

模块 12

在线测试

模块 13
Vue.js过渡与动画实现

13

过渡和动画能够使网页更加生动，在插入、更新或者移除 DOM 时，Vue 能提供多种不同的过渡效果。在 Vue 项目中使用过渡和动画能提高用户体验和页面的交互性、影响用户的行为、吸引用户的注意力，以及帮助用户看到自己动作的反馈。例如，在单击"加载更多"超链接后，加载动画能提醒用户耐心等待。

📋 学习领会

13.1 通过 CSS 方式实现过渡效果

Vue 在插入、更新或者移除 DOM 时，能提供多种不同的过渡效果。而 transition 组件是通过初始状态和结束状态之间的平滑过渡实现简单动画的。

以下示例代码通过一个按钮控制<p>元素的显示或隐藏，并且没有使用过渡效果。

【编程训练】
【示例 13-1】demo1301.html
代码如下。

```
<div id="app">
    <button v-on:click="show=!show">
        <span v-if="show">隐藏</span>
        <span v-else>显示</span>
    </button>
    <p v-show="show">欢迎登录</p>
</div>
<script>
    var vm = new Vue({
        el: '#app',
        data: {
            show:true
        }
    })
</script>
```

如果要为页面内容的显示或隐藏添加过渡效果，则需要使用过渡组件。

13.1.1 过渡组件与过渡类

1. 过渡组件

Vue 提供了 transition 组件作为过渡组件来实现过渡效果，在以下代码中，transition 组件的名称为 fade。

```
<transition name="fade">
    <span v-show="show">欢迎登录</span>
</transition>
```

当插入或删除包含在 transition 组件中的元素时，Vue 会自动嗅探目标元素是否应用了 CSS 过渡效果或动画，如果应用了，则在恰当的时机添加/删除 CSS 类名。

2. 过渡类

为通过 CSS 方式实现过渡效果，Vue 提供了 6 个类，用于在进入（Enter）和离开（Leave）之间进行切换，实现过渡效果，如图 13-1 所示。

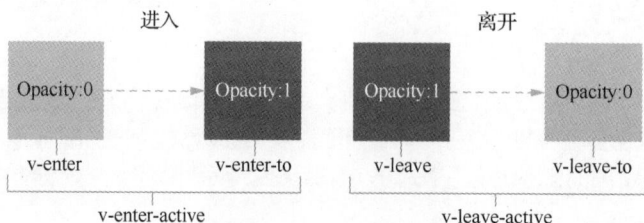

图 13-1　通过 CSS 方式实现过渡效果的 6 个类

（1）v-enter 类

该类用于定义进入过渡的开始状态，作用于开始的一帧。在元素被插入时生效，在元素插入之后的下一帧移除。

（2）v-enter-active 类

该类用于定义过渡生效时的状态，在元素的整个过渡过程中起作用，在元素被插入时生效，在过渡或动画完成之后移除。这个类可以被用来定义过渡过程的持续时间。

（3）v-enter-to 类

该类用于定义进入过渡的结束状态，在元素被插入一帧后生效（与此同时 v-enter 被删除），在过渡或动画完成之后移除。

（4）v-leave 类

该类用于定义离开过渡的开始状态，在离开过渡被触发时生效，在下一帧移除。

（5）v-leave-active 类

该类用于定义过渡生效时的状态，在元素的整个过渡过程中起作用，在离开过渡被触发后立即生效，在过渡或动画完成之后移除。这个类可以被用来定义过渡过程的持续时间。

（6）v-leave-to 类

该类用于定义离开过渡的结束状态，在离开过渡被触发一帧后生效（与此同时 v-leave 被删除），在过渡或动画完成之后移除。

对于实现过渡切换效果的类的名称，v- 是前缀，表示 transition 组件的名称。可以使用 name 属性设置前缀，如果将 name 属性的值设置为 fade，那么 fade- 就是在过渡过程中切换的类的名称前缀，类名如 fade-enter、fade-leave 等。如果没有设置 name 属性的值，那么 v- 就是这些类名的默认前缀，类名如 v-enter、v-leave 等。建议设置 name 属性的值对类进行命名，这样在将类应用到另一个过渡过程时不会产生冲突。

13.1.2　使用 transition 组件结合 transition 属性实现过渡效果

常用的 Vue 过渡效果可以使用 transition 组件结合 transition 属性实现。通过 transition 属性，Web 前端开发人员可以不使用 JavaScript 就实现简单的动画交互效果。

使用 CSS 过渡需要满足以下两个条件。

① 元素必须具有状态变化。

② 必须为每个状态设置不同的样式。

这里的状态变化是指元素的 CSS 过渡属性发生了变化，因此可以使用 JavaScript 改变 CSS 属性来触发过渡。此外，用于确定不同状态的简单方法是:hover、:focus、:active 和:target 伪类。

transition 是一个复合属性，包括 transition-property（过渡属性，默认值为 all）、transition-duration（过渡持续时间，默认值为 0）、transition-timing-function（过渡函数，默认值为 ease 函数）、transition-delay（过渡延迟时间，默认值为 0）这 4 个子属性。通过这 4 个子属性的配合可以实现一个完整的过渡效果。

【编程训练】

【示例 13-2】demo1302.html

创建网页 demo1302.html，在该网页中编写代码，使用 transition 组件结合 transition 属性实现过渡效果，使进入页面时内容呈现透明度变化的效果，离开页面时内容呈现位移变化的效果。

```html
<div id="app">
    <button v-on:click="show=!show">
        <span v-if="show">隐藏</span>     // 使用 v-if 指令改变组件的可见性
        <span v-else>显示</span>
    </button>
    // 将<transition name>标签的 name 属性值设置为 fade
    // 在编写 CSS 样式时，对应的类以 fade-为名称前缀
    <transition name = "fade">
        <p v-if="show">  欢迎登录</p>
    </transition>
</div>
<script>
    var vm = new Vue({
        el: '#app',
        data: {
            show:true
            }
        })
</script>
```

CSS 样式代码如下。

```html
<style>
/* 可以设置不同的进入和离开动画 */
.fade-enter{
  opacity:0;
}
.fade-enter-active{
  transition:opacity .5s;
}
.fade-leave-active{
  transition:transform .5s;
}
.fade-leave-to{
  transform:translateX(10px);
}
</style>
```

13.2 通过 JavaScript 方式实现 Vue.js 的过渡效果

与通过 CSS 方式实现的过渡效果不同，通过 JavaScript 方式实现的过渡效果主要通过事件进行触

发。使用 JavaScript 方式实现过渡效果时，主要通过监听事件钩子来触发过渡效果，事件钩子如下。

```
<transition
  v-on:before-enter="beforeEnter"
  v-on:enter="enter"
  v-on:after-enter="afterEnter"
  v-on:enter-cancelled="enterCancelled"
  v-on:before-leave="beforeLeave"
  v-on:leave="leave"
  v-on:after-leave="afterLeave"
  v-on:leave-cancelled="leaveCancelled" >
  <!-- ...-->
</transition>
```

在以下代码的各个方法中，函数中的参数 el 表示要过渡的元素，可以通过设置不同情况下 el 的位置、颜色等来控制其动画。

```
// ...
methods: {
  // 进入中
  beforeEnter: function (el) {
  // ...
  },
  // 此回调函数与 CSS 结合使用
  enter: function (el, done) {
    // ...
    done()
  },
  afterEnter: function (el) {
    // ...
  },
  enterCancelled: function (el) {
    // ...
  },
  // 离开时
  beforeLeave: function (el) {
    // ...
  },
  // 此回调函数与 CSS 结合使用
  leave: function (el, done) {
    // ...
    done()
  },
  afterLeave: function (el) {
    // ...
  },
  // leaveCancelled 只用于 v-show 中
  leaveCancelled: function (el) {
    // ...
  }
}
```

在以上方法中，有两个方法比较特殊，即 enter()和 leave()方法，它们接收了第二个参数 done。当进入过渡完毕或离开过渡完毕后，会调用 done()方法来进行接下来的操作。

> **注意**　对于仅使用 JavaScript 方式实现过渡效果的元素添加 v-bind:css="false"的代码，Vue 会跳过 CSS 的检测，这也可以避免过渡过程受 CSS 的影响。

【编程训练】

【示例 13-3】demo1303.html

电子活页 13-1

创建网页 demo1303.html，在该网页中编写代码，使用 JavaScript 方式实现 Vue 的过渡效果。

扫描二维码查看【电子活页 13-1】中网页 demo1303.html 的代码或者从本模块配套的教学资源中打开对应的文档查看相应内容。

13.3 实现 Vue.js 列表的过渡效果

前面分别介绍了单元素过渡效果的 CSS 实现方式、JavaScript 实现方式。如何同时渲染整个列表呢？在这种情景中，需要使用 transition-group 组件同时渲染整个列表。

transition-group 组件不同于 transition 组件，它会以一个真实元素呈现：默认为一个<span>，也可以通过 tag 特性更换为其他元素。此外，其内部元素总是需要提供唯一的 key 属性值。例如：

```
<transition-group name="list" tag="p">
    <!-- ... -->
</transition-group>
```

13.3.1 实现列表的普通过渡效果

【编程训练】

【示例 13-4】demo1304.html

电子活页 13-2

创建网页 demo1304.html，在该网页中编写代码，在数字列表中随机插入一个数字或移除一个数字，并实现插入和移除数字列表项时的普通过渡效果。

扫描二维码查看【电子活页 13-2】中网页 demo1304.html 的代码或者从本模块配套的教学资源中打开对应的文档查看相应内容。

实现列表普通过渡效果的网页 demo1304.html 的初始效果如图 13-2 所示。

随机插入一个数字　随机移除一个数字

① ② ③ ④ ⑤

图 13-2　实现列表普通过渡效果的网页 demo1304.html 的初始效果

13.3.2 实现列表的平滑过渡效果

示例 13-4 存在一个问题，即当插入和移除元素的时候，周围的元素会瞬间移动到它们在新布局中的位置，而不是平滑过渡。

transition-group 组件还有一个特殊之处——不仅可以设置进入和离开动画，还可以改变定位。要使用这个新功能需要了解 v-move 特性，该特性会在元素改变定位的过程中应用。像之前的类名一样，对于该特性，可以通过 name 属性来自定义前缀，也可以通过 move-class 属性手动设置。

在示例 13-4 所示代码的基础上，做出如下改进。

（1）增加.list-move 样式，使元素在进入时实现过渡效果。

（2）在.list-leave-active 中设置绝对定位，使元素在离开时实现过渡效果。

【编程训练】

【示例 13-5】demo1305.html

修改后的 CSS 代码如下。

```
<style>
    /* 数字圆圈部分样式 */
    .list-item {
      display: inline-block;
      margin-right: 10px;
      background-color: red;
      border-radius: 50%;
      width: 25px;
      height: 25px;
      text-align: center;
      line-height: 25px;
      color: #fff;
    }
    /* 插入元素过程 */
    .list-move, .list-enter-active, .list-leave-active {
      transition: all 1s;
    }
    /* 移除元素过程 */
    .list-leave-active {
      transition: all 1s;
      position: absolute;
    }
    /* 开始插入和移除结束时的位置变化 */
    .list-enter, .list-leave-to {
      opacity: 0;
      transform: translateY(30px);
    }
    /* 元素定位改变时的动画 */
    .list-move {
      transition: transform 1s;
    }
</style>
```

该网页的其他 HTML 代码、JavaScript 代码与示例 13-4 中的相同。

13.3.3 实现列表的变换过渡效果

【编程训练】

【示例 13-6】demo1306.html

电子活页 13-3

创建网页 demo1306.html,在该网页中编写代码,利用 move 属性进行变换过渡,即一个数字列表中的列表项既不增加又不减少,只是不断地变换位置。

扫描二维码查看【电子活页 13-3】中网页 demo1306.html 的代码或者从本模块配套的教学资源中打开对应的文档查看相应内容。

实现列表变换过渡效果的网页 demo1306.html 的初始效果如图 13-3 所示。

图 13-3 所示的列表变换过渡效果看起来很神奇,Vue 使用了一个叫作 FLIP 的简单动画队列,使用 transforms 将元素从之前的位置平滑过渡到新的位置。

打乱顺序

图13-3　实现列表变换过渡效果的网页 demo1306.html 的初始效果

> **注意**　　使用 FLIP 过渡的元素不能设置 display: inline。作为替代方案,可以设置 display: inline-block 或者将元素放置于弹性盒中。

📝 **应用实践**

【任务 13-1】 使用 data 属性与 JavaScript 通信以实现列表的渐进过渡效果

【任务描述】

使用 Vue 实例的 data 属性与 JavaScript 通信以实现列表的渐进过渡效果。

【任务实施】

创建网页 task1301.html，在该网页中编写代码。

扫描二维码查看【电子活页 13-4】中网页 task1301.html 的代码或者从本模块配套的教学资源中打开对应的文档查看相应内容。

电子活页 13-4

【任务 13-2】 使用 CSS 实现列表的渐进过渡效果

【任务描述】

使用 CSS 实现列表渐进过渡效果的网页的初始效果如图 13-4 所示。

请输入要查找的内容
• HTML • CSS • JavaScript • jQuery • Vue

图 13-4　使用 CSS 实现列表渐进过渡效果的网页的初始效果

在该列表渐进过渡效果中，列表项是一起运动的。如果要实现依次运动的效果，则需要使用 JavaScript 方式来实现。

电子活页 13-5

【任务实施】

创建网页 task1302.html，在该网页中编写代码。

扫描二维码查看【电子活页 13-5】中网页 task1302.html 的代码或者从本模块配套的教学资源中打开对应的文档查看相应内容。

【任务 13-3】 使用 Vue.js 的 transition 属性实现图片轮播效果

【任务描述】

使用 Vue 的 transition 属性可以实现元素作为单个元素或组件的过渡效果，只要把过渡效果应用到其包围的内容上即可，此时不会额外渲染 DOM 元素，也不会增加组件层级。可使用 Vue 的 transition 属性实现图片轮播效果。

【任务实施】

1. 创建文件夹与准备图片文件

在本模块的文件夹中创建一个子文件夹"task1303-图片轮播"，在该子文件夹中再创建一个子文件夹 images，将图片文件 01.jpg、02.jpg、03.jpg、04.jpg、05.jpg 复制到子文件夹 imges 中。

2. 创建网页文件 task1303.html 与编写代码

在文件夹"case1303-图片轮播"中创建网页文件 task1303.html，在该文件中实现图片轮播效果。

（1）在网页文件 task1303.html 中编写 CSS 样式代码

电子活页 13-6

扫描二维码查看【电子活页 13-6】中网页 task1303.html 的 CSS 样式代码或者从本模块配套的教学资源中打开对应的文档查看相应内容。

（2）在网页文件 task1303.html 中编写 HTML 代码

在网页 task1303.html 中编写的 HTML 代码如下。

```html
<div id="vueBox">
  <div @mouseover="clearInv" @mouseout="runInv" class="contentBox">
    <div class="slideBox">
      <transition name="slide-trans">
        <img v-if="isShow" :src="slides[nowIndex].src" alt="">
      </transition>
      <transition name="slide-trans-old">
        <img v-if="!isShow" :src="slides[nowIndex].src" alt="">
      </transition>
    </div>
    <div style="text-align: center">
      <p class="prev" v-on:click="goto(prevIndex)">前一页</p>
      <ul class="bottomTip">
        <ol v-for="(item,index ) in slides" v-on:click="goto(index)"
            :class="{on:index==nowIndex}">{{ index+1 }}</ol>
      </ul>
      <p class="next" v-on:click="goto(nextIndex)">后一页</p>
    </div>
  </div>
</div>
```

（3）在网页文件 task1303.html 中编写 JavaScript 代码

电子活页 13-7

扫描二维码查看【电子活页 13-7】中网页 task1303.html 的 JavaScript 代码或者从本模块配套的教学资源中打开对应的文档查看相应内容。

在网页文件 task1303.html 的代码，computed 属性用于监听前移、后移动作，并使当前页数对应增加、减少。

this.nowIndex==0：说明当前是第一页，再往前移会切换到最后一页（slides 数组的最后一个元素），返回 this.slides.length−1。

@mouseover="clearInv"：当鼠标指针移入的时候，移除计时器，自动轮播停止。

@mouseout="runInv"：当鼠标指针移出的时候重新启动计时器，继续自动轮播。

网页 task1303.html 的浏览效果如图 13-5 所示。

图 13-5　网页 task1303.html 的浏览效果

在线测试

扫描二维码，完成本模块的在线测试。

模块 13

在线测试

模块 14

Vue.js路由配置与应用

14

路由是复杂应用程序中不可或缺的一部分，其作用是根据 URL 来匹配对应的组件，无须刷新即可自由切换模板内容。在 Web 开发中，路由是指根据 URL 将组件分配到对应的处理程序中。对大多数单页应用而言，推荐使用官方支持的 vue-router，vue-router 通过管理 URL 实现 URL 和组件的匹配，以及通过 URL 进行组件之间的切换。

学习领会

14.1 vue-router 的基本使用

vue-router 可以实现当用户单击页面的 A 按钮时，页面显示对应的 A 内容；单击 B 按钮时，页面显示对应的 B 内容。也就是说用户单击的按钮和页面显示的内容之间是映射的关系。

14.1.1 安装 vue-router

在使用 vue-router 之前，首先需要安装该插件，命令如下所示。

```
npm install vue-router
```

如果在一个模块化工程中使用 vue-router，必须要通过 Vue.use() 明确地实现路由功能，代码如下所示。

```
import Vue from 'vue'
import VueRouter from 'vue-router'
Vue.use(VueRouter)
```

也可以使用全局的 <script> 标签引入对应的库，代码如下。

```
<script src="vue.js"></script>
<script src="vue-router.js"></script>
```

14.1.2 使用vue-router

使用 Vue + vue-router 创建单页应用非常方便。使用 Vue 可以通过组合组件来组成应用程序，把 vue-router 添加进来，将组件映射到路由（route），然后告诉 vue-router 在哪里渲染它们。

【编程训练】

【示例 14-1】demo1401.html

创建网页 demo1401.html，在该网页中编写代码，使用 vue-router 实现当单击页面的"登录"超链接时，页面显示对应的内容"打开登录页面"；单击"注册"超链接时，页面显示对应的内容"打开注册页面"。

（1）引入库

```
<script src="vue.js"></script>
<script src="vue-router.js"></script>
```

（2）使用 router-link 组件实现导航

```
<p>
    <!-- 使用 router-link 组件来导航 -->
    <!-- 通过 to 属性指定超链接 -->
    <!-- <router-link>默认会被渲染成一个<a>标签 -->
    <router-link to="/login">登录</router-link>
    <router-link to="/register">注册</router-link>
</p>
```

（3）添加路由出口

```
<!-- 路由出口 -->
<!-- 路由匹配到的组件将在这里渲染 -->
<router-view></router-view>
```

（4）添加注释

如果使用模块化机制编程，则需要先导入 Vue 和 VueRouter。这里不需要导入 Vue、VueRouter 和使用 Vue.use(VueRouter)，所以需要对以下 3 行代码添加注释符号。

```
// import Vue from 'vue'
// import VueRouter from 'vue-router'
// Vue.use(VueRouter)
```

（5）定义路由组件

```
const Login = { template: '<div>打开登录页面</div>' }
const Register = { template: '<div>打开注册页面</div>' }
```

（6）定义路由

```
// 每个路由都应该映射一个组件
const routes = [
    { path: '/login', component: Login },
    { path: '/register', component: Register }
]
```

（7）创建 router 实例

创建 router 实例，并传入 routes 配置。当然，也可以传入其他配置参数。

```
const router = new VueRouter({
    routes              // 简写形式，相当于 routes: routes
})
```

（8）创建和挂载根实例

```
// 通过 router 配置参数注入路由，从而让整个应用都有路由功能。
const vm= new Vue({
    el:'#app',
    router
})
```

打开该网页时，HTML 代码将被渲染为

```
<div id="app">
    <p>
        <a href="#/login" class>登录</a>
        <a href="#/register" class>注册</a>
    </p>
</div>
```

浏览网页 demo1401.html 时,单击"注册"超链接后显示对应内容"打开注册页面",如图 14-1 所示。

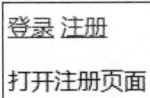

登录 注册

打开注册页面

图 14-1 浏览网页 demo1401.html 时单击"注册"超链接后显示对应内容"打开注册页面"

同样,单击"登录"超链接后显示对应内容"打开登录页面",实现了要求的功能。

14.1.3 vue-router 的路由模式

Vue 用于实现单页前端路由时提供了两种模式,分别是 hash 模式和 history 模式。

1. hash 模式

vue-router 默认使用 hash 模式,即使用 URL 的 hash 来模拟一个完整的 URL(当 URL 改变时,页面不会重新加载),如 http://localhost:8080/#/login。#就是 hash 符号,中文名为哈希符或者锚点,hash 符号后的值称为 hash 值。

2. history 模式

hash 模式的 URL 中自带#符号,这会影响 URL 的美观,而路由的 history 模式的 URL 中不会出现#符号,这种模式充分利用 history.pushState()来完成 URL 的跳转,并且无须重新加载页面。使用 history 模式时,需要在路由规则配置中增加 mode: 'history',示例代码如下。

```
const router = new VueRouter({
    mode: 'history',
    routes: [...]
})
```

当使用 history 模式时,完整 URL 的示例如下。

```
http://localhost:8080/login
```

如果要使用 history 模式,则需要进行服务器配置,如果服务器没有正确配置,则浏览器访问页面时可能会返回 404 错误页面。所以,要在服务器上增加一个覆盖所有情况的候选资源:如果 URL 匹配不到任何静态资源,则应该返回同一个 index.html 页面,这个页面就是 App 依赖的页面。

这么设置以后,服务器就不再返回 404 错误页面,因为所有路径都会返回 index.html 页面。为了避免出现这种情况,应该在 Vue 应用中覆盖所有路由情况。

例如:

```
const router = new VueRouter({
  mode: 'history',
  routes: [
    { path: '*', component: NotFoundComponent }
  ]
})
```

14.2 重定向和使用别名

14.2.1 重定向

Vue 的重定向功能通过 routes 配置 path 和 redirect 来实现以下代码的目的是从/x 重定向到/home。

```
const router = new VueRouter({
  routes: [
```

```
        { path: '/x', redirect: '/home' }
    ]
})
```

重定向的目标可以是一个已命名的路由，示例代码如下。

```
const router = new VueRouter({
    routes: [
        { path: '/x', redirect: { name: 'home' }}
    ]
})
```

重定向的目标也可以是一个方法，动态返回重定向目标，示例代码如下。

```
const router = new VueRouter({
    routes: [
        { path: '/x', redirect: to => {
        // 方法接收目标路由作为参数
        // 返回重定向的字符串路径/路径对象
        return '/home'
        }}
    ]
})
```

对于不识别的 URL，常常使用重定向功能，将页面定向到主页面。

【编程训练】

【示例 14-2】demo1402.html

创建网页 demo1402.html，在该网页中编写代码，使用 Vue 的重定向功能实现单击超链接时显示对应的页面内容，具体要求如下。

（1）打开网页时，默认显示内容"打开网站主页"。

（2）单击页面中的"登录"超链接时，页面显示对应的内容"打开登录页面"。

（3）单击页面中的"注册"超链接时，页面显示对应的内容"打开注册页面"。

（4）单击页面中的"主页"和"不存在的链接"超链接时，页面都会显示"打开网站主页"内容，即对于无法识别的 URL，使用重定向功能将页面定向到主页面。

```
<div id="app">
    <p>
        <router-link to="/home">主页</router-link>
        <router-link to="/login">登录</router-link>
        <router-link to="/register">注册</router-link>
        <router-link to="/*">不存在的链接</router-link>
    </p>
    <router-view></router-view>
</div>
<script>
    const Home = { template: '<div>打开网站主页</div>' }
    const Login = { template: '<div>打开登录页面</div>' }
    const Register = { template: '<div>打开注册页面</div>' }
    const NotFound = {template:'<div>网页没有找到</div>'}
    const routes = [
        { path: '/home', component: Home },
        { path: '/login', component: Login },
        { path: '/register', component: Register },
        { path: '*', redirect: "/home"},
    ]
    const router = new VueRouter({
        routes
        })
```

```
        const vm= new Vue({
            el:'#app',
            router
        })
</script>
```

打开该网页时，HTML 代码将被渲染为以下内容。

```
<div id="app">
    <p>
        <a href="#/home" aria-current="page"
          class="router-link-exact-active rourer-link-active">主页</a>
        <a href="#/login" class>登录</a>
        <a href="#/register" class>注册</a>
        <a href="#/*" class>不存在的链接</a>
    </p>
    <div>打开网站主页</div>
</div>
```

打开具有重定向功能的网页 demo1402.html 时，默认显示"打开网站主页"内容，如图 14-2 所示。

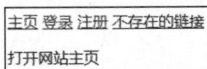

图 14-2　网页 demo1402.html 默认显示"打开网站主页"内容

14.2.2　使用别名

重定向是指当用户访问/x 时，URL 将会被替换为/y，并匹配路由/y。换句话说，/a 的别名是/b，这意味着当用户访问/b 时，URL 会保持为/b，但是匹配路由/a，就像用户访问/a 一样。

上面对应的路由配置如下

```
const router = new VueRouter({
    routes: [
        { path: '/a', component: A, alias: '/b' }
    ]
})
```

别名功能可以自由地将用户界面结构映射到任意 URL，而不受限于配置的嵌套路由结构。

处理对主页面的访问时，常常将 index 设置为别名，如将/home 的别名设置为/index。需要注意的是，<router-link to="/home">的样式在 URL 为/index 时并不会显示。因为 router-link 只识别出了/home，而无法识别/index。

14.3　设置与使用根路径

设置与使用根路径时，将 path 设置为'/'即可。

电子活页 14-1

【编程训练】

【示例 14-3】demo1403.html

扫描二维码查看【电子活页 14-1】中网页 demo1403.html 的代码或者从本模块配套的教学资源中打开对应的文档查看相应内容。

打开网页 demo1403.html 时，HTML 代码将被渲染为

```
<div id="app">
    <p>
        <a href="#/" aria-current="page"
          class="router-link-exact-active rourer-link-active">主页</a>
```

```
            <a href="#/login" class>登录</a>
            <a href="#/register" class>注册</a>
            <a href="#/*" class>不存在的链接</a>
        </p>
        <div>打开网站主页</div>
    </div>
```

但是由于默认使用的是全包含匹配，因此'/login'、'/register'也可以匹配到'/'。如果需要精确匹配，仅仅匹配'/'，则需要在 router-link 中设置 exact 属性。

【编程训练】

【示例 14-4】demo1404.html

部分有变化的代码如下。

```
    <p>
        <router-link to="/" exact>index</router-link>
        <router-link to="/login">登录</router-link>
        <router-link to="/register">注册</router-link>
    </p>
const routes = [
    { path: '/', component: Home },
    { path: '/login', component: Login },
    { path: '/register', component: Register },
]
```

其他代码与 demo1403.html 的相同。

14.4 设置与使用嵌套路由

14.4.1 使用 vue-router 实现嵌套路由

实际应用的页面通常由多层嵌套的组件组合而成。同样，URL 中各段动态路径按某种结构对应嵌套的各层组件。使用 vue-router 的嵌套路由配置可以简单地实现这种关系。嵌套子路由的关键属性是 children，children 可以像 routes 一样用于配置路由数组。每一个子路由中可以嵌套多个组件。当使用 children 属性实现子路由时，子路由的 path 属性值不要带 "/"。

【编程训练】

【示例 14-5】demo1405.html

创建网页 demo1405.html，在该网页中编写代码，使用 vue-router 通过嵌套路由实现单击超链接后显示对应的页面内容，具体要求如下。

（1）打开网页时默认显示内容"打开网站主页"，单击页面中的"主页"超链接时，也会显示内容"打开网站主页"。

（2）单击页面中的"购物车"超链接时，页面显示对应的内容"打开购物车页面"。

（3）单击页面中的"商品详情"超链接时，页面显示第 2 层超链接"商品 1""商品 2""商品 3"，单击第 2 层超链接，打开对应商品的详情页面，这里会显示对应的内容。如，单击"商品 1"超链接，显示对应内容"打开商品 1 详情页面"。

扫描二维码查看【电子活页 14-2】中网页 demo1405.html 的代码或者从本模块配套的教学资源中打开对应的文档查看相应内容。

打开网页 demo1405.html 时，HTML 代码将被渲染为

电子活页 14-2

```
<div id="app">
    <p>
        <a href="#/" aria-current="page"
```

```
            class="router-link-exact-active rourer-link-active">主页</a>
        <a href="#/productDetails" class>商品详情</a>
        <a href="#/shoppingCart" class>购物车</a>
    </p>
    <div>打开网站主页</div>
</div>
```

浏览网页 demo1405.html 时，依次单击 "商品详情" → "商品 3" 超链接时，显示对应内容 "打开商品 3 详情页面"，如图 14-3 所示。

主页 商品详情 购物车

商品1 商品2 商品3

打开商品3详情页面

图 14-3　依次单击 "商品详情" → "商品 3" 超链接时，显示对应内容

> **注意**　在 router 的构造配置中，children 属性中的 path 属性只需要设置为当前路径，因为其会依据层级关系识别路径；而 router-link 中的 to 属性需要设置为完整路径。

14.4.2　设置默认子路由

如果要设置默认子路由，即单击 "商品详情" 超链接时，自动显示 "打开商品 1 详情页面"，则需要进行如下修改。设置 router 配置对象中 children 属性的 path 属性，并将对应的 router-link 的 to 属性设置为'/productDetails'。

【编程训练】

【示例 14-6】demo1406.html

扫描二维码查看【电子活页 14-3】中网页 demo1406.html 的代码或者从本模块配套的教学资源中打开对应的文档查看相应内容。

打开网页 demo1406.html 时，HTML 代码将被渲染为

电子活页 14-3

```
<div id="app">
    <p>
        <a href="#/" aria-current="page"
           class="router-link-exact-active rourer-link-active">主页</a>
        <a href="#/productDetails" class>商品详情</a>
        <a href="#/shoppingCart" class>购物车</a>
    </p>
    <div>打开网站主页</div>
</div>
```

浏览设置了默认子路由的网页时，单击 "商品详情" 超链接时显示默认内容 "打开商品 1 详情页面"，如图 14-4 所示。

主页 商品详情 购物车

商品1 商品2 商品3

打开商品1详情页面

图 14-4　单击 "商品详情" 超链接时显示默认内容 "打开商品 1 详情页面"

14.5　设置与使用命名路由

有时，通过一个名称来标识一个路由显得更方便，特别是在链接一个路由，或者执行跳转操作时。可以在创建 Router 实例时，在 routes 配置中为某个路由设置名称。

例如：

```
const router = new VueRouter({
    routes: [
        {
            path: '/user/:userId',
            name: 'user',
            component: User
        }
    ]
})
```

要链接到一个命名路由，可以为 router-link 的 to 属性传递一个对象，例如：

```
<router-link :to="{ name: 'user', params: { userId: 123 }}">User</router-link>
```

这与调用 router.push() 的作用相同，例如：

```
router.push({ name: 'user', params: { userId: 123 }})
```

这两种方式都会把路由导航到/user/123。

命名路由的常见用途是替换 router-link 中的 to 属性，如果不使用命名路由，则 router-link 中的 to 属性需要设置为全路径，这样使用不够灵活，且修改时较麻烦。使用命名路由后，只需要使用包含 name 属性的对象。

> **注意** 如果设置了默认子路由，则不需要在父路由上设置 name 属性。

【编程训练】

【示例 14-7】demo1407.html

创建网页 demo1407.html，在该网页中编写代码，通过设置与使用命名路由实现与示例 14-6 类似的功能。

扫描二维码查看【电子活页 14-4】中网页 demo1407.html 的代码或者从本模块配套的教学资源中打开对应的文档查看相应内容。

电子活页 14-4

14.6 设置与使用命名视图

有时候用户想同时（同级）展示多个视图，而不是嵌套展示。例如，创建一个布局，有 sidebar（侧导航）和 main（主内容）两个视图，此时命名视图就派上用场了。页面中可以拥有多个单独命名的视图，而不是只有一个单独的出口（路由组件"挂载点"）。如果 router-view 没有设置名称，那么其名称默认为 default。
例如：

```
<router-view class="view one"></router-view>
<router-view class="view two" name="x"></router-view>
<router-view class="view three" name="y"></router-view>
```

一个视图使用一个组件渲染，若同一个路由匹配多个组件，则多个视图需要多个组件。用户要正确使用 components 配置。
例如：

```
var router = new VueRouter({
    routes:[
        {
            path:'/', components:{
            default:header,
            'left':leftNav,
            'main':mainContent
```

```
        }
      }
      // 这里使用 components，其第一个属性与 router-view 中的 name 对应
      // 第二个属性表示要展示的组件名称
    ]
  });
```

【编程训练】

【示例 14-8】demo1408.html

创建网页 demo1408.html，在该网页中编写代码，设置与使用命名视图，即定义 header（头部区域）、left（侧边栏）和 main（主内容）3 个命名视图，创建一个包含 3 个区域的布局。

扫描二维码查看【电子活页 14-5】中网页 demo1408.html 的代码或者从本模块配套的教学资源中打开对应的文档查看相应内容。

电子活页 14-5

打开网页 demo1408.html 时，HTML 代码将被渲染为

```
<div id="app">
    <div class="header">header（头部区域）</div>
    <div class="container">
        <div class="left">left（侧边栏）</div>
        <div class="main">main（主内容）</div>
    </div>
</div>
```

包含命名视图的网页 demo1408.html 的浏览效果如图 14-5 所示。

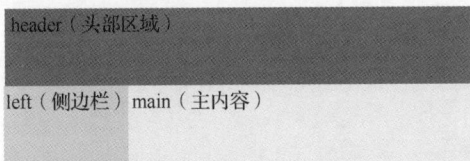

图 14-5　包含命名视图的网页 demo1408.html 的浏览效果

14.7　设置与使用动态路由

通常，需要把某种模式匹配到的所有路由全都映射到同一个组件。例如，有一个 User 组件，ID 各不相同的各用户都要使用这个组件来渲染网页。此时，可以在 vue-router 的路由路径中使用动态路径参数（Dynamic Segment）为路径的动态部分匹配不同的 ID 来实现这个效果，示例代码如下。

```
const user = {
    template: '<div>User</div>'
}
const router = new VueRouter({
    routes: [
        // 动态路径参数 id 以冒号开头
        { path: '/user/:id', component: user }
    ]
})
```

上述代码中，":id"表示用户 ID，它是一个动态值。

如果写为{ path: '/user/:id?', name:'user', component:user}，则 path:'/user/:id?'表示该路由可以匹配/user 路径以及带有可选参数 id 的路径。

需要注意的是，动态路由来切换时，由于它们都指向同一个组件，因此 Vue 不会销毁再重新创建这个组件，而是复用这个组件。也就是说，当用户（如 user1）第一次单击触发事件时，Vue 把对应的

组件渲染出来，并在 user1、user2 中来回切换，且这个组件不会发生变化。如果想要在组件来回切换时进行一些操作，则需要在组件内部使用 watch 来监听$route 的变化。

可以在一个路由中设置路径参数，路径参数使用冒号（：）标记。当匹配到一个路由时，参数值会被设置到 this.$route.params 中，可以在每个组件内使用。这样就可以更新 User 的模板，输出当前用户 ID。

【编程训练】

【示例 14-9】demo1409.html

在网页 demo1409.html 中编写的代码如下。

```html
<div id="app">
  <p>
    <router-link to="/user/admin">/user/admin</router-link>
    <router-link to="/user/better">/user/better</router-link>
  </p>
  <router-view></router-view>
</div>
<script>
  const User = {
          template: `<div>当前用户：  {{ $route.params.id }}</div>`
      }
  const router = new VueRouter({
    routes: [
        { path: '/user/:id', component: User }
    ]
  })
  const app = new Vue({ router }).$mount('#app')
</script>
```

打开网页 demo1409.html 时，HTML 代码将被渲染为

```html
<div id="app">
    <p>
        <a href="#/user/admin" class>/user/admin</a>
        <a href="#/user/better" class>/user/better </a>
    </p>
</div>
```

使用 params 方式传参的网页浏览效果如图 14-6 所示。

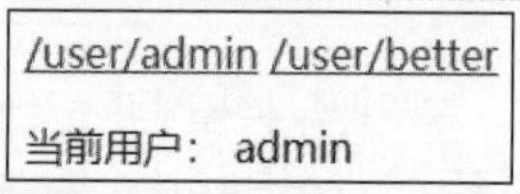

可以在一个路由中设置多段路径参数，其对应的值都会被设置到$route.params 中。除了$route.params 外，$route 对象还提供了其他有用信息，如$route.query（如果 URL 中有查询参数）、$route.hash 等。

图 14-6　使用 params 方式传参的网页浏览效果

14.8　实现编程式导航

除了使用<router-link>创建<a>标签来定义导航超链接，还可根据不同的规则（如支付成功或支付失败）导航到不同的路径，此时会跳转到不同的页面。这种方式属于声明式导航，这种情景使用<router-link>不容易实现相同功能，此时可以使用 VueRouter 提供的实例方法 push()来实现编程式导航功能。在 Vue 实例内部可以通过 router 访问路由实例，因此通过调用 router.push()即可实现页面的跳转。

14.8.1　使用 router.push()方法实现导航

history 栈是浏览器内置的对象，用于管理用户的浏览历史记录，在使用 router.push()方法导航到不同的 URL 时，router.push()方法会向 history 栈添加一个新的记录，所以当用户单击浏览器的后退

按钮时，会回到之前的 URL（页面）。

当单击<router-link>时，router.push()方法会在<router-link>内部被调用，也就是说，单击声明式导航<router-link :to="...">等同于调用编程式导航 router.push(...)。<router-link>属于声明式导航，router.push()属于编程式导航，即借助 router 的实例方法 push()，通过编写 JavaScript 代码来实现页面的跳转。

在@click 中，使用 router 表示路由对象，在 methods 方法中，使用 this.router 表示路由对象。该方法的参数可以是一个字符串路径，或者一个描述地址的对象。例如：

```
// 获取 Router 实例
var router=new VueRouter()
// 字符串形式
router.push('home')
// 对象形式
router.push({ path: 'home' })
// 命名路由
router.push({ name: 'user', params: { userId: 123 }})
// 带查询参数，变为 /user?id=2
router.push({ path: 'user', query: { id: '2' }})
```

在参数对象中，如果提供了 path，则 params 会被忽略，为了传递参数，需要提供路由的 name 或者带有参数的 path。

1. 使用 query 方式传参

使用 query 方式传递的参数会出现在浏览器的地址栏中，如"0706.html#/user?name=admin"，其尾部的"?name=admin"就是 query 参数。

【编程训练】

【示例 14-10】demo1410.html

创建网页 demo1410.html，在该网页中编写代码，实现使用 query 方式传递参数。

扫描二维码查看【电子活页 14-6】中网页 demo1410.html 的代码或者从本模块配套的教学资源中打开对应的文档查看相应内容。

电子活页 14-6

打开网页 demo1410.html 后，单击"跳转"按钮时，HTML 代码将被渲染为

```
<div id="app">
    <button>跳转</button>
    <p>用户名：admin </p>
</div>
```

浏览网页 demo1410.html 时，显示一个"跳转"按钮，单击该按钮，其下方显示"用户名：admin"内容，如图 14-7 所示。同时，传递的参数"?name=admin"会出现在浏览器的地址栏中。

跳转

用户名：admin

图 14-7　浏览网页 demo1410.html 时，单击"跳转"按钮，其下方显示"用户名：admin"内容

2. 使用 params 方式传参

使用 params 方式传递的参数不会出现在浏览器的地址栏中，如"0707.html#/user"，其尾部不会出现参数"?name=admin"。

【编程训练】

【示例 14-11】demo1411.html

创建网页 demo1411.html，在该网页中编写代码，实现使用 params 方式传参。

扫描二维码查看【电子活页 14-7】中网页 demo1411.html 的代码或者从本

电子活页 14-7

模块配套的教学资源中打开对应的文档查看相应内容。

打开网页 demo1411.html 后，单击"跳转"按钮时，HTML 代码将被渲染为

```
<div id="app">
    <button>跳转</button>
    <p>用户名：admin </p>
</div>
```

浏览网页 demo1411.html 时，显示一个"跳转"按钮，单击该按钮，其下方显示"用户名：admin"内容，如图 14-8 所示。而传递的参数"?name=admin"不会出现在浏览器的地址栏中。

图 14-8　浏览网页 demo1411.html 时，单击"跳转"按钮，其下方显示"用户名：admin"内容

14.8.2　使用 router.replace()方法实现导航

router.replace()方法与 router.push()方法的功能类似，其区别在于，为<router-link>设置 replace 属性后，当单击时会调用 router.replace()方法，导航后不会向 history 栈添加新记录，而是替换当前的 history 记录。

示例代码如下。

```
// 编程式
router.replace({ path: 'user' })
// 声明式
<router-link :to="{ path: 'user' }" replace></router-link>
```

14.8.3　使用 router.go()方法实现导航

router.go()方法的参数是一个整数，表示在 history 记录中前进或者后退多少步，在功能方面等同于 window.history.go()。

例如：

```
// 在 history 记录中前进一步，等同于 history.forward()
router.go(1)
// 后退一步，等同于 history.back()
router.go(-1)
// 前进 3 步
router.go(3)
// 如果 history 记录不够用，则静默失败，浏览器不会抛出异常或显示错误消息
router.go(-100)
router.go(100)
```

✎ 应用实践

【任务 14】 实现用户登录与应用路由切换页面

【任务描述】

创建 Vue 项目 case01-login，要求该项目实现以下功能。

（1）项目启动时，打开显示登录页面，在登录页面中输入有效的用户名和密码，如图 14-9 所示。登录成功后，显示"登录成功"的提示信息，如图 14-10 所示，打开主页面。

图 14-9　在登录页面中输入有效的用户名和密码

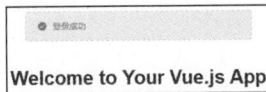

图 14-10　显示"登录成功"的提示信息

（2）在文件夹 components 中新建所需的组件 Content.vue，该组件通过参数 msg 传递文本内容。

（3）在文件夹 views 中新建所需的功能页面 About.vue 和 Home.vue，在文件 Home.vue 中引用组件 Content，将文本内容"Welcome to Your Vue.js App"传递给参数 msg。

用户登录成功后，打开主页面，该页面有"主页"和"关于我们"两个超链接。单击"主页"超链接时，页面中显示文本内容"Welcome to Your Vue.js App"，即参数 msg 中传递的文本内容。项目 case01-login 主页面的浏览效果如图 14-11 所示。

单击"关于我们"超链接，页面中显示文本内容"This is an about page"，即 About.vue 文件的文本内容。项目 case01-login"关于我们"页面的浏览效果如图 14-12 所示。

图 14-11　项目 case01-login 主页面的浏览效果

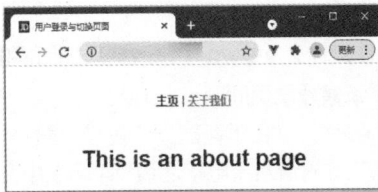

图 14-12　项目 case01-login"关于我们"页面的浏览效果

【任务实施】

1. 开始创建 Vue 项目

在命令提示符窗口中执行以下命令，创建 Vue 项目。

```
vue create case01-login
```

2. 项目环境准备

基于 Vue CLI 脚手架工具创建项目，需要安装 Node.js 和全局安装 Vue CLI。

在命令提示符窗口中执行以下命令，安装 element-ui 模块。

```
npm i element-ui -S
```

3. 在 vue.config.js 配置文件中完善各项配置

其默认端口是 8080，也可以更改端口号，但修改后格式检查很麻烦，为避免这些麻烦可以关闭端口。以上内容都可以在 vue.config.js 配置文件中进行配置。该文件的代码如下。

```
module.exports = {
    devServer: {
        port: 8081,                    // 端口号，如果该端口被占用，则端口号会自动加 1
        host: "localhost",             // 主机名，127.0.0.1
        https: false,                  // 协议
        open: true,                    // 启动服务时自动打开浏览器进行访问
    },
    lintOnSave: false,                 // 关闭格式检查
    productionSourceMap: false         // 打包时不会生成.map 文件，以加快打包速度
}
```

4. 在文件夹 components 中创建 Content.vue 文件

在文件夹 components 中创建 Content.vue 文件，在该文件中输入代码。

文件夹 components 下 Content.vue 文件的代码如下。

```
<template>
  <div class="hello">
    <h1>{{ msg }}</h1>
  </div>
</template>
<script>
export default {
  name: "Content",
  props: {
    msg: String,
  },
  data(){
    return{
      list: {}
    }
  }
};
</script>
```

5. 在文件夹 views 中修改或新建所需的功能页面

（1）新建登录页面 login.vue

在 views 文件夹下新建一个登录页面 login.vue，在该文件中输入模板代码。

扫描二维码查看【电子活页 14-8】中 views 文件夹下文件 login.vue 的模板代码或者从本模块配套的教学资源中打开对应的文档查看相应内容。

电子活页 14-8

在 login.vue 文件中输入以下 JavaScript 代码。

```
<script>
export default {
  name: "firstdemo",
  data() {
    return {
      form: {
        name: "",
        password: ""
      }
    };
  },
  methods: {
    onSubmit() {
      if (this.form.name == "admin" && this.form.password == "123456") {
        this.$message({
          message: '登录成功',
          type: 'success'
        });
        this.router.push({ path: "/Home" });
      }else{
        this.$message.error('登录失败');
      }
    }
  }
};
</script>
```

（2）完善 About.vue 文件的代码

完善后的代码如下。

```
<template>
  <div class="about">
    <h1>This is an about page</h1>
  </div>
</template>
<template>
  <div class="home">
    <Content msg="Welcome to Your Vue.js App" />
  </div>
</template>
<script>
import Content from "@/components/Content.vue";
export default {
  name: "Home",
  components: {
    Content,
  },
};
</script>
```

6. 完善 router 文件夹下 index.js 文件的代码

对 router 文件夹下 index.js 文件中的代码进行完善。

router 文件夹下 index.js 文件的代码如下。

```
import Vue from "vue";
import VueRouter from "vue-router";
import Home from "../views/Home.vue";
import login from "../views/login.vue";
Vue.use(VueRouter);
const routes = [
  {
    path: "/",
    name: "login",
    component: login
  },
  {
    path: "/Home",
    name: "home",
    component: Home
  },
  {
    path: "/about",
    name: "About",
    component: () =>
      import("../views/About.vue"),
  },
];
const router = new VueRouter({
  mode: "history",
  base: process.env.BASE_URL,
  routes,
});
export default router;
```

7. 完善 src 文件夹下的 App.vue 文件的代码

src 文件夹下 App.vue 文件的模板代码如下。

```
<template>
  <div id="app">
    <div id="nav">
      <router-link to="/home">主页</router-link> |
      <router-link to="/about">关于我们</router-link>
    </div>
    <router-view />
  </div>
</template>
```

8. 完善 main.js 文件的代码

case01-login\src\main.js 文件完善后的代码如下。

```
import Vue from "vue";
import App from "./App.vue";
import router from "./router";
import ElementUI from 'element-ui';
import 'element-ui/lib/theme-chalk/index.css';
Vue.use(ElementUI);
Vue.config.productionTip = false;
console.log(process.env.VUE_APP_BASE_API)
new Vue({
    router,
    render: (h) => h(App)
}).$mount("#app");
```

9. 完善 package.json 文件的代码

在 package.json 文件中找到 scripts 节点下的 serve 选项，在其后添加 "--open"，以实现运行项目后自动打开浏览器的效果。

scripts 节点完整的代码如下。

```
"scripts": {
  "serve": "vue-cli-service serve   --open",
  "build": "vue-cli-service build",
  "lint": "vue-cli-service lint"
},
```

10. 启动项目与浏览运行结果

在 case01-login 中执行以下命令，启动项目。

```
npm run serve
```

如果没有报错，且自动打开了网页，则项目配置成功。经测试，项目实现了要求的所有功能。

✎ 在线测试

扫描二维码，完成本模块的在线测试。

模块 14

在线测试

模块 15
Vuex状态管理

15

随着业务的增加，应用程序变得越来越复杂，每个组件都有自己的数据状态，并且组件之间存在数据传递，一个数据的变化可能会影响多个组件，这就增加了定位组件的难度。要解决这个问题，就要集中管理数据，在多个组件中共享数据状态，如用户的登录信息或者用户界面组件的呈现状态（按钮禁用或加载数据）。

在大型单页应用中，往往会编写许多组件，每个组件都会有自己单独的数据或状态，但也存在公共的数据或状态，它们是由多个组件共享使用的，如用户的状态、公共的页面配置等。需要把公共状态抽取出来，将其作为全局单例模式并在应用外部对其进行集中式存储管理，于是 Vuex 应运而生。Vuex 是一种专为 Vue 应用程序开发的状态管理模式，它采用集中式存储方式管理应用的所有组件的状态，并以相应的规则保证状态以一种可预测的方式发生变化。Vuex 也集成到了 Vue 的官方调试工具 DevTools Extension 中，提供诸如零配置的 time-travel 调试、状态快照导入/导出等高级调试功能。

是否使用 Vuex 取决于项目的实际规模，在简单的应用中使用 Vuex 可能会显得烦琐冗余；对于中大型的单页应用，Vuex 在状态管理方面是最好的选择。

✎ 学习领会

///// **15.1** Vuex 概述

15.1.1 Vuex 是什么

一份数据可以在多个组件中使用，图 15-1 所示的 E、F、I 同时要展示 userName。userName 可能被用户修改，修改之后其他组件要同步进行修改。

怎么管理图 15-1 中的 userName？最简单的方式是在共同的父节点（也就是图 15-2 所示的 A 节点）上管理这些数据。这种通过属性的传递来管理数据的方式非常脆弱，且成本也非常高。

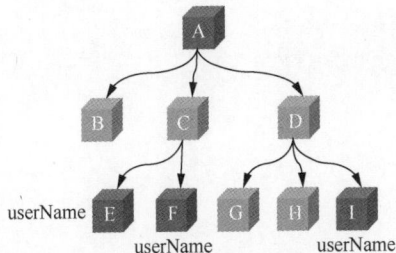

图 15-1　一份数据在多个组件中使用

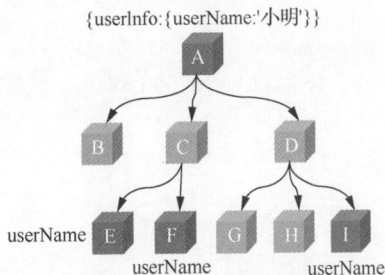

图 15-2　父节点管理方式

当状态树比较大的时候，就需要一种更加系统化的管理工具。需要动态注册响应数据，需要管理命名空间与组织数据，还需要通过插件来记录数据的更改，以方便调试，这些功能都是 Vuex 要提供的。

用户并不需要手动完成状态管理工作，许多流行的框架能帮助用户管理数据状态。Vue 的数据状态管理有自己的官方解决方案，称作 Vuex。其作用是帮助用户集中管理数据状态以及任何组件（不需要父子关系），也能让用户很容易地进行数据之间的交互。未使用 Vuex 与使用 Vuex 进行数据状态管理的示意如图 15-3 所示。

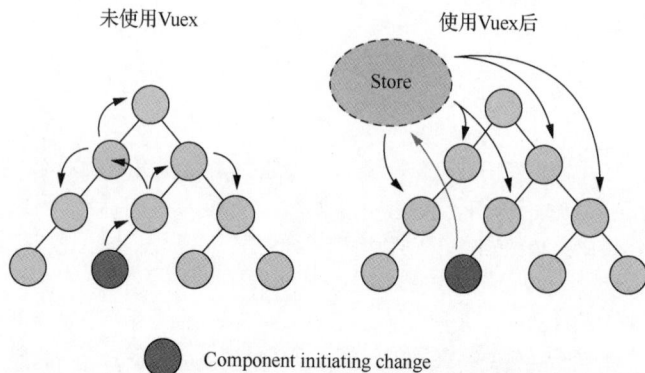

图 15-3　未使用 Vuex 与使用 Vuex 进行数据状态管理的示意

15.1.2　什么是"状态管理框架"

首先分析一个简单的 Vue 计数程序。

【编程训练】

【示例 15-1】demo1501.html

创建网页 demo1501.html，在该网页中编写代码，使用自定义方法实现简单的 Vue 计数功能。具体要求如下：在 data 函数中定义变量 count，并为其赋初值为 1；在 methods 方法中定义方法 increment()，该方法用于实现计数功能；在 template 模板中为按钮的 click 事件绑定方法 increment()，并显示计数。

```
<div id="app"></div>
<script>
  var vm = new Vue({
    el: '#app',
    // state
    data () {
      return {
        count: 1
      }
    },
    // view
    template: `
      <div><input type="button" value="单击增加 1" @click="increment()">
          {{ count }}
      </div>
    `,
    // actions
    methods: {
      increment () {
        this.count++
```

```
      }
    }
  })
</script>
```

对状态管理的简单理解就是统一管理和维护各个 Vue 组件的可变化状态。

Vue 使用单向数据流，它的状态管理一般包含以下几部分。

（1）state：驱动应用的数据源，一般指 data 中返回的数据。

（2）view：以声明方式将 state 的数据映射到视图，一般指模板。

（3）actions：响应在 view 上的用户输入导致的状态变化。

Vuex 是一种状态管理模式，state、view、actions 之间的数据流也是单向的，单向数据流示意如图 15-4 所示。

但是当应用中的多个组件共享状态时，单向数据流可能无法满足需求。具体来说，主要有以下两个方面的问题。

（1）多个视图依赖于同一状态。

（2）来自不同视图的行为需要变更同一状态。

传参的方法对于多层嵌套的组件非常烦琐，并且对于兄弟组件间的状态传递无能为力。用户会经常采用父子组件直接引用的方式或者通过事件来变更和同步状态的多份副本。但上述方法非常脆弱，通常会导致代码无法维护。

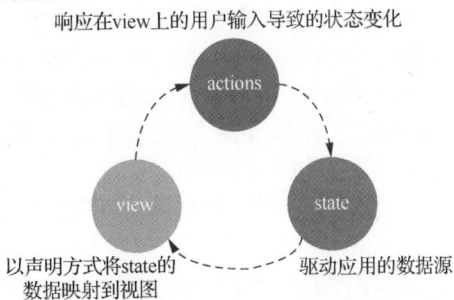

响应在 view 上的用户输入导致的状态变化

以声明方式将 state 的数据映射到视图　　驱动应用的数据源

图 15-4　state、view、actions 之间的单向数据流示意

因此用户可以把组件的共享状态提取出来，将其作为全局单例模式来管理，由此 Vuex 应运而生。Vuex 的主要优点是解决了组件之间共享同一状态所带来的问题。

在 Vuex 模式下，组件树构成了一个巨大的"视图"，不管在树的哪个位置，任何组件都能获取状态或者触发行为。通过定义和隔离状态管理中的各种概念并通过强制规则维持视图和状态间的独立性，代码将会变得结构化且易维护。这就是 Vuex 的基本原理。

15.1.3　Vuex 的运行机制

Vuex 是可以独立地提供响应式数据的，它和组件没有强相关的关系。Vuex 通过 state 提供数据来驱动 view，view 通过 dispatch 派发 actions，在 actions 中可以进一步完成异步操作，可以通过 AJAX 接口去后端 API（Backend API）获取想要的数据，并通过 commit 的形式，将数据提交给 mutations，由 mutations 来最终更改 state。这就是 Vuex 的运行机制，如图 15-5 所示。

为什么要经过 mutations 呢？原因是要在 DevTools Extension 中记录数据的变化，

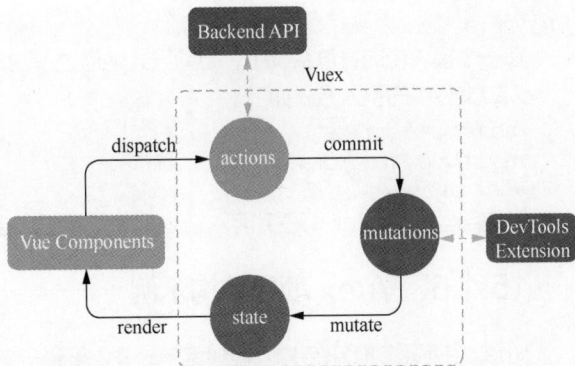

图 15-5　Vuex 的运行机制

即在插件中记录数据的变化，这样通过插件就可以进一步调试应用的状态变化。所以说 mutations 需要一个同步的操作，如果有异步的操作，则需要在 actions 中进行处理。

图 15-5 代表整个 Vuex 框架的运行流程，Vuex 为 Vue Components 建立起了一个完整的生态圈，包括开发中的 API 调用。下面围绕这个生态圈，简要介绍一下各模块在核心流程中的主要功能。

（1）Vue Components 模块：Vue 组件。在 HTML 页面中，该模块负责接收用户操作等交互行为，执行 dispatch 方法并触发对应 action 进行回应。

（2）dispatch 模块：操作行为触发事件处理方法，是唯一能执行 action 的方法。

（3）actions 模块：操作行为处理模块，负责定义事件处理方法，处理 Vue Components 接收到的所有交互行为，并且是异步的。该模块支持多个同名方法，对其按照注册的顺序依次触发。向后端 API 请求的操作就在这个模块中进行，包括触发其他 action 以及提交 mutations 的操作。

（4）commit 模块：状态改变提交操作方法，用于对 mutations 进行提交，是唯一能执行 mutations 的方法。

（5）mutations 模块：状态改变操作方法，是 Vuex 修改 state 的唯一推荐方法，其他修改方法在严格模式下将会报错。mutations 方法只能进行同步操作，且方法名只能全局唯一。

（6）state 模块：页面状态管理容器对象，用于集中存储 Vue Components 中 data 对象的零散数据，全局唯一，以进行统一的状态管理。页面显示所需的数据从该对象中进行读取，利用 Vue 的细粒度数据响应机制来进行高效的状态更新。

（7）getters 模块：state 对象读取方法。图 15-5 中没有单独列出该模块，它被包含在 render 中，Vue Components 通过该方法读取全局 state 对象。

Vue 组件接收交互行为，调用 dispatch 方法触发 action 相关处理。若页面状态需要改变，则调用 commit 方法提交 mutations 以修改 state，通过 getters 获取到 state 新值，重新渲染 Vue Components，程序页面随之更新。

15.1.4　Vuex 的使用方式

Vuex 的使用方式主要有以下几种。

（1）直接在浏览器中引用包。

```
<script src="vue.js"></script>
<script src="vuex.js"></script>
```

（2）使用 npm 安装。

```
npm install vuex –save
```

（3）使用 yarn 安装。

```
yarn add vuex
```

在一个模块化的打包系统中，必须显式地通过 Vue.use() 来安装 Vuex。

入口文件中的引入方式如下。

```
import Vue from 'vue';
import Vuex from 'vuex';
Vue.use(Vuex);
```

当使用全局<script>标签引用 Vuex 时，不需要以上安装过程。

15.1.5　Vuex 项目结构示例

Vuex 并不限制代码结构，但规定了一些需要遵守的规则。

（1）应用层级的状态应该集中到单个 store 对象中。

（2）提交 mutation 是更改状态的唯一方法，并且这个过程是同步的。

（3）异步逻辑都应该封装到 actions 中。

只要遵守以上规则，就可以随意组织代码。如果 store 文件太大，则需将 actions、mutations 和 getters 分割到单独的文件中。

对于大型应用，希望把 Vuex 相关代码分割到模块中，以下是项目结构。

```
├── index.html
├── main.js
├── api
│   └── …  # 抽取出 API 请求
├── components
│   ├── App.vue
│   └── …
└── store
    ├── index.js      # 组装模块并导出 store 的位置
    ├── actions.js     # 根级别的 actions
    ├── mutations.js    # 根级别的 mutations
    └── modules       # 提供 module 对象与 module 对象树的创建功能
```

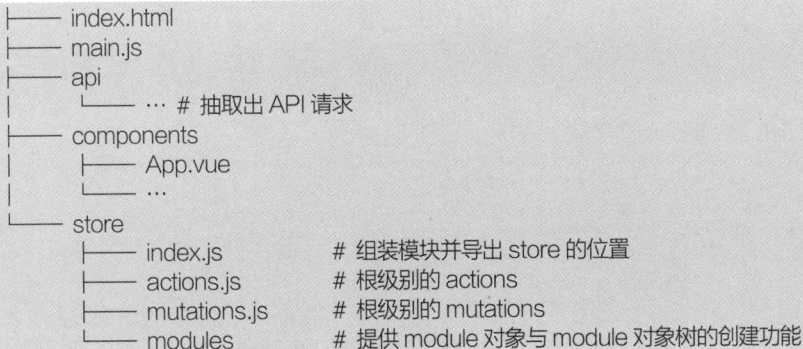

15.2 最简单的 store 应用

Vuex 是一种专为 Vue 应用程序开发的状态管理模式，它采用集中式存储方式管理应用的所有组件的状态，并以相应的规则保证状态以一种可预测的方式发生变化。

Vuex 应用的常用场景：多个 Vue 组件之间需要共享数据或状态。

每一个 Vuex 应用的核心就是 store（仓库），store 基本上是一个容器，它保存着应用程序中大部分的状态（state）。Vuex 和单纯的全局对象有以下两点不同。

（1）Vuex 的状态存储是响应式的，当 Vue 组件从 store 中读取状态的时候，若 store 中的状态发生变化，那么组件会相应地得到高效更新。

（2）不能直接改变 store 中的状态，改变 store 中的状态的唯一途径是显式地提交 mutations，这样有利于跟踪每一个状态的变化。

安装 Vuex 之后，下面来创建一个 store。创建过程直截了当，仅需要提供初始 state 对象和 mutations。

例如：

```
const store = new Vuex.Store({
    state:{
        count:0
    },
    mutations: {
        increment (state) {
            state.count++
        }
    }
})
```

现在可以通过 store.state 来获取状态对象，并通过 store.commit()方法触发状态变更。

```
store.commit('increment')
console.log(store.state.count) // 1
```

为了在 Vue 组件中访问 this.$store property，需要为 Vue 实例提供创建好的 store。Vuex 提供了一个从根组件向所有子组件，以 store 选项的方式"注入"该 store 的机制。

```
var vm=new Vue({
    el:"#app",
    store:store,
})
```

> **提 示**　如果使用 ES6，则可以使用 ES6 对象的属性简写形式，属性简写形式常用于对象某属性的键和被传入的变量同名的情况。

```
var vm=new Vue({
  el: '#app',
  store
})
```

现在可以根据组件的方法提交一个变更。

```
methods: {
    increment() {
        this.$store.commit('increment')
        console.log(this.$store.state.count)
    }
}
```

再次强调，这里使用提交 mutations 的方式，而非直接改变 store.state.count，是因为这样可以更明确地追踪到状态的变化。这个简单的约定能够让用户的意图更加明显，这样在阅读代码的时候，用户能更容易地解读应用内部的状态改变。此外，这样使用户有机会去实现一些能记录每次状态改变并保存状态快照的调试工具。

由于 store 中的状态是响应式的，在组件中调用 store 中的状态简单到仅需要在计算属性中返回即可。触发变化的方法仅仅是在组件的 methods 中提交 mutations。

假设要实现这样一个页面：页面中有一个数字，另有一个按钮实现数字加 1 的操作。下面先使用纯 Vue 代码的方式实现。

【编程训练】

【示例 15-2】 demo1502.html

代码如下。

```html
<div id="app">
  <input type="button" value="单击增加 1" @click="increment()" >
  {{ count }}
</div>
<script>
  var vm=new Vue({
    el:"#app",
    data () {
      return {
        count: 1
      }
    },
    methods: {
      increment() {
        this.count++
        console.log(this.count)
      }
    }
  })
</script>
```

在上述代码中，button 所指的标签内绑定了 1 个方法 increment()，当单击按钮时，调用对应的函数 increment()，执行 Vue 中 methods 的对应方法，将 data 中的 count 属性值改变，并将改变后的值渲染到视图中。

接下来使用 Vuex 方式实现上述功能，观察一下 Vuex 到底做了什么事情，解决了什么问题。

【编程训练】

【示例 15-3】 demo1503.html

创建网页 demo1503.html，使用 Vuex 实现简单的计数功能，要求在页面中有一个数字，另有一个按钮实现数字加 1 操作。

首先，引入 vue.js 和 vuex.js 文件，代码如下。

```
<script src="vue.js"></script>
<script src="vuex.js"></script>
```

其次，在该网页中编写代码，实现要求的功能。

扫描二维码查看【电子活页 15-1】中网页 demo1503.html 的代码或者从本模块配套的教学资源中打开对应的文档查看相应内容。

网页 demo1503.html 的初始状态如图 15-6 所示，单击"单击增加 1"按钮，该按钮右侧的数字依次增加 1。

电子活页 15-1

单击增加1 | 1

图 15-6 网页 demo1503.html 的初始状态

对比用纯 Vue 代码的方式，使用 Vuex 方式的主要特点如下。

（1）引用 Vuex 源代码。

（2）methods 中定义的方法不变，但是方法内部的逻辑不在组件内实现，而是由 store 对象来处理。

（3）count 数据不再是 data 函数返回的对象的属性，而是通过 store 方法内的属性返回的。

具体的调用过程如下。

① 单击 view 上的元素，触发该元素的单击事件。

② 调用 methods 中的对应方法 increment()。

③ 通过 store.commit()触发 store 中的 mutations 对应的方法来改变 state 的属性，值发生改变后，视图得到更新。

store 对象是 Vuex.Store 的实例。在 store 中分别定义 state 对象和 mutations 对象后，其中 state 对象存放的是状态，如 count 属性就是它的状态值，而 mutations 对象存放的是会引发状态改变的所有方法。

📝 应用实践

【任务15-1】 使用 Vuex 在单个 HTML 文件中实现计数器功能

【任务描述】

编写 JavaScript 程序代码，实现以下功能。

（1）在页面中使用一个标签显示数字，使用两个按钮分别显示"+"与"-"。

（2）借助 Vuex 实现单击"+"按钮加 1 操作，单击"-"按钮减 1 操作。

【任务实施】

1. 准备项目环境

将 vue.js、vuex.js 两个文件复制到指定文件夹中待用。

2. 创建 HTML 文件

在指定文件夹中创建 HTML 文件 task1501.html，在该文件的</head>之前输入以下代码，分别引入 Vue 和 Vuex。

```
<script src="vue.js"></script>
<script src="vuex.js"></script>
```

在<body></body>之间输入代码，使用 Vuex 的方式来实现计数器功能。

扫描二维码查看【电子活页 15-2】中网页 task1501.html 的代码或者从本模块配套的教学资源中打开对应的文档查看相应内容。

电子活页 15-2

3. 浏览 task1501.html

网页 task1501.html 的初始效果如图 15-7 所示。

$\boxed{-}$ 1 $\boxed{+}$

图 15-7　网页 task1501.html 的初始效果

单击"+"按钮会使数字依次增加 1，单击"-"按钮会使数字依次减少 1，也会出现负数。

【任务 15-2】 使用 Vuex 的属性与方法实现人员列表查询功能

【任务描述】
编写程序，实现使用 Vuex 的属性与方法通过人员列表查询指定人员的功能。

【任务实施】

1. 准备项目环境

将 vue.js、vuex.js 两个文件复制到指定文件夹中待用。

2. 创建 HTML 文件

在指定文件夹中创建 HTML 文件 task1502.html，在该文件的</head>之前输入以下代码，分别引入 Vue 和 Vuex。

```
<script src="vue.js"></script>
<script src="vuex.js"></script>
```

在<body></body>之间输入以下 HTML 代码，显示一个姓名输入框、一个"查询"按钮、多行人员列表数据。

```
<div id="app">
  <h3>人员列表查询</h3>
  // 在<input>表单元素上通过 v-model 绑定 data 中的 text
  <input type="text" v-model="text">
  // 绑定单击事件
  <button @click="search">查询</button>
  <p>查询结果: {{ this.$store.getters.search }}</p>
  <ul>
    // 通过 v-for 指令绑定 state 对象中的 peopleList 数据进行列表渲染
    <li v-for="item in this.$store.state.peopleList">{{ item }}</li>
  </ul>
</div>
```

输入 JavaScript 代码，实现使用 Vuex 的属性与方法通过人员列表查询指定人员的功能。

扫描二维码查看【电子活页 15-3】中网页 task1502.html 的 JavaScript 代码或者从本模块配套的教学资源中打开对应的文档查看相应内容。

电子活页 15-3

3. 浏览 task1502.html

网页 task1502.html 的初始效果如图 15-8 所示，默认的查询结果为{ id: 1, name: '张珊' }。

在姓名输入框中输入待查询人员的姓名，这里输入"王武"，单击"查询"按钮，查询结果如图 15-9 所示。

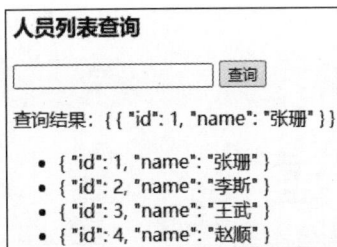

图 15-8　网页 task1502.html 的初始效果

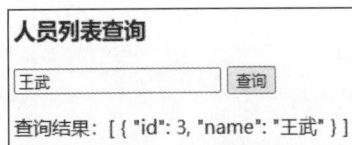

图 15-9　查询结果

在线测试

扫描二维码，完成本模块的在线测试。

模块 15

在线测试

附录

Vue.js程序开发环境搭建

1. 命令执行环境

命令执行环境为 Windows 命令提示符窗口。

2. 网页开发环境

网页开发环境为 Dreamweaver，读者需要安装最新版本的 Dreamweaver。

3. 搭建 Vue 程序开发环境

Node.js 是一个基于 Chrome V8 引擎的 JavaScript 环境。Node.js 使 JavaScript 代码运行在服务器端，Chrome V8 引擎执行 JavaScript 代码的速度快、性能好。

（1）下载 Node.js

下载 Node.js 的网址为 https://nodejs.org/en/，下载 Node.js 的界面如附图 0-1 所示。

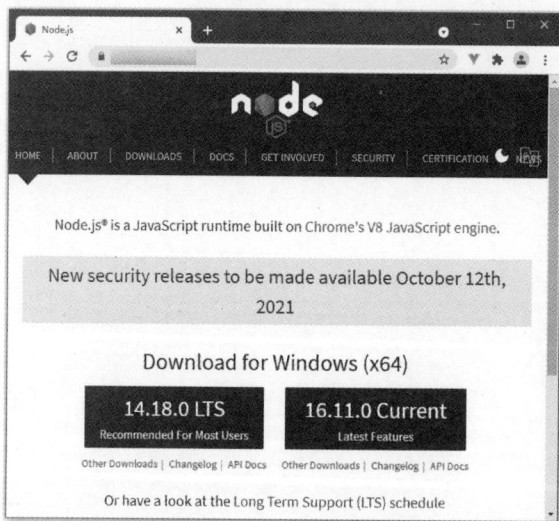

附图 0-1　下载 Node.js 的界面

从附图 0-1 中可以看出，Node.js 有两个版本：LTS（Long Term Support，长期支持）版本，提供长期、稳定的更新，目前已经被正式列入标准版本，只进行微小的漏洞修复，版本稳定，因此有很多用户正在使用；Current 版本，当前发布的最新版本，增加了一些新特性，但这些新特性还未被完全列入标准版本，可能以后会有所变动。这里选择 LTS 版本。下载 LTS 版本后，得到 node-v14.18.0-x64.msi 安装包文件。

（2）在 Windows 环境中安装 Node.js

双击安装包文件 node-v14.18.0-x64.msi，启动安装程序，打开"Node.js Setup"向导的欢迎界面，如附图 0-2 所示。

Node.js 的默认安装文件夹为 C:\Program Files\nodejs，安装过程中可全部使用默认设置，直接单击"Next"按钮即可。Node.js 安装完成后会打开如附图 0-3 所示的提示信息界面。

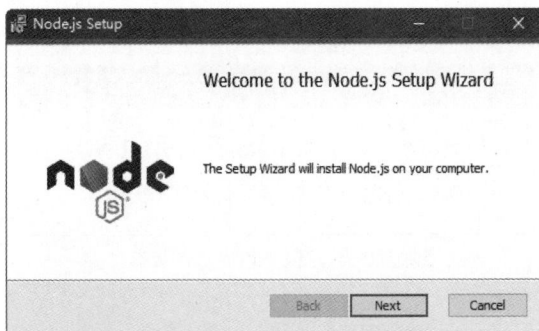
附图 0-2 "Node.js Setup"向导的欢迎界面

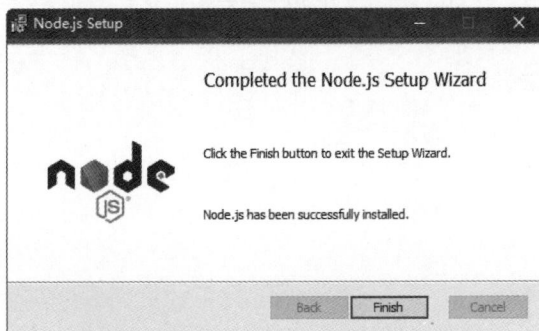
附图 0-3 Node.js 成功安装的提示信息界面

（3）在"编辑环境变量"对话框中增加路径

在 Windows 环境中找到"系统属性"选项，依次单击"环境变量"→"编辑环境变量"按钮，弹出"编辑环境变量"对话框，在用户变量 Path 中增加路径 C:\Program Files\nodejs，如附图 0-4 所示。依次单击"确定"按钮，完成路径的增加。

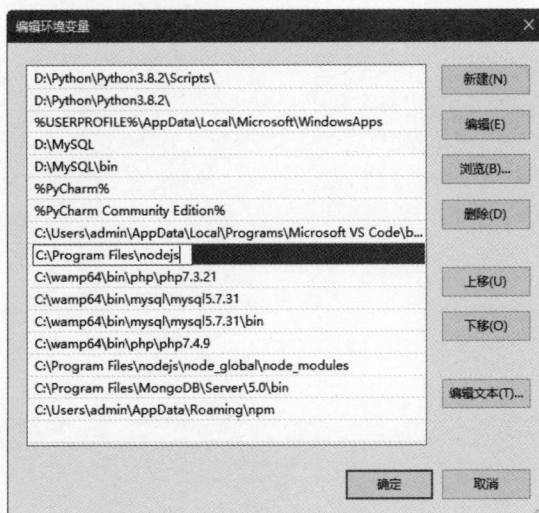
附图 0-4 在"编辑环境变量"对话框中增加路径 C:\Program Files\nodejs

（4）在命令提示符窗口中测试 Node.js 是否安装成功

打开命令提示符窗口，在 C:\WINDOWS\system32>后输入以下命令。

```
node -v
```

按【Enter】键，可以看到 Node.js 的版本为 v14.18.0，如附图 0-5 所示。

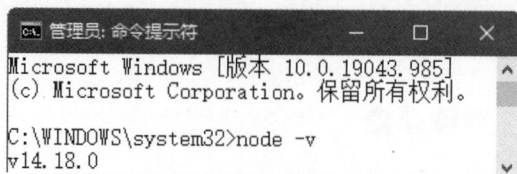

附图 0-5　查看 Node.js 的版本

（5）查看 npm 的版本

npm 是随同 Node.js 一起安装的包管理工具，用来解决 Node.js 代码部署方面的很多问题。因为新版本的 Node.js 已经集成了 npm，所以 npm 也一并安装完成了。在命令提示符窗口中，可以通过执行 npm -v 命令来测试 npm 是否成功安装。

```
C:\WINDOWS\system32>npm -v
16.1.1
```

从执行结果可以看出，npm 的版本为 16.1.1。

如果安装的是旧版本的 npm，则可以通过 npm 命令将其升级，升级命令如下。

```
npm install npm -g
```